普通高等学校应用型人才培养系列规划教材
丛书主编　陈　明

数据库原理及应用

王春玲　刘高军　何　丽　田　萱　编著

中国铁道出版社有限公司
CHINA RAILWAY PUBLISHING HOUSE CO., LTD.

内容简介

本书系统全面地讲述了数据库系统的基本理论和基本技术，并以SQL Server 2008为平台设计编写了大量的应用实例，真正达到理论与实践的紧密结合。

本书共分8章，既注重基本理论的讲解，更强调应用技能的培养。对于基本理论的讲解内容丰富、条理清晰；对于应用技能的讲解以一个具体的数据库实例贯穿始终；最后一章以大学生公寓管理系统为例，详细介绍了系统的开发过程及开发步骤，并给出了主要的源代码。

本书适合作为高等学校计算机相关专业数据库课程的教材，也可为广大计算机爱好者学习有关数据库知识提供参考。

图书在版编目（CIP）数据

数据库原理及应用/王春玲，等编著.—北京：中国铁道出版社，2012.3 （2020.1 重印）
普通高等学校应用型人才培养系列规划教材
ISBN 978-7-113-14192-9

Ⅰ.①数… Ⅱ.①王… Ⅲ.①数据库系统—高等学校—教材 Ⅳ.①TP311.13

中国版本图书馆CIP数据核字（2012）第015416号

书　　名：数据库原理及应用
作　　者：王春玲　刘高军　何　丽　田　萱　编著

策　　划：郑　涛　　**读者热线：**（010）63550836
责任编辑：周海燕　彭立辉
封面设计：付　巍
封面制作：白　雪
责任印制：郭向伟

出版发行：中国铁道出版社有限公司（100054，北京市西城区右安门西街8号）
网　　址：http://www.tdpress.com/51eds/
印　　刷：北京虎彩文化传播有限公司
版　　次：2012年3月第1版　　2020年1月第2次印刷
开　　本：787mm×1092mm　1/16　**印张：**18.25　**字数：**384千
印　　数：3 001～3 800册
书　　号：ISBN 978-7-113-14192-9
定　　价：38.00元

普通高等学校应用型人才培养系列规划教材

编审委员会

序言

PREFACE

经过几十年的研究与探索，现代计算机系统功能越来越强大、应用越来越广泛。计算机的广泛应用一方面对人类社会的发展做出了卓越的贡献，另一方面也在推动计算机学科的高速发展，因而一直受到社会的高度关注。

由于计算机学科呈现出的学科内涵宽泛化、分支相对独立化、社会需求多样化、专业规模巨大化和计算教育大众化等特点，使得计算机企业成为了朝阳企业。这些IT企业需要大量的具有专门计算机技能的人才，但传统的研究型计算机教育是以学术教育为基础，以培养计算机精英为目的的计算机教育，与社会和行业对计算机高等教育人才的需求产生了矛盾——大学中单一的计算机精英型教育培养的人才已不能满足实际需要，凸显职业特征的计算机应用型教育异军突起，迅速发展，备受关注。这种矛盾促使教学模式呈现了职业性，并在培养面向知识应用和全面能力方面，提出了多种职业性教学模式，如网络工程师、软件工程师、动画设计师、硬件工程师等培养模式。因此，研究和实施计算机应用型人才培养模式势在必行。

什么是计算机应用型教育？我们通过长时间的教育研究和教学经验的总结，认为计算机应用型教育的培养目标可以利用知识、能力和素质三个基本要素来描述。

知识是基础、载体和表现形式，从根本上影响着能力和素质。学习知识的目的是为了获得能力和不断地提升能力。知识可以转化为能力和素质，能力对知识具有反作用，促进知识的不断发展。

能力是核心，是应用型人才特征的突出表现。从计算机学科而言，培养的人才应具备计算思维能力、算法设计与分析能力、程序设计与实现能力、系统能力（系统的认知、设计、开发、应用能力）。而计算机应用型人才的能力有着其独特的属性，主要包括应用能力（专业能力）和通用能力。应用能力主要是指用所学知识解决专业实际问题的能力。通用能力是指跨职业能力，并不是具体的专业能力和职业技能，而是对不同职业的适应能力，也就是当职业发生变更时，这些能力依然在从业者身上起作用。计算机应用型本科人才所应具备的三种通用能力是：学习能力、工作能力和创新能力。

素质要素主要是指基本素质，即具有良好的公民道德和职业道德，具有合格的政治思想素养，遵守计算机法规和法律，具有人文、科学素养和良好的职业素质等。计算机应用型人才素质主要是指工作的基本素质，且要求在从业中必须具备责任意识，能够对自己职责范围内的工作认真负责地完成。

与此同时，我们认为计算机应用型教育培养目标的实现关键在于课程体系的构建，即课程内容和课程性质的确定。因此，我们将计算机应用型教育课程分为通用课程、基础课程、专业核心课程、专业选修课程、应用课程、实验课程、实践课程等，并建立了相应的教育课程体系，如公共基础课程平台、专业基础课程平台、专业选修课程平台、基本素质平台等，力图通过相应的课程开展来实现培养目标。

目前，应用型人才培养的研究方兴未艾，我们也将会在较长一段实践教学工作中继续探讨和总结经验。此次组织的这套“普通高等学校应用型人才培养系列规划教材”系列丛书是应社会需求而编写，经过系统规划与设计，定位于高等院校计算机应用型人才的培养，整套丛书从架构和具体教材的编写上都力求突出能力培养的理念。本系列教材现正在陆续出版中，希望各位老师和读者提出宝贵意见。

《普通高等学校应用型人才培养系列规划教材》丛书主编

陳明

前言

FOREWORD

数据库技术自20世纪60年代后期诞生以来，在不到半个世纪的时间里，已经形成了坚实的理论基础和广泛的应用领域。数据库技术是计算机科学技术中发展最快的领域之一，也是应用最广的技术之一。

本书系统地讲述了数据库技术的基本理论和相关的应用。全书共分8章：第1章 数据库系统概述，主要介绍了数据管理技术发展的3个阶段及各个阶段的特点，数据库管理系统的组成、结构和功能，不同数据模型的特点；第2章 关系模型，主要介绍了关系、关系模式和关系数据库的有关基本概念以及关系代数和关系演算；第3章 关系数据库标准语言SQL，主要介绍了标准SQL的基本语法以及应用，并列举了大量的实例帮助读者理解和掌握SQL的使用；第4章 关系数据库理论，主要介绍了函数依赖的概念，1NF、2NF、3NF和BCNF的定义及其规范化的方法；第5章 数据库安全保护，主要从数据库的安全性、完整性控制、并发性控制和数据库恢复4方面讨论了数据库的安全保护功能；第6章 数据库设计，主要介绍了数据库设计的六个阶段：系统需求分析、概念结构设计、逻辑结构设计、物理结构设计、数据库实施、数据库运行与维护，对于每一阶段，都分别详细讨论了其相应的任务、方法和步骤；第7章 SQL Server 2008数据库管理系统，主要以SQL Server 2008为背景介绍了Transact-SQL程序设计、存储过程、触发器、数据库的备份和还原等内容；第8章 数据库应用系统的开发与实现——大学生公寓管理系统构建实例，详细介绍了系统的开发过程及开发步骤，并给出了主要实现的源代码。

本书注重实用性、适用性和先进性，突出数据库综合应用能力的培养；以扎实的关系数据库理论为基础，更进一步突出SQL Server 2008的技术实践；围绕理论知识编写大量的实例，深入浅出、循序渐进地引导学生学习。

本书内容丰富，条理清晰，不仅适合作为高等学校计算机相关专业数据库课程的教材，也可为广大计算机爱好者学习有关数据库知识提供参考。作为教材，建议讲课为56学时，实验为20学时。第8章内容可以结合实验或课程设计等实践环节进行讲解。

本书由王春玲主编，全书由王春玲、刘高军、何丽、田萱编著。本书在编写过程中得到了陈志泊教授的悉心指导，罗叶琴、宋炳豪、陈旭等参与了部分代码的调试工作，在此一并表示感谢。

由于时间仓促，编者水平有限，书中不当之处在所难免，敬请读者批评指正。

编 者

2012年1月

目录

CONTENTS

第1章 数据库系统概述

学习目标

- 了解数据库的三个发展阶段及各阶段的主要特点；
- 理解数据库系统的三级模式结构和二级映像的优点；
- 掌握数据库中有关的基本概念、数据库系统的组成及各部分的主要功能；
- 重点掌握实体、属性和实体型之间的联系类型及特点；
- 了解四种数据模型的特点及区别。

数据库技术是数据管理的最新技术，是计算机科学技术中发展最快的领域之一，也是应用最广的技术之一，并已成为各行各业中存储数据、管理信息、共享资源的最先进、最常用的技术。因此，数据库课程不仅是计算机科学与技术专业、信息管理与信息系统专业的必修课程，也是许多非计算机专业的选修课程。

数据库，简单地说就是数据的仓库，即存放数据的地方。我们周围有许多数据库的例子，如通讯录是一个小数据库，图书馆则是一个典型的大型数据库。小数据库尚可用手工管理，而大型数据库必须由计算机进行管理。在计算机的三大主要应用领域（科学计算、过程控制和数据处理）中，数据处理所占比例约为70%。20世纪60年代末，数据库技术作为数据处理的最新技术应运而生。

1.1 信息、数据与数据处理

1.1.1 数据与信息

在数据处理中，我们最常用到的基本概念就是数据和信息，二者之间既有区别又有联系。

1．信息（Information）

在信息社会，信息是一种资源，它与能源、材料一起构成客观世界的三大要素。信息是关于现实世界事物的存在方式或运动状态反映的综合。信息是客观存在的，人类有意识地对信息进行采集并加工、传递，从而形成了各种消息、情报、指令、数据及信号等。例如，对于学生基本情况来说，某同学的学号是 S1，姓名是李强，性别是男，年龄是 19 岁，所在系别是计算机等，这些都是关于某个同学的具体信息，是该同学当前存在状态的反映。

2．数据（Data）

数据是用来记录信息的可识别的符号，是信息的具体表现形式。例如，上面提到的描述某个同学的信息，可用一组数据“S1、李强、男、19、计算机”表示。由于这些符号在此已被赋予了特定的语义，因此它们就具有传递信息的功能。

由于早期的计算机系统主要用于科学计算，因此计算机中处理的数据主要是整数、浮点数等传统数学中的数字。但是，在现代计算机系统中，数据的概念是广义的，数据的概念内涵已被大大地拓宽了，其表现形式不仅包括数字，还包括文字、图形、图像和声音等，它们都可以经过数字化后存储到计算机中。

3．信息与数据的联系

通过前面的分析可以看出，信息与数据之间存在着固有的联系：数据是信息的符号表示或载体，信息则是数据的内涵，是对数据的语义解释。数据表示了信息，而信息只有通过数据形式表示出来才能被人们理解和接受。尽管两者在概念上不尽相同，但通常人们并不严格去区分它们。

1.1.2 数据处理

数据处理是将数据转换成信息的过程，包括对数据的收集、管理、加工利用乃至信息输出的演变与推导等一系列活动。其目的是从大量的原始数据中抽取和推导出有价值的信息，作为决策的依据。可用下式简单地表示出信息、数据与数据处理的关系：

信息＝数据＋数据处理

数据是原料，是输入，而信息是产出，是输出结果。“数据处理”的真正含义应该是为了产生信息而处理数据。

在数据处理中，通常计算比较简单，而数据的管理比较复杂。数据管理是指数据的收集、整理、组织、编码、存储、维护、检索、传输等操作，这部分操作是数据处理业务必不可少的基本环节。

1.2 数据库技术的发展

通过前面的学习可知，数据处理的中心问题是数据管理，数据库技术正是应数据管理任务的需要而产生的。随着计算机硬件和软件的发展，数据管理经历了人工管理阶段、文件系统阶段和数据库系统阶段三个发展阶段。

1.2.1　人工管理阶段

在 20 世纪 50 年代中期以前，计算机主要用于科学计算，当时硬件中的外存只有卡片、纸带、磁带，没有磁盘等直接存取设备。软件只有汇编语言，没有操作系统和管理数据的软件，数据处理的方式基本上是批处理。因此，称这样的数据管理方式为人工管理数据。

人工管理数据有如下几个特点：

（1）数据不保存

因为当时计算机主要用于科学计算，对于数据保存的需求尚不迫切。在计算某一课题时将原始数据随程序一起输入内存，运算处理结束后将结果数据输出，随着计算任务的完成，数据和程序一起从内存中被释放。若再计算同一课题时，还需要再次输入原始数据和程序。

（2）系统没有专用的软件对数据进行管理

数据需要由应用程序自己管理，没有相应的软件系统负责数据的管理工作。每个应用程序不仅要规定数据的逻辑结构，而且要设计物理结构，包括数据的存储结构、存取方法和输入方式等，因此，程序员的负担也很重。

（3）数据不共享

数据是面向程序的，一组数据只能对应一个程序。多个应用程序涉及某些相同的数据时，也必须各自定义，无法互相利用、互相参照，因此程序之间有大量的冗余数据。

（4）数据不具有独立性

程序依赖于数据，如果数据的类型、格式或输入/输出方式等逻辑结构或物理结构发生变化，必须对应用程序做出相应的修改，因而，数据与程序不具有独立性，这也进一步加重了程序员的负担。

在人工管理阶段，程序与数据之间是一一对应的关系，如图 1-1 表示。

图 1-1　人工管理阶段应用程序与数据之间的对应关系

1.2.2　文件系统阶段

在 20 世纪 50 年代后期至 60 年代中期，计算机应用范围逐步扩大，不仅用于科学计算，还大量用于信息管理。随着数据量的增加，数据的存储、检索和维护成为迫切的需要。

此时，在硬件方面，已有了磁盘、磁鼓等直接存取设备；在软件方面，出现了高级语言和操作系统，操作系统中有了专门管理数据的软件，一般称为文件系统，处理方式上不仅有文件批处理，而且能够联机实时处理。

文件系统阶段数据管理有如下特点：

（1）数据以文件形式长期保存

数据以文件的组织方式，保存在计算机的存储设备上，可以被多次反复使用。应用程序可对文件进行查询、修改和增删等处理。

（2）由文件系统管理数据

文件系统把数据组织成内部有结构的记录并以文件的形式存储在存储设备上，这样，程序只与存储设备上的文件名打交道，不必关心数据的物理存储（存储位置、存储结构等），而由文件系统提供的存取方法实现数据的存取，从而实现了“按文件名访问，按记录进行存取”的数据管理技术。

（3）程序与数据间有一定独立性

由于文件系统在程序与数据文件之间的存取转换作用，使得程序和数据之间具有“设备独立性”，即当改变存储设备时，不必改变应用程序。程序员也不必过多地考虑数据存储的物理细节，而将精力集中于算法设计，从而大大减少了维护程序的工作量。

在文件系统阶段，程序与数据之间的对应关系如图 1-2 表示。

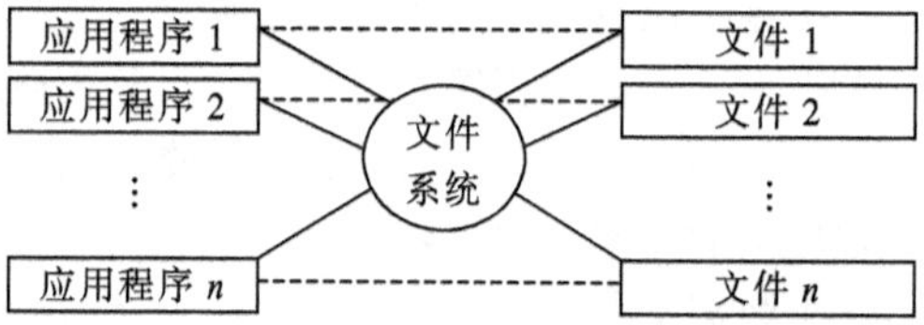

图 1-2 文件系统阶段应用程序与数据之间的对应关系

与人工管理阶段相比，文件系统阶段对数据的管理有了很大的进步，但一些根本性问题仍没有彻底解决。主要表现在以下几方面：

（1）数据共享性差、冗余度大、易造成数据不一致

各数据文件之间没有有机的联系，一个文件基本上对应于一个应用程序，即文件仍然是面向应用的。当不同的应用程序所使用的数据具有共同部分时，也必须分别建立自己的数据文件，数据不能共享。同时，由于相同数据的重复存储、各自管理，在对数据进行更新操作时，不但浪费磁盘空间，同时也容易造成数据的不一致性。

（2）数据独立性差

在文件系统阶段，尽管程序与数据之间有一定的独立性，但是这种独立性主要是指设备独立性，还未能彻底体现用户观点下的数据逻辑结构独立于数据在外部存储器的物理结构要求。因此，在文件系统中，一旦改变数据的逻辑结构，必须修改相应的应用程序，修改文件结构的定义。而应用程序发生变化，如改用另一种程序设计语言来编写程序，也将引起文件的数据结构的改变。

可见，文件系统阶段，文件之间是相互独立，缺乏联系的，因此不能反映现实世界事物之间的内在联系。

1.2.3 数据库系统阶段

从 20 世纪 60 年代后期开始，计算机用于管理的规模更加庞大，应用越来越广泛，数据量急剧增加，同时，多种应用、多种语言互相覆盖地共享数据集合的要求也越来越强烈。

在这种情况下，为了提高数据管理的效率，人们开始对文件系统进行扩充，但并不能解决问题。而与其同时，硬件方面出现了大容量、存取快速的磁盘，使计算机联机存取大量数据成为可能，这为数据库技术的产生和发展提供了物质条件。同时，硬件价格下降，而软件价格上升，使开发和维护系统软件的成本相对增加。因此，文件系统的数据管理方法已无法适应各种应用的需求。为解决多用户、多个应用程序共享数据的需求，数据库技术应运而生，出现了统一管理数据的专门软件系统，即数据库管理系统。

20 世纪 60 年代末期出现的对数据技术有着奠基作用的三件大事，标志着以数据库系统为基本手段的数据管理新阶段的开始。

① 1968 年，美国 IBM 公司推出了商品化的基于层次模型的信息管理系统 IMS。

② 1969 年，美国数据系统语言协会（Conference On Data System Language，CODASYL）的数据库任务组（DataBase Task Group，DBTG）发布了一系列研究数据库方法的报告，提出了网状数据模型。

③ 1970 年，美国 IBM 公司的 E. F. Codd 连续发表文章，提出了关系模型，奠定了关系数据库管理系统的理论基础，一直沿用至今。

20 世纪 70 年代以来，数据库技术得到迅速发展，开发出了许多产品，并投入运行。数据库系统克服了文件系统的缺陷，提供了对数据更高级、更有效的管理，与人工管理和文件系统相比，数据库系统阶段管理数据的特点有如下几个方面：

（1）数据结构化

文件系统中的文件之间不存在联系，从总体看，其数据是没有结构的；而在数据库系统中，将各种应用的数据按一定的结构形式（即数据模型）组织到一个结构化的数据库中，不仅考虑了某个应用的数据结构，而且考虑了整个组织（即多个应用）的数据结构。也就是说，数据库中的数据不再仅仅针对某个应用，而是面向全组织；不仅数据内部是结构化的，整体也是结构化的；不仅描述了数据本身，也描述了数据间的有机联系，从而较好地反映了现实世界事物间的自然联系。

例如：要建立学生成绩管理系统，系统包含学生（学号、姓名、性别、年龄、系别）、课程（课程号、课程名、任课教师）、成绩（学号、课程号、成绩）等数据，分别对应三个文件。若采用文件处理方式，因为文件系统只表示记录内部的联系，而不涉及不同文件记录之间的联系，要想查找某个学生的学号、姓名、所选课程的名称和成绩，必须编写一段比较复杂的程序来实现，即不同文件记录间的联系只能写在程序中，在编写程序时考虑和实现。而采用数据库方式，由于数据库系统不仅描述数据本身，还描述数据之间的联系，记录之间的联系可以用参照完整性来表述，上述查询可以非常容易地联机查到。

此外，在数据库系统中，不仅数据是结构化的，而且存取数据的方式也很灵活，可以存取数据库中的某一个数据项、一组数据项、一个记录或一组记录。而在文件系统中，数据的最小存取单位是记录，不能细化到数据项。

（2）数据共享性高、冗余度低

所谓数据共享是指数据库中的一组数据集合可为多个应用和多个用户共同使用。

由于数据库系统从整体角度看待和描述数据，数据不再面向某个或某些应用，而是全盘考虑所有用户的数据需求，面向整个应用系统，所有用户的数据都包含在数据库中，因此，不同用户、不同应用可同时存取数据库中的数据，每个用户或应用只使用数据库中的一部分数据，同一数据可供多个用户或应用共享，这样便减少了不必要的数据冗余，节约了存储空间，同时也避免了数据之间的不相容性与不一致性，即避免了同一数据在数据库中重复出现且具有不同值的现象。

同时，在数据库系统下，用户或应用不像在文件系统中那样各自建立自己对应的数据文件，而是从数据库中存取其中的数据子集，该数据子集是通过数据库管理系统（DataBase Management System，DBMS）从数据库中经过映射而形成的逻辑文件。同一个数据可能在物理存储上只存一次，但可以把它映射到不同的逻辑文件里，这就是数据库系统提高数据共享、减少数据冗余的根本所在，如图 1-3 所示。

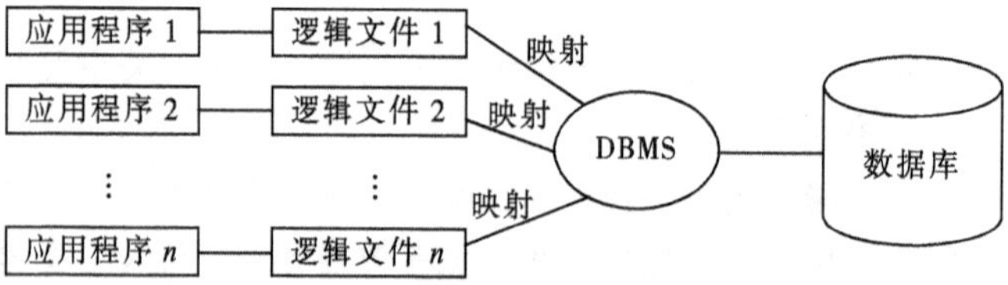

图 1-3　数据库系统中的数据共享机制示意图

（3）数据独立性高

所谓数据的独立性是指数据库中的数据与应用程序间相互独立，即数据的逻辑结构、存储结构以及存取方式的改变不影响应用程序。

在数据库系统中，整个数据库的结构可分成三级：用户的逻辑结构、整体逻辑结构和物理结构。数据独立性分两级：物理独立性和逻辑独立性，如图 1-4 所示。

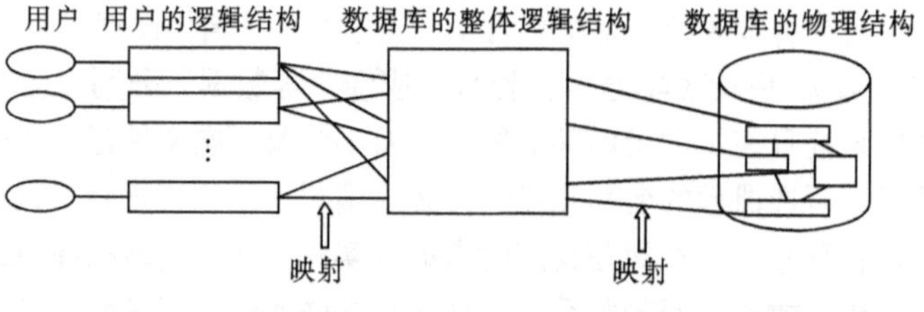

图 1-4　数据库的三级结构及其映射关系示意图

数据的物理独立性是指当数据的物理结构（如存储结构、存取方式、外围存储设备等）发生改变时，通过修改映射使数据库整体逻辑结构不受影响，进而用户的逻辑结构以及应用程序不用改变。

数据的逻辑独立性是指当数据库的整体逻辑结构（如修改数据定义、增加新的数据类型、改变数据间的关系等）发生改变时，通过修改映射使用户的逻辑结构以及应用程序不用改变。

数据独立性把数据的定义从程序中分离出去，加上数据的存取又由 DBMS 负责，从而简化了应用程序的编制，大大减少了应用程序的维护和修改。

（4）有统一的数据控制功能

在数据库系统中，数据由数据库管理系统（DBMS）进行统一管理和控制。数据库可为多个用户和应用程序所共享，不同的应用需求，可以从整个数据库中选取所需要的数据子集。另外，对数据库中数据的存取往往是并发的，即多个用户可以同时存取数据库中的数据，甚至可以同时存取数据库中的同一个数据。为确保数据库数据的正确、有效和数据库系统的有效运行，数据库管理系统提供下述四方面的数据控制功能。

① 数据的安全性（Security）控制：防止不合法使用数据造成数据的泄露和破坏，使每个用户只能按规定对某些数据进行某种或某些操作和处理，保证数据的安全。例如，系统提供密码检查用户身份或用其他手段来验证用户身份，以防止非法用户使用系统。也可以对数据的存取权限进行限制，只按所具有的权限对指定的数据进行相应的操作。

② 数据的完整性（Integrity）控制：系统通过设置一些完整性规则，确保数据的正确性、有效性和相容性。

正确性是指数据的合法性，如年龄属于数值型数据，只能含 0、1、…、9，不能含字母或特殊符号。

有效性是指数据是否在其定义的有效范围，如月份只能用 1~12 的正整数表示。

相容性是指表示同一事实的两个数据应相同，否则就不相容，如一个人不能有两个性别。

③ 并发（Concurrency）控制：多个用户同时存取或修改数据库时，防止相互干扰而提供给用户不正确的数据，并使数据库受到破坏。

④ 数据恢复（Recovery）：由于计算机系统的硬件故障、软件故障、操作员的误操作及其他故意的破坏等原因，造成数据库中的数据不正确或数据丢失时，系统有能力将数据库从错误状态恢复到最近某一时刻的正确状态。

在数据库系统阶段，程序与数据之间的对应关系如图 1-5 表示。

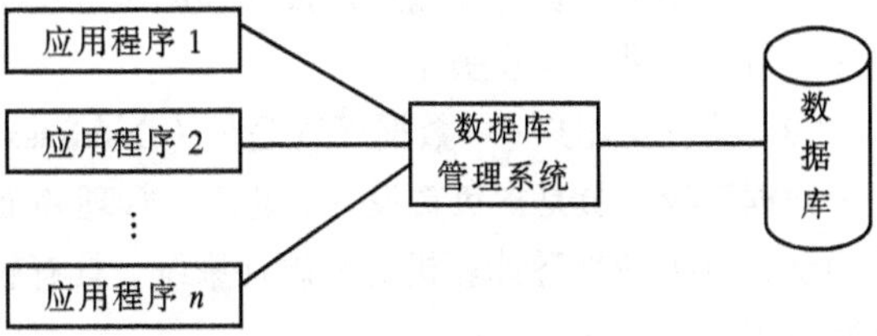

图 1-5　数据库系统阶段应用程序与数据之间的对应关系

从文件系统管理发展到数据库系统管理是信息处理领域的一个重大变化。在文件系统阶段，人们关注的是系统功能的设计，因此程序设计处于主导地位，数据服从于程序设计；而在数据库系统阶段，数据占据了中心位置，数据的结构设计成为信息系统首先关心的问题。

1.3　数据库系统的组成

数据库系统（DataBase System，DBS）是指在计算机系统中引入数据库后的系统构成。它主要由数据库、数据库用户、计算机硬件系统、计算机软件系统等几部分组成。有时人们常将数据库系统简称为数据库，可用图 1-6 表示。

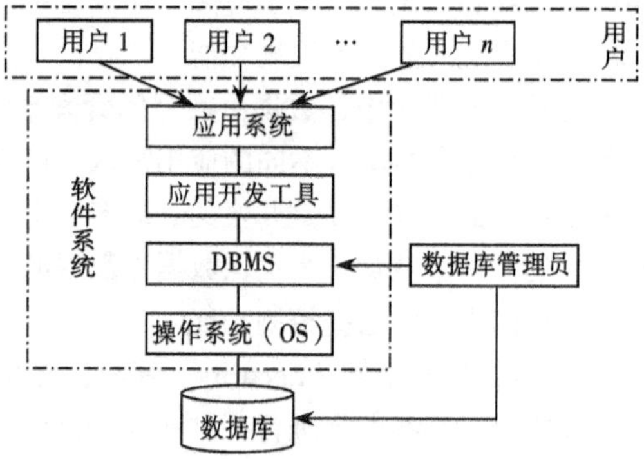

图 1-6　数据库系统

1．数据库

数据库（DataBase，DB）是存储在计算机内、有组织的、可共享的数据集合。数据库中的数据按一定的数据模型（或结构）组织、描述和存储，具有较小的冗余度、较高的数据独立性和易扩展性，并可为各种用户共享。

数据库有如下两个特点：

① 集成性：把某特定应用环境中的各种应用相关的数据及其数据之间的联系全部集中地并按照一定的结构形式进行存储。或者说，把数据库看成为若干个性质不同的数据文件的联合和统一的数据整体。

② 共享性：数据库中的数据可为多个不同的用户所共享，即多个不同的用户可使用多种不同的语言，为了不同的应用目的，而同时存取数据库，甚至同时存取同一数据。

2．用户

用户是指使用数据库的人，他们可对数据库进行存储、维护和检索等操作。用户分为三类：

（1）第一类用户——终端用户（End User）

终端用户主要是指数据库的各级管理人员、工程技术人员、科研人员，一般为非计算机专业人员。他们主要利用已编制好的应用程序接口使用数据库。

（2）第二类用户——应用程序员（Application Programmer）

应用程序员负责为终端用户设计和编制应用程序，并进行调试和安装，以便终端用户利用应用程序对数据库进行存取操作。

（3）第三类用户——数据库管理员（DataBase Administrator，DBA）

数据库管理员是指负责设计、建立、管理和维护数据库以及协调用户对数据库要求的个人或工作团队，DBA 应熟悉计算机的软硬件系统，具有较全面的数据处理知识，熟悉本单位的业务、数据及其流程。

可见，DBA 不仅要有较高的技术水平和较深的资历，还应具有了解和阐明管理要求的能力。特别对于大型数据库系统，DBA 极为重要。常见的数据库系统只有一个用户，常常不设 DBA，DBA 的职责由应用程序员或终端用户代替。而对于大型数据库系统，DBA 常常是一个团队。

DBA 的主要职责如下：

① 参与数据库设计的全过程，决定整个数据库的结构和信息内容。

② 决定数据库的存储结构和存取策略，以获得较高的存取效率和存储空间利用率。

③ 帮助终端用户使用数据库系统，如：培训终端用户、解答终端用户日常使用数据库系统时遇到的问题等。

④ 定义数据的安全性和完整性，负责分配各个用户对数据库的存取权限、数据的保密级别和完整性约束条件。

⑤ 监督控制数据库的使用和运行。DBA 负责定义和实施适当的数据库后备和恢复策略，当数据库受到破坏时，在最短时间内将数据库恢复到正确状态；当数据库的结构需要改变时，完成对数据结构的修改。

⑥ 改进和重组重构数据库。DBA 负责监视数据库系统运行期间的空间利用率、处理效率等性能指标，利用数据库系统提供的监视和分析实用程序等方式对运行情况进行记录、统计分析并根据实际情况不断改进数据库的设计，不断提高系统的性能。另外，还要不断根据用户需求情况的变化，对数据库进行重新构造。

3．软件（Software）系统

软件系统主要包括数据库管理系统（DBMS）及其开发工具、操作系统（Operating System，OS）和应用系统等。在计算机硬件层之上，由操作系统统一管理计算机资源，这样，DBMS 可借助操作系统完成对硬件的访问，并能对数据库的数据进行存取、维护和管理。另外，数据库系统的各类人员、应用程序等对数据库的各种操作请求，都必须通过 DBMS 完成。DBMS 是数据库系统的核心软件。

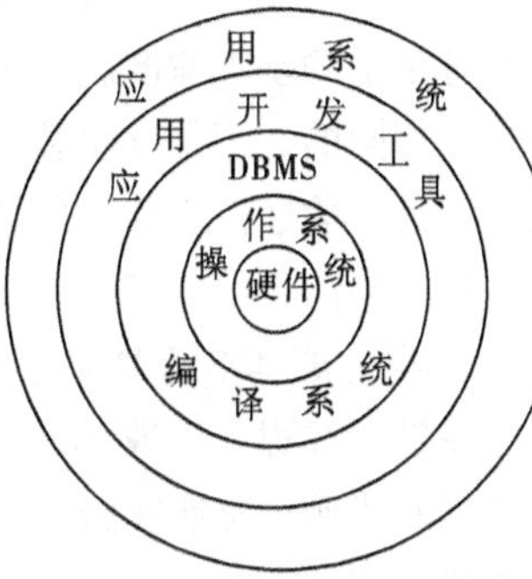

图 1-7　数据库在计算机系统中的地位示意图

4．硬件（Hardware）系统

硬件系统指存储和运行数据库系统的硬件设备，包括 CPU、内存、大容量的存储设备、输入/输出设备、外围设备等。

数据库在整个计算机系统中的地位如图 1-7 所示。

由图 1-7 看出，DBMS 在操作系统的支持下工作，应用程序在 DBMS 支持下才能使用数据库。

1.4　数据库系统的结构

可以从多种不同的角度考查数据库系统的结构。

从数据库管理系统的角度看，数据库系统通常采用三级模式结构，这是数据库管理系统内部的体系结构。

从数据库最终用户的角度看，数据库系统的结构分为单用户结构、主从式结构、分布式结构、客户机/服务器结构和浏览器/服务器结构，这是数据库系统外部的体系结构。

1.4.1 数据库系统的三级模式结构

1. 数据库系统模式的概念

通常，数据库中的数据是按一定的数据模型（结构）组织起来的，而在数据模型中有“型”（Type）和“值”（Value）的概念。型是指对某一类数据的结构和属性的说明，而值是型的一个具体赋值。例如，在描述学生基本情况的信息时，学生基本情况可用学生记录表示，学生记录定义为（学号，姓名，性别，年龄，系别），称为记录型，而（S1，李强，男，19，计算机）则是该记录型的一个记录值。

模式（Schema）是数据库中全体数据的逻辑结构和特征的描述，它仅涉及型的描述，而不涉及具体的值。模式的一个具体值称为模式的一个实例（Instance）。同一个模式可以有很多实例。模式相对稳定不变，而实例则由于数据库中数据的不断更新变化而相对变动。模式反映的是数据的结构及其关系，而实例反映的是数据库某一时刻的状态。

例如，在描述学生基本情况的数据库模式中，包含了学生基本情况记录，则 2010 级和 2011 级的所有学生的基本情况就分别各自形成一个学生基本情况数据库实例。显然，这两个实例的数据库模式是相同的，都是学生基本情况数据库模式，其记录型都是（学号，姓名，性别，年龄，系别）；但两个实例是不同的，因为 2010 级学生的基本情况信息与 2011 级学生的基本情况信息肯定是不相同的。同时，学生在学习过程中出现转系、退学等情况时，以上两个数据库实例也可能在随时发生变化，但它们的数据库模式不变。

2. 数据库系统的三级模式结构

美国国家标准学会（ANSI）所属标准计划和要求委员会在 1975 年公布的研究报告中，把数据库系统内部的体系结构从逻辑上分为三级：外模式、模式和内模式。对用户而言可以对应地分为一般用户级模式、概念级模式和物理级模式。它们分别反映了看待数据库的三个角度。三级模式结构如图 1-8 所示。

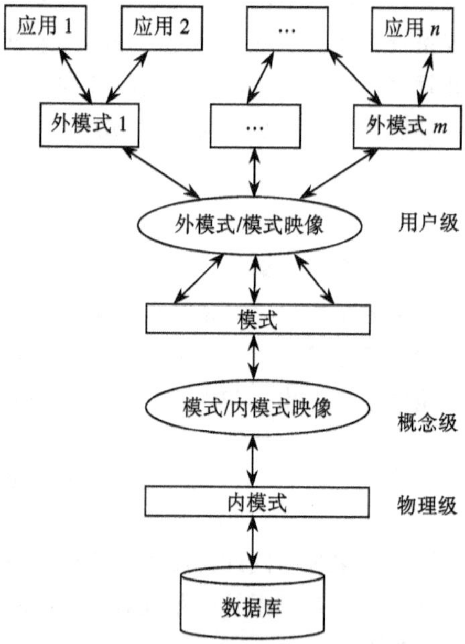

图 1-8 数据库系统的三级模式结构

（1）模式

模式也称为逻辑模式、概念模式，是数据库中全体数据的逻辑结构和特征的描述。模式处于三级结构的中间层，不涉及数据的物理存储细节和硬件环境，与具体的应用程序、所使用的应用开发工具及高级程序设计语言（如 C++、Java 等）无关。

一个数据库只有一个模式，它是整个数据库数据在逻辑上的视图，即是数据库的整体逻辑。也可以认为，模式是对现实世界的一个抽象，是将现实世界某应用环境（企业或单位）的所有信息按一种数据模型、统一地综合考虑所有用户的需求而形成的一个逻辑整体。

定义模式时不仅要定义数据的逻辑结构，如数据记录由哪些数据项构成，数据项的名字、数据类型、取值范围等，而且要定义数据间的联系，定义与数据有关的安全性、完整性要求等。

DBMS 提供数据库模式定义语言（DDL）来定义模式。

（2）外模式

外模式（External Schema）又称子模式或用户模式，它是三级结构的最外层，是数据库用户能看到并允许使用的那部分局部数据的逻辑结构和特征的描述，是与某一应用有关的数据的逻辑表示，也是数据库用户的数据视图，即用户视图。

可见，外模式一般是模式的子集，一个数据库可以有多个外模式。由于不同用户的需求可能不同，因此，不同用户对应的外模式的描述也可能相应地不相同。另外，同一外模式也可以为某一用户的多个应用系统所使用。

因此，各个用户可根据系统所给的外模式，用查询语言或应用程序去操作数据库中所需要的那部分数据，这样每个用户只能看到和访问所对应的外模式中的数据，数据库中的其余数据对他们来说是不可见的，所以，外模式是保证数据库安全性的一个有力措施。

DBMS 提供子模式定义语言（子模式 DDL）来定义子模式。

（3）内模式

内模式（Internal Schema）又称存储模式（Storage Schema），是三级结构中的最内层，也是靠近物理存储的一层，即与实际存储数据方式有关的一层。它是对数据库存储结构的描述，是数据在数据库内部的表示方式。例如，记录以什么存储方式存储（顺序存储、B+树存储等）、索引按照什么方式组织、数据是否压缩、是否加密等。一个数据库只有一个内模式。

DBMS 提供内模式定义语言（内模式 DDL）来定义内模式。

通过分析数据库的三级模式结构可以看出，对于一个数据库系统来说，实际存在的只是物理级数据库，它是数据访问的基础。概念级数据库只不过是物理级数据库的一种抽象描述，用户级数据库是用户与数据库的接口。用户根据子模式进行的操作，通过子模式到模式的映射与概念级数据库联系起来，又通过模式到存储模式的映射与物理级数据库联系起来。事实上，DBMS 的中心工作之一就是完成三级数据库间的转换，把用户对数据库的操作转化到物理级去执行。

在数据库系统中，外模式可有多个，而模式、内模式只能各有一个。内模式是整个数据库实际存储的表示，而模式是整个数据库实际存储的抽象表示，外模式是概念模式的某一部分的抽象表示。

1.4.2　数据库系统的二级映像与数据独立性

数据库系统的三级模式是数据的三个抽象级别，它使用户能逻辑地处理数据，而不必关心数据在计算机内部的存储方式，把数据的具体组织交给 DBMS 管理。为了能够在内部实现这三个抽象层次的联系和转换，DBMS 在三级模式之间提供了二级映像功能。正是这二级映像保证了数据库系统中的数据能够具有较高的逻辑独立性与物理独立性。

（1）外模式/模式映像

模式描述的是数据的全局逻辑结构，外模式描述的是数据的局部逻辑结构。数据库中的同一模式可以有任意多个外模式，对于每一个外模式，都存在一个外模式/模式映像。它确定了数据的局部逻辑结构与全局逻辑结构之间的对应关系。例如，在原有的记录型之间增加新的联系，或在某些记录型中增加新的数据项时，由数据库管理员对各个外模式/模式映像做相应改变，这一映像功能保证了数据的局部逻辑结构不变（即外模式保持不变）；由于应用程序是依据数据的局部逻辑结构编写的，所以应用程序不必修改，从而保证了数据与程序间的逻辑独立性。

（2）模式/内模式映像

数据库中的模式和内模式都只有一个，所以模式/内模式映像是唯一的。它确定了数据的全局逻辑结构与存储结构之间的对应关系。存储结构变化时，如采用了更先进的存储结构，由数据库管理员对模式/内模式映像做相应变化，使其模式仍保持不变，即把存储结构变化的影响限制在模式之下，这使数据的存储结构和存储方法较高地独立于应用程序，通过映像功能保证数据存储结构的变化不影响数据的全局逻辑结构的改变，从而不必修改应用程序，即确保了数据的物理独立性。

1.4.3 数据库系统的三级模式与二级映像的优点

数据库系统的三级模式结构与二级映像使数据库系统具有以下优点：

① 保证数据的独立性。将模式和内模式分开，保证了数据的物理独立性；将外模式和模式分开，保证了数据的逻辑独立性。

② 简化了用户接口。按照外模式编写应用程序或输入命令，而不需了解数据库内部的存储结构，方便用户使用系统。

③ 有利于数据共享。在不同的外模式下可有多个用户共享系统中的数据，减少了数据冗余。

④ 有利于数据的安全保密。在外模式下根据要求进行操作，只能对限定的数据操作，保证了其他数据的安全。

1.4.4 数据库系统的外部体系结构

从最终用户角度来看，数据库系统分为单用户结构、主从式结构、分布式结构、客户机/服务器结构和浏览器/服务器结构。

1. 单用户结构的数据库系统

单用户结构的数据库系统又称桌面型数据库系统，其主要特点是将应用程序、DBMS、数据库都装在一台计算机上，由一个用户独占使用，不同计算机间不能共享数据。

DBMS 提供较弱的数据库管理和较强的前端开发工具，开发工具与数据库集成为一体，既是数据库管理工具，同时又是数据库应用开发的前端工具。例如，在 Visual FoxPro 6.0 里就集成了应用开发工具，在 Access 97 和 Access 2000 里集成了脚本语言等。

因此，桌面型数据库工作在单机环境，侧重在可操作性、易开发和简单管理等方面，适用于未联网用户、个人用户等。

2. 主从式结构的数据库系统

主从式结构的数据库系统是大型主机带多终端的多用户结构的系统。在这种结构中，将应用程序、DBMS、数据库都集中存放在大型主机上，所有处理任务由主机来完成，而连于主机上的终端，只是作为主机的输入/输出设备，各个用户通过主机的终端并发地存取数据库，共享数据资源。

主从式结构的主要优点是结构简单、易于管理与维护。缺点是所有处理任务由主机完成，对主机的性能要求较高，当终端数量太多时，主机的处理任务过重，易形成瓶颈，使系统性能下降；另外，当主机出现故障时，整个系统无法使用。

3. 分布式结构的数据库系统

分布式结构的数据库系统的主要特点如下：

① 数据在物理上分布：数据库中的数据不集中存放在一台服务器上，而是分布在不同地域的服务器上，每台服务器被称为结点。

② 所有数据在逻辑上是整体：数据库中的数据物理上分布，但逻辑上互相关联，是相互联系的整体。

③ 结点上分布存储的数据相对独立：在普通用户看来，整个数据库系统仍然是集中的整体，用户不关心数据的分片存储，也不关心物理数据的具体分布，完全由网络数据库在网络操作系统的支持下完成。用户既可以存取本地结点上的数据库，也可以存取异地结点上的数据库。

分布式数据库系统是分布式网络技术与数据库技术相结合的产物，是分布在计算机网络上的多个逻辑相关的数据库的集合。

4. 客户机/服务器结构的数据库系统

主从式结构的数据库系统中的主机和分布式结构的数据库系统中的结点机，既执行 DBMS 功能，又执行应用程序。随着工作站功能的增强和广泛使用，人们开始把 DBMS 的功能与应用程序分开。网络上某个（些）结点机专门用于执行 DBMS 的功能，完成数据的管理功能，称为数据库服务器；其他结点上的计算机安装 DBMS 的应用开发工具和相关数据库应用程序，称为客户机。这就是客户机/服务器结构（Client/Server，C/S）的数据库系统，如图 1-9 所示。

在客户机/服务器结构中，DBMS 和数据库存放于服务器上，应用程序和相关开发工具存放于客户机上。客户机负责管理用户界面，接收用户数据，处理应用逻辑，生成数据库服务请求，将该请求发送给服务器，数据库服务器进行处理后，将处理结果返回给客户机，并将结果按一定格式显示给用户。因此，客户机/服务器模式又称为胖客户机模式，是一种两层结构。

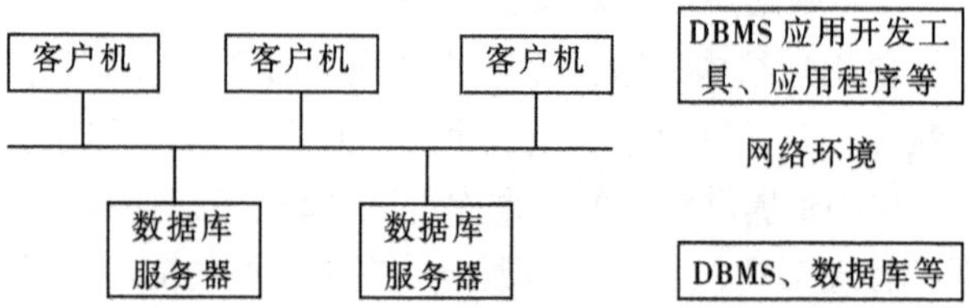

图 1-9 客户机/服务器结构的数据库系统示意图

客户机/服务器结构的数据库系统的主要优点如下：

① 网络运行效率大大提高，这主要因为服务器只将处理的结果返回到客户机，从而大大降低了网络上的数据传输量。

② 应用程序的运行和计算处理工作由客户机完成，这样，既减少了与服务器不必要的通信开销，也减轻了服务器的处理工作，因而减轻了服务器的负载。

其主要缺点是维护升级很不方便，需要在每个客户机上安装前端客户程序，而且当应用程序修改后，就必须在所有安装应用程序的客户机上重新安装此应用程序。

5. 浏览器/服务器结构的数据库系统

浏览器/服务器结构（Browser/Server，B/S）是针对客户机/服务器结构的不足而提出的。

在浏览器/服务器结构中，客户机端仅安装通用的浏览器软件，实现用户的输入/输出，而应用程序不再是安装在客户机端，而是安装在介于客户机和数据库服务器之间的另外一个称为应用服务器的服务器端，即将客户端运行的应用程序转移到应用服务器上。这样，应用服务器充当了客户机和数据库服务器的中介，架起了用户界面与数据库之间的桥梁。因此，浏览器/服务器模式是瘦客户机模式，是一种三层结构，如图 1-10 所示。

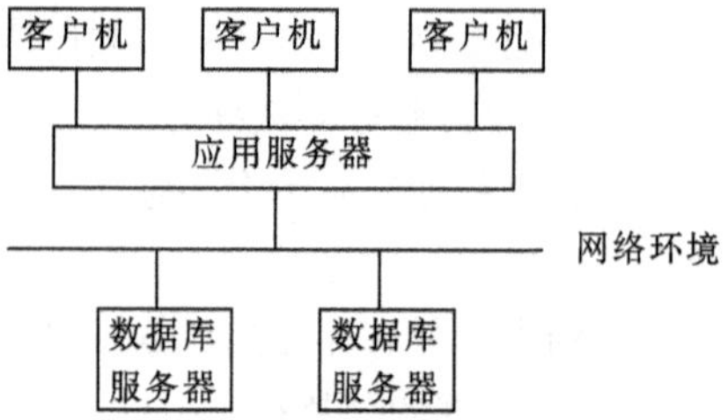

图 1-10 浏览器/服务器结构的数据库系统示意图

可见，浏览器/服务器结构有效地克服了客户机/服务器结构的不足，客户机只要能运行浏览器软件即可，其配置与维护也相对容易。浏览器/服务器结构在 Internet 中得到了最广泛的应用。此时，Web 服务器即为应用服务器。

1.5 数据库管理系统

数据库管理系统（DBMS）是对数据进行管理的大型系统软件，它是数据库系统的核心组成部分，用户在数据库系统中的一切操作，包括数据定义、查询、更新及各种控制，都是通过 DBMS 进行的。DBMS 就是实现把用户意义下的抽象逻辑数据处理转换成计算机中具体的物理数据的处理软件，这给用户带来很大的方便。

1.5.1　DBMS 的主要功能

1．数据定义功能

DBMS 提供数据定义语言（Data Define Language，DDL），定义数据的模式、外模式和内模式三级模式结构，定义模式/内模式和外模式/模式二级映像，定义有关的约束条件。

2．数据操纵功能

DBMS 提供数据操纵语言（Data Manipulation Language，DML）实现对数据库的基本操作，包括检索、更新（包括插入、修改、删除）等。

3．数据库运行管理功能

对数据库的运行进行管理是 DBMS 运行的核心部分。DBMS 通过对数据库的控制以确保数据正确有效和数据库系统的正常运行。DBMS 对数据库的控制主要通过四个方面实现：数据的安全性控制、数据的完整性控制、多用户环境下的并发控制和数据库的恢复。

4．数据库的建立和维护功能

数据库的建立包括数据库的初始数据的装入与数据转换等，数据库的维护包括数据库的转储、恢复、重组织与重构造、系统性能监视与分析等。这些功能分别由 DBMS 的各个实用程序来完成。

5．数据通信接口

DBMS 提供与其他软件系统进行通信的功能。DBMS 提供了与其他 DBMS 或文件系统的接口，从而使该 DBMS 能够将数据转换为另一个 DBMS 或文件系统能够接收的格式，或者可接收其他 DBMS 或文件系统的数据，实现用户程序与 DBMS、DBMS 与 DBMS、DBMS 与文件系统之间的通信。通常，这些功能要与操作系统协调完成。

6．数据组织、存储和管理

DBMS 负责对数据库中需要存放的各种数据（如：数据字典、用户数据、存取路径等）的组织、存储和管理工作，确定以何种文件结构和存取方式物理地组织这些数据，以提高存储空间利用率和对数据库进行增、删、改、查的效率等。

1.5.2　DBMS 的数据存取过程

在数据库系统中，DBMS 与操作系统、应用程序、硬件等协同工作，共同完成数据的各种存取操作。其中 DBMS 起着关键的作用，对数据库的一切操作，都要通过 DBMS 完成。

DBMS 对数据的存取通常需要以下几个步骤：

① 用户使用某种特定的数据操作语言向 DBMS 发出存取请求。

② DBMS 接受请求并将该请求解释转换成机器代码指令。

③ DBMS 依次检查外模式、外模式/模式映像、模式、模式/内模式映像及存储结构定义。

④ DBMS 对存储数据库执行必要的存取操作。

⑤ 从对数据库的存取操作中接收结果。

⑥ 对得到的结果进行必要的处理，如格式转换等。

⑦ 将处理的结果返回给用户。

上述存取过程中还包括安全性控制、完整性控制，以确保数据的正确性、有效性和一致性。

DBMS 的工作方式和数据存取过程分别如图 1-11、图 1-12 所示。

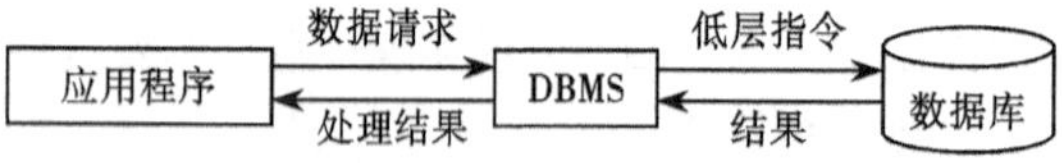

图 1-11 DBMS 的工作方式

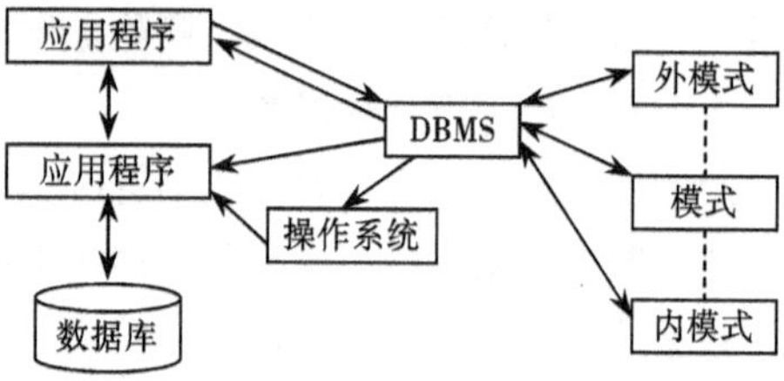

图 1-12 DBMS 存取数据的过程示意图

1.6 数据模型

由于计算机不能直接处理现实世界中的具体事物及其联系，为了利用数据库技术管理和处理现实世界中的事物及其联系，人们必须将这些具体事物及其联系转换成计算机能够处理的数据。

数据库是模拟现实世界中某应用环境（一个企业、单位或部门）所涉及的数据的集合，它不仅要反映数据本身的内容，而且要反映数据之间的联系。这个集合或者包含了信息的一部分（用用户视图模拟），或者包含了信息的全部（用概念视图模拟），而这种模拟是通过数据模型来进行的。也就是说，数据模型是数据库的框架，该框架描述了数据及其联系的组织方式、表达方式和存取路径，它是数据库系统的核心和基础，各种计算机上实现的 DBMS 都是基于某种数据模型，它的数据结构直接影响到数据库系统的其他部分的性能，也是数据定义和数据操纵语言的基础。因此，数据模型的选择，是设计数据库时的一项首要任务。

1.6.1 三个世界的划分及其有关概念

为了把现实世界中的具体事物抽象、组织为某一 DBMS 支持的数据模型，在实际的数据处理过程中，首先将现实世界的事物及联系抽象成信息世界的信息模型，然后再抽象成计算机世界的数据模型。信息模型并不依赖于具体的计算机系统，不是某一个 DBMS 所支持的数据模型，它是计算机内部数据的抽象表示，是概念模型；概念模型经过抽象，转换成计算机上某一 DBMS 支持的数据模型。所以说，数据模型是现实世界的两级抽象的结果。在数据处理中，数据加工经历了现实世界、信息世界和计算机世界三个不同的世界，经历了两级抽象和转换。这一过程如图 1-13 所示。

1. 现实世界

现实世界即客观存在的世界。其中存在着各种事物及其之间的联系，每个事物都有自己的特征或性质。人们总是选用感兴趣的最能表征该事物的若干特征来描述该事物。例如，要描述一个学生，常选用学号、姓名、性别、年龄、系别等来描述，有了这些特征，就能区分不同的学生。

客观世界中，事物之间又是相互联系的，而这种联系可能是多方面的，但人们只选择那些感兴趣的联系，而无须选择所有的联系。例如，在学生管理系统中，可以选择“学生选修课程”这一联系表示学生和课程之间的关系。

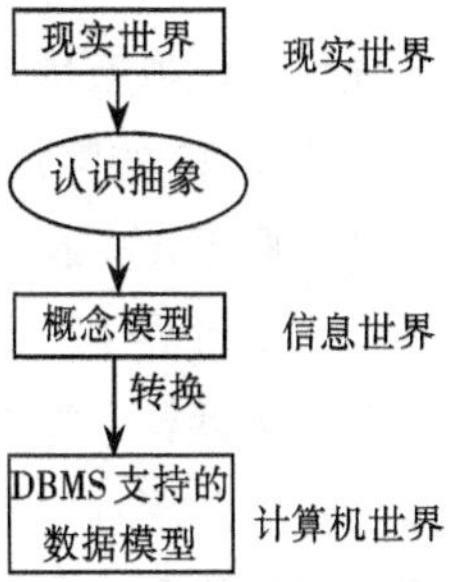

图 1-13 数据处理的抽象和转换过程

2. 信息世界

信息世界是现实世界在人们头脑中的反映，经过人脑的分析、归纳、抽象，形成信息，人们把这些信息进行记录、整理、归类和格式化后，就构成了信息世界。在信息世界中，常用的主要概念如下：

（1）实体（Entity）

客观存在并且可以相互区别的“事物”称为实体。实体可以是具体的人、事、物，如一个学生、一本书、一辆汽车、一种物资等；也可以是抽象的事件，如一堂课、一次比赛、学生选修课程等。

（2）属性（Attribute）

实体所具有的某一特性称为属性。一个实体可以由若干个属性共同来刻画，如学生实体由学号、姓名、性别、年龄、系别等方面的属性组成。属性有“型”和“值”之分。“型”即为属性名，如学号、姓名、性别、年龄、系别都是属性的型；“值”即为属性的具体内容，如（S1，李强，男，19，计算机），这些属性值的集合表示了一个学生实体。

（3）实体型（Entity Type）

具有相同属性的实体必然具有共同的特征，所以，用实体名及其属性名集合来抽象和刻画同类实体，称为实体型。例如，学生（学号，姓名，性别，年龄，系别）就是一个实体型，它刻画的是学生这一类实体。

（4）实体集（Entity Set）

同型实体的集合称为实体集，例如所有的学生、所有的课程等。

（5）键（Key）

在实体型中，能唯一标识一个实体的属性或属性集称为实体的键，也称为关键码、关键字，或简称码、键等。例如，学生的学号就是学生实体的键，而学生实体的姓名属性可能有重名，不能作为学生实体的键。

（6）域（Domain）

属性的取值范围称为该属性的域。例如，学号的域为 9 位整数，姓名的域为字符串集合，年龄的域为小于 40 的整数，性别的域为（男，女）等。

（7）联系（Relationship）

在现实世界中，事物内部以及事物之间是有联系的，这些联系同样也要抽象和反映到信息世界中，在信息世界中将被抽象为实体型内部的联系和实体型之间的联系。实体型内部的联系通常是指组成实体的各属性之间的联系；实体型之间的联系通常是指不同实体集之间的联系。反映实体型及其联系的结构形式称为实体模型，也称作信息模型，它是现实世界及其联系的抽象表示。

两个实体型之间的联系有如下三种类型：

① 一对一联系（1:1）：实体集 A 中的一个实体至多与实体集 B 中的一个实体相对应，反之，实体集 B 中的一个实体至多与实体集 A 中的一个实体相对应，则称实体集 A 与实体集 B 为一对一的联系，记作 1:1。例如，班级与班长、观众与座位、病人与床位。

② 一对多联系（$1:n$）：实体集 A 中的一个实体与实体集 B 中的 n（$n\geqslant 0$）个实体相联系，反之，实体集 B 中的一个实体至多与实体集 A 中的一个实体相联系，记作 $1:n$。例如，班级与学生、公司与职员、省与市。

③ 多对多联系（$m:n$）：实体集 A 中的一个实体与实体集 B 中的 n（$n\geqslant 0$）个实体相联系，反之，实体集 B 中的一个实体与实体集 A 中的 m（$m\geqslant 0$）个实体相联系，记作 $m:n$。例如，教师与学生、学生与课程、工厂与产品。

实际上，一对一联系是一对多联系的特例，而一对多联系又是多对多联系的特例。

可以用图形来表示两个实体型之间的这三类联系，如图 1-14 所示。

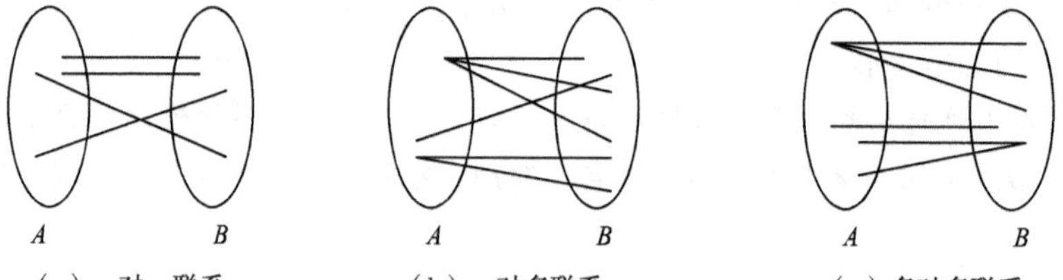

图 1-14　两个实体型之间的联系

3. 计算机世界

计算机世界是信息世界中信息的数据化，就是将信息用字符和数值等数据表示，便于存储在计算机并由计算机进行识别和处理。在计算机世界中，常用的主要概念有如下几个：

（1）字段（Field）

标记实体属性的命名单位称为字段，也称为数据项。字段的命名往往和属性名相同，例如，学生有学号、姓名、性别、年龄、系别等字段。

（2）记录（Record）

字段的有序集合称为记录。通常用一个记录描述一个实体，因此，记录也可以定义为能完整地描述一个实体的字段集。例如，一个学生（S1，李强，男，19，计算机）为一个记录。

（3）文件（File）

同一类记录的集合称为文件。文件是用来描述实体集的，例如，所有学生的记录组成了一个学生文件。

（4）关键字（Key）

能唯一标识文件中每个记录的字段或字段集，称为记录的关键字，或简称键。例如，在学生文件中，学号可以唯一标识每一个学生记录，因此，学号可作为学生记录的关键字。

在计算机世界中，信息模型被抽象为数据模型，实体型内部的联系抽象为同一记录内部各字段间的联系，实体型之间的联系抽象为记录与记录之间的联系。

现实世界是信息之源，是设计数据库的出发点，实体模型和数据模型是现实世界事物及其联系的两级抽象。而数据模型是实现数据库系统的根据。通过以上的介绍，可总结出三个世界中各术语的对应关系，如图 1-15 所示。

现实世界	→ 信息世界	→ 计算机世界
事物总体	→ 实体集	→ 文件
事物个体	→ 实体	→ 记录
特征	→ 属性	→ 字段
事物之间的联系	→ 实体模型	→ 数据模型

图 1-15　三个世界各术语的对应关系

1.6.2　数据模型的组成要素

由于数据模型是现实世界中的事物及其联系的一种模拟和抽象表示，是一种形式化描述数据、数据间联系以及有关语义约束规则的方法，这些规则规定数据如何组织以及允许进行何种操作。因此，数据模型通常由数据结构、数据操作和数据的完整性约束三个要素组成。

1. 数据结构

数据结构或数据组织结构，描述了数据库的组成对象以及对象间的联系，也就是说数据结构一方面描述的是数据对象的类型、内容、性质等，另一方面描述了数据对象间的联系。因此，数据结构描述的是数据库的静态特性，是数据模型中最基本的部分，不同的数据模型采用不同的数据结构。

例如，在关系模型中，用字段、记录、关系（二维表）等描述数据对象，并以关系结构的形式进行数据组织。因此，在数据库中，人们通常按照其数据结构的类型来命名数据模型。例如，数据结构有层次结构、网状结构和关系结构三种类型，按照这三种结构命名的数据模型分别称为层次模型、网状模型和关系模型。

2. 数据操作

数据操作是指对数据库中的各种数据允许执行的操作的集合，包括操作及相应的操作规则，描述了数据库的动态特性。数据库有查询和更新（包括插入、删除和修改）两类操作。数据模型必须定义这些操作的确切含义、操作符号、操作规则（如优先级）以及实现操作的语言。

3. 数据的完整性约束

数据的完整性约束条件是一组完整性规则的集合。完整性规则是给定的数据模型中数据及其联系所具有的制约和依存规则，用以限定符合数据模型的数据库状态以及状态的变化，以保证数据的正确、有效、相容。

一方面，数据模型应该反映和规定本数据模型必须遵守的基本的通用的完整性约束条件。

另一方面，数据模型还应该提供定义完整性约束条件的机制，以反映具体应用所涉及的数据必须遵守的特定的语义约束条件。例如，在学生管理数据库中，学生的年龄不得超过 40 岁。

1.6.3 数据模型的分类

目前，在数据库领域中常用的数据模型主要有层次模型（Hierarchical Model）、网状模型（Network Model）和关系模型（Relational Model）三种。

其中，层次模型和网状模型是早期的数据模型，统称为非关系模型。20 世纪 70 年代至 80 年代初，非关系模型的数据库系统非常流行，在数据库系统产品中占据了主导地位，现在已逐渐被关系模型的数据库系统取代。但在美国等其他一些国家，由于早期开发的应用系统都是基于层次模型或网状模型，因此，目前层次数据库或网状数据库的系统仍很多。

20 世纪 80 年代以来，面向对象的方法和技术在计算机各个领域，包括程序设计语言、软件工程、计算机硬件等各方面都产生了深远的影响，出现了一种新的数据模型——面向对象的数据模型（Object-Oriented Model）。

由于数据模型包括了数据结构、数据操作和数据的完整性约束三个方面的内容，因此，本节就从这三个方面分别介绍以上三种常用的数据模型，同时，对面向对象数据模型中的有关概念进行简单介绍。

1. 层次模型

层次模型是数据库系统中最早出现的数据模型，采用层次模型的数据库的典型代表是 IBM 公司的 IMS（Information Management System）。此系统是 IBM 公司于 1968 年推出的第一个大型的商用数据库管理系统，曾经得到广泛的应用。

现实世界中，由于许多实体之间的联系都表现出一种很自然的层次关系，如家族关系、行政机构等，因此，层次模型用树形数据结构（有向树）来表示各类实体以及实体间的联系。

在这种树形结构中，每个结点表示一个记录型，每个记录型可包含若干个字段，记录型描述的是实体，字段描述实体的属性，各个记录型及其字段都必须命名。结点间的带箭头的连线（或边）表示记录型间的联系，连线上端的结点是父结点或双亲结点，连线下端的结点是子结点或子女结点，同一双亲的子女结点称为兄弟结点，没有子女结点的结点称为叶结点，如图 1-16 所示。

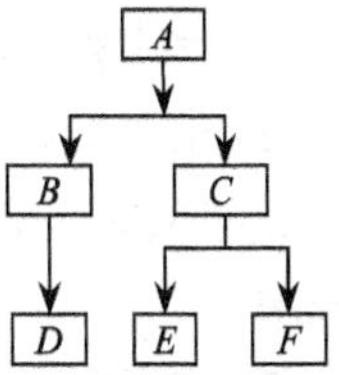

图 1-16　层次模型有向树的示意图

层次模型有如下特点：

① 每棵树有且仅有一个结点没有双亲，该结点就是根结点。

② 根以外的其他结点有且仅有一个双亲结点。

③ 父子结点之间的联系是一对多（1:*n*）的联系。父结点中的一个记录值可能对应 *n* 个子女结点中的记录值，而子结点中的一个记录值只能对应父结点中一个记录值。因此，任何一个给定的记录值只有按其路径查看时，才能显出它的全部意义，没有一个子女记录值能够脱离双亲记录值而独立存在。

以下是一个层次模型的例子，如图 1-17 所示。

层次模型为 TS，它具有四个记录型。记录型 D（系）是根结点，由字段 D#（系编号）、DN（系名）、DL（系地点）组成，它有两个结点 R 和 S。记录型 R（教研室）是 D 的子女结点，同时又是 T 的双亲结点，它由 R#（教研室编号）、RN（教研室名）两个字段组成。记录型 S（学生）由 S#（学号）、SN（姓名）和 SS（成绩）三个字段组成，记录型 T（教师）由 T#（职工号）、TN（姓名）和 TD（研究方向）三个字段组成。S 与 T 是叶结点，它们没有子女结点。由 D 到 R，由 R 到 T，由 D 到 S 均是一对多的关系。

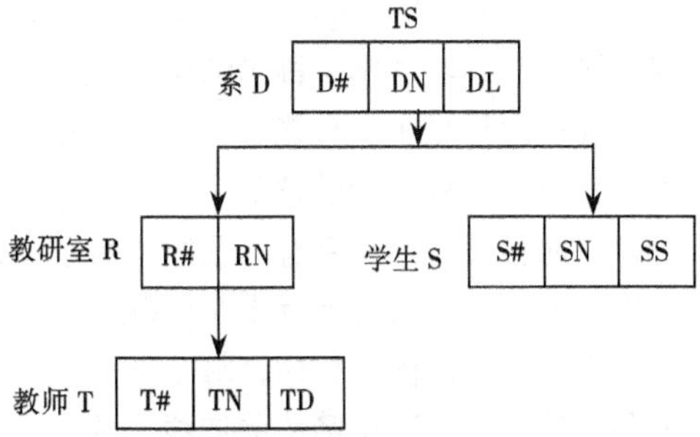

图 1-17　TS 数据库模型

例如，设对应上述数据模型的一个值，该值是 D01 系（计算机系）记录值及其所有后代记录值组成的一棵树，D01 系有两个教研室子记录值 R01、R02 和两个学生记录值 S9901、S9902。教研室 R01 有三个教师记录值 T1101、T1102 和 T1103。教研室 R02 有两个教师记录值 T1201 和 T1202。以教师 T1202 来说，只能从根结点开始看起，才能知道其全部信息，也就是说，从根结点看起，该教师属于 D01 系的 R02 教研室。

层次模型的数据操作主要有查询、插入、删除和修改，进行插入、删除和修改操作时要满足层次模型的完整性约束条件。

进行插入操作时，如果没有相应的双亲结点值就不能插入子女结点值。例如，若新进一名教师，如果没有确定他在哪个教研室，则该教师不能插入到数据库中。

进行删除操作时，如果删除双亲结点值，则相应的子女结点值也被同时删除。例如，若删除一个教研室，则该教研室的所有教师都将被删除。

修改操作时，应修改所有相应的记录，以保证数据的一致性。

层次模型的优点主要有以下几点：

① 层次模型结构比较简单，层次分明，便于在计算机内实现。

② 结点间联系简单，从根结点到树中任一结点均存在一条唯一的层次路径，当要存取某个结点的记录值时，沿着这条路径很快就能找到该记录值，因此，以该种模型建立的数据库系统查询效率很高。

③ 它提供了良好的数据完整性支持。

层次模型的缺点主要有以下几点：

① 不能直接表示两个以上的实体型间的复杂联系和实体型间的多对多联系，只能通过引入冗余数据或创建虚拟结点的方法来解决，易产生不一致性。

② 对数据插入和删除的操作限制太多。

③ 查询子女结点必须通过双亲结点。

2. 网状模型

现实世界中事物之间的联系更多的是非层次关系，用层次模型表示这种关系很不直观，网状模型克服了这一弊病，它可以清晰地表示这种非层次关系。20 世纪 70 年代，数据系统语言研究会（Conference On Data System Language，CODASYL）下属的数据库任务组（DataBase Task Group，DBTG）提出了一个系统方案，即 DBTG 系统，也称 CODASYL 系统，它是网状模型的代表。

在层次模型中，只能有一个根结点，根结点以外的其他结点有且仅有一个双亲结点。而网状模型中取消了层次模型的这两个限制，它允许多个结点没有双亲结点，允许结点可以有多个双亲结点，因此，网状模型是采用有向图结构表示记录型与记录型之间联系的数据模型，它可以更直接地描述现实世界。层次模型实际上是网状模型的一个特例。

在这种有向图结构中，每个结点表示一个记录型，每个记录型可包含若干个字段，记录型描述的是实体。结点间带箭头的连线（或有向边）表示记录型间的 $1:n$ 的父子联系。

网状模型有如下特点：

① 有一个以上的结点没有双亲结点。

② 允许结点有多个双亲结点。

③ 允许两个结点之间有多种联系（复合联系）。

例如，学生和课程间的联系，一个学生可以选修多门课程，一门课程可以被多个学生选修，如图 1-18 所示。

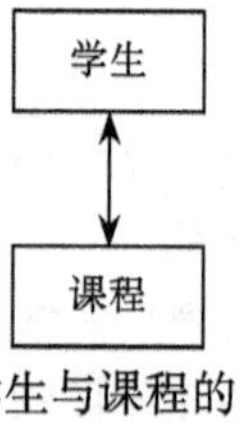

图 1-18 学生与课程的网状模型

网状模型的数据操纵主要包括查询、插入、删除和修改数据。进行插入、删除和修改操作时要满足网状模型的完整性约束条件。

插入数据时，允许插入尚未确定双亲结点值的子女结点值。例如，可增加一名尚未分配到某个教研室的新教师，也可增加一些刚来报到、还未分配宿舍的学生。

删除数据时，允许只删除双亲结点值。例如，可删除一个教研室，而该教研室所有教师的信息仍保留在数据库中。

修改数据时，可直接表示非树形结构，而无须像层次模型那样增加冗余结点，因此，修改操作时只需更新指定记录即可。

它没有像层次模型那样有严格的完整性约束条件，只提供一定的完整性约束。

网状模型的优点主要有：

① 能更为直接地描述客观世界，可表示实体间的多种复杂联系。

② 具有良好的性能和存储效率。

网状模型的缺点主要有：

① 数据结构复杂，并且随着应用环境的扩大，数据库的结构变得越来越复杂，不便于终端用户掌握。

② 其数据定义语言（DDL）、数据操纵语言（DML）极其复杂，不易被用户掌握。

③ 由于记录间的联系本质上是通过存取路径实现的，应用程序在访问数据库时要指定存取路径，即用户需要了解系统结构的细节，加重了编写应用程序的负担。

3. 关系模型

关系模型是发展较晚的一种模型。1970 年，美国 IBM 公司的研究员 E.F.Codd 首次提出了数据库系统的关系模型。他发表了题为《大型共享数据银行数据的关系模型》（*A Relation Model of Data for Large Shared Data Banks*）的论文。在文中解释了关系模型，定义了某些关系代数运算，研究了数据的函数相关性，定义了关系的第三范式，从而开创了数据库的关系方法和数据规范化理论的研究。为此，他获得了 1981 年的图灵奖。此后，许多人把研究方向转到关系方法上，陆续出现了关系数据库系统。1977 年，IBM 公司研制的关系数据库代表 System R 开始运行，其后又进行了不断的改进和扩充，出现了基于 System R 的数据库系统 SQL/DB。

20 世纪 80 年代以来，计算机厂商新推出的数据库管理系统几乎都支持关系模型，非关系系统的产品也都加上了关系接口。数据库领域当前的研究工作也都以关系方法为基础。关系数据库已成为目前应用最广泛的数据库系统，如现在广泛使用的小型数据库系统 FoxPro、Access，大型数据库系统 Oracle、SQL Server、Informix、Sybase 等都是关系数据库系统。

关系模型的数据结构是一张规范化的二维表，它由表名、表头和表体三部分构成，表名即二维表的名称，表头决定了二维表的结构（即表中列数及每列的列名、类型等），表体即二维表中的数据。每个二维表又可称为关系。关系模型与层次模型、网状模型不同，它是建立在严格的数学概念之上的，严格的定义将在第 2 章给出。图 1–19 给出了学生成绩管理数据库的关系模型及其实例，包含三个关系：学生关系 S、课程关系 C 和选课关系 SC，分别对应三张表。下面以图 1–19 为例，介绍关系模型中所涉及的一些基本概念。

(1)关系(Relation)

一个关系对应一张二维表，图 1-19 所示的三张表就分别对应三个关系。

(2)元组(Tuple)

二维表格中的一行，如 S 表中的一个学生记录即为一个元组。

(3)属性(Attribute)

二维表格中的一列，给每一个属性起一个名称即属性名，如 S 表中有五个属性(学号，姓名，性别，年龄，系别)。属性由名称、类型、长度构成其特征。

学生基本信息表 S

Sno	Sname	Ssex	Sage	Sdept
S1	李强	男	19	计算机
S2	王松	男	20	通信工程
S3	李丽	女	18	电子
S4	张平	女	21	计算机
S5	何晴	女	19	通信工程
S6	王小可	男	20	计算机
S7	张欢	男	20	电子

课程信息表 C

Cno	Cname	Cteacher
C1	C 语言	刘军
C2	C++程序设计	李彤
C3	操作系统	吴明
C4	数据库	李白
C5	计算机网络	苏志朋
C6	数据结构	刘军

学生选课信息表 SC

Sno	Cno	Score
S1	C2	85
S2	C3	72
S3	C4	90
S4	C1	84
S5	C2	58
S6	C3	88
S3	C1	69
S1	C5	88
S1	C3	95

图 1-19　学生成绩管理数据库模型及实例

(4)域(Domain)

属性的取值范围，如年龄的域是(14~40)，性别的域是(男，女)。

(5)分量

每一行对应的列的属性值，即为元组中的一个属性值。

(6)关键字(Key)

可唯一标识一个元组的属性或属性集，也称为关系键或主码，如 S 表中学号可以唯一确定一个学生，为学生关系的主码。

(7)关系模式

关系模式是对关系的描述，一般表示为：关系名(属性 1，属性 2，…，属性 n)，关系模式是关系模型的“型”，是关系的框架结构。例如，学生关系 S 的关系模式可表示为：学生(学号，姓名，性别，年龄，系别)。

在关系模型中，实体是用关系来表示的，例如：

学生(学号，姓名，性别，年龄，系别)

课程(课程号，课程名，任课教师)

实体间的联系也是用关系来表示的，例如，学生和课程之间的联系可表示为：

选课(学号，课程号，成绩)

（8）关系实例

关系实例是关系模式的“值”，是关系的数据，相当于二维表中的数据。

关系模型的数据操作主要包括查询、插入、删除和修改数据，这些操作必须满足关系的完整性约束条件，即满足实体完整性、参照完整性和用户定义的完整性。

在非关系模型中，操作对象是单个记录，而关系模型中的数据操作是集合操作，操作对象和操作结果都是关系，即若干元组的集合；另外，关系模型把对数据的存取路径隐蔽起来，用户只要指出“干什么”，而不必详细说明“怎么干”，从而大大地提高了数据的独立性，提高了用户操作效率。

关系模型的优点主要有：

① 关系模型与非关系模型不同，它有严格的数学理论根据。

② 数据结构简单、清晰，用户易懂易用，不仅用关系描述实体，而且用关系描述实体间的联系。此外，对数据的操作结果也是关系。

③ 关系模型的存取路径对用户透明，从而具有更高的数据独立性、更好的安全保密性，也简化了程序员的工作和数据库建立和开发的工作。

关系模型的缺点是查询效率不如非关系模型。因此，为了提高性能，必须对用户的查询进行优化，增加了开发数据库管理系统的负担。

本书将重点介绍关系模型及关系数据库。

4. 面向对象模型

虽然关系模型比层次、网状模型简单灵活，但是现实世界存在着许多含有复杂数据结构的应用领域，例如 CAD 数据、图形数据等，需要更高级的数据库技术表达这类信息。

面向对象的概念最早出现在 1968 年的 Smalltalk 语言中，随后迅速渗透到计算机领域的每一个分支，现已使用在数据库技术中。面向对象数据库是面向对象概念与数据库技术相结合的产物。

面向对象模型中最基本的概念是对象和类。

对象是现实世界中实体的模型化，例如，一个学生、一门课程以及一次考试记录等都可以看做对象。对象与记录的概念相仿，但远比记录复杂。

每一对象都由唯一的对象标识来识别，用于确定和检索这个对象，它把对象的状态（State）、行为（Behavior）封装（Encapsulate）在一起。其中，对象的状态是该对象属性值的集合，对象的行为是在对象状态上操作的方法集合。

对象标识独立于对象的内容和存储位置，是一种逻辑标识符，通常由系统产生，它在整个系统范围内是唯一的。两个对象即使内部状态值和方法都相同，如标识符不同，仍认为是两个相等而不同的对象。例如，同一型号的两个零件，在设计图上被用在不同的地方，这两个零件是“相等”的，但被视为不同的对象具有不同的标识符。在这一点上，面向对象的模型与关系模型不同，在关系模型中，如果两个元组的属性值完全相同，则被认为是同一元组。

每个对象都包含一组属性和一组方法。属性用来描述对象的状态、组成和特性，它是对象的静态特征。一个简单对象如一个整数，其值本身就是其状态的完全描述，不再需要其他属性，这样的对象称为原子对象。属性的值也可以是复杂对象。一个复杂对象包含若干个属性，而这些属性作为一种对象，又可能包含多个属性，这样就形成了对象的递归引用，从而组成各种复杂对象。

方法用以描述对象的行为特性。一个方法实际是一段可对对象操作的程序。方法可以改变对象的状态，所以称为对象的动态特征。例如一台计算机，不仅具有描述其静态特征的属性：CPU 型号、硬盘大小和内存大小等，还具有开机、关机和睡眠等动态特征。由此可见，每个对象都是属性和方法的统一体。与关系模型的实体概念相比，对象模型中的对象概念更为全面，因为关系模型主要描述对象的属性，而忽视了对象的方法，因此会产生“结构与行为相分离”的缺陷。

具有同样属性和方法集的所有对象构成了一个对象类（简称类），一个对象是某一类的实例（Instance）。例如，把学生定义一个类，则某个学生（张三、李四等）则是学生类中的对象。类是“型”，对象是某一类的“值”。

类的属性域可以是基本数据类型（如整型、实型、字符型等），也可以是类，或由上述值域组成的记录或集合。也就是说，类可以有嵌套结构。

此外，类的表示具有层次性。在面向对象模型中，可以通过对已有的类进行扩充和细化来定义一个新类，从而形成一种层次结构，有了超类和子类的概念。所谓超类就是可以通过扩充和细化导出其他类，而子类是指由通过扩展类定义而得到的类。

这种层次结构的重要特点是具有继承性。因为一个类可以有多个子类，也可以有多个超类，因此，一个类可以直接继承多个类，这种继承方式称为多重继承。例如，在职研究生既属于职工类，又属于学生类，他继承了职工和学生的所有性质。如果一个类至多只有一个超类，则一个类只能从单个超类继承属性和方法，这种继承方式称为单重继承。在多重继承情况下，类的层次结构不再是一棵树，而是一个网络结构。

面向对象模型能完整地描述现实世界的数据结构，具有丰富的表达能力，但模型相对比较复杂，涉及的知识比较多，因此，面向对象数据库尚未达到关系数据库的普及程度。

1.6.4 实体联系模型及 E-R 图

实体联系模型（即 E-R 模型）是广泛应用于数据库设计工作中的一种概念模型，它利用 E-R 图来表示实体及其之间的联系。

E-R 图的基本成分包含实体型、属性和联系。其表示方式如下：

① 实体型：用矩形框表示，框内标注实体名称，如图 1-20（a）所示。

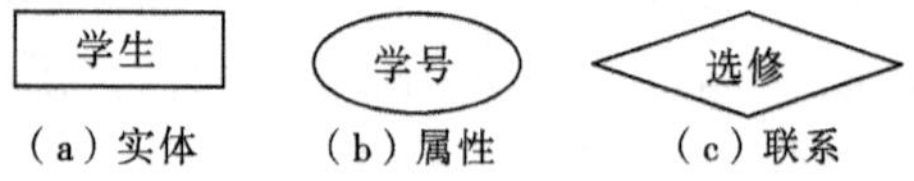

图 1-20 E-R 图的三种基本成分及其图形的表示方法

② 属性：用椭圆形框表示，框内标注属性名称，并用无向边将其与相应的实体相连，如图 1-20（b）所示。

③ 联系：用菱形框表示，框内标注联系名称（见图 1-20（c）)，并用无向边与有关实体相连，同时在无向边旁标上联系的类型，即 1:1 或 1:n 或 m:n。

联系是指实体之间的联系，有一对一（1:1）、一对多（1:n）或多对多（m:n）三种联系类型。例如，系主任领导系、学生属于某个系、学生选修课程、工人生产产品，这里"领导"、"属于"、"选修"、"生产"表示实体间的联系，可以作为联系名称。

现实世界的复杂性，导致实体联系的复杂性。表现在 E-R 图上可以归结为图 1-21 所示的几种基本形式：

① 两个实体之间的联系，如图 1-21（a）所示。

② 两个以上实体间的联系，如图 1-21（b）所示。

③ 同一实体集内部各实体之间的联系，例如一个部门内的职工有领导与被领导的联系，即某一职工（干部）领导若干名职工，而一个职工（普通员工）仅被另外一个职工直接领导，这就构成了实体内部的一对多的联系，如图 1-21（c）所示。

需要注意的是，因为联系本身也是一种实体型，所以联系也可以有属性。如果一个联系具有属性，则这些属性也要用无向边与该联系连接起来。例如，学生选修的课程有相应的成绩。这里的"成绩"既不是学生的属性，也不是课程的属性，只能是学生选修课程的联系的属性，如图 1-21（a）所示。

E-R 图的基本思想就是分别用矩形框、椭圆形框和菱形框表示实体型、属性和联系，使用无向边将属性与其相应的实体连接起来，并将联系分别和有关实体相连接，注明联系类型。图 1-21 为几个 E-R 图的例子，只给出了实体及其 E-R 图，省略了实体的属性。图 1-22 为一个描述学生与课程联系的完整的 E-R 图。

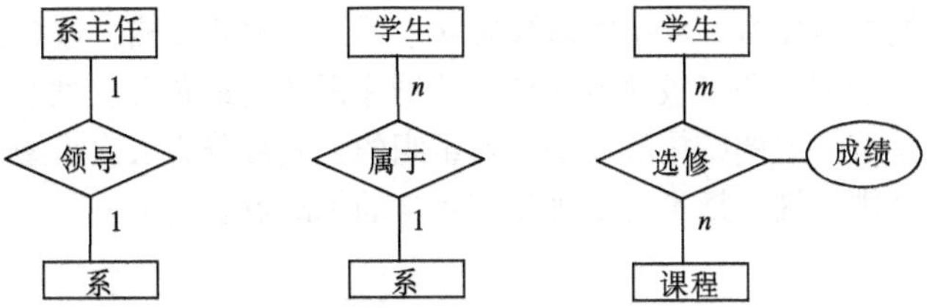

（a）两个实体之间的联系

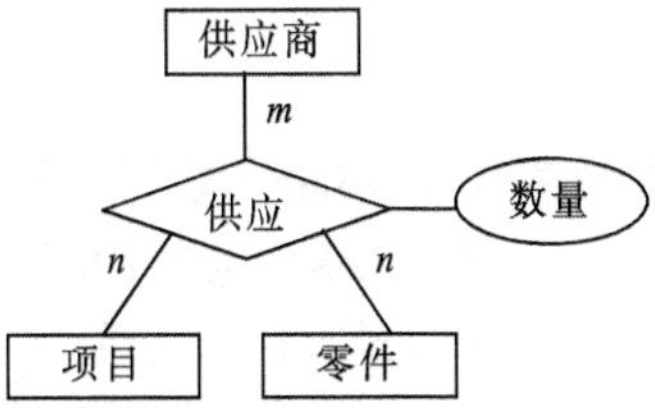

（b）多个实体之间的联系

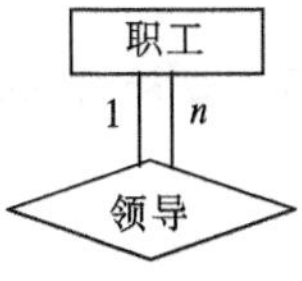

（c）实体集内部的联系

图 1-21　实体及其联系图

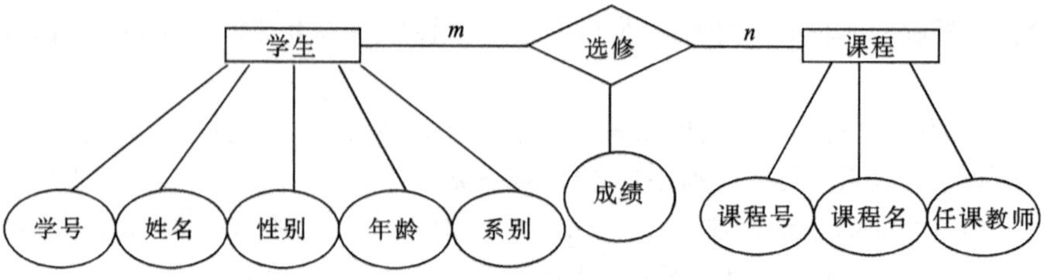

图 1-22 学生与课程联系的完整的 E-R 图

小 结

本章概述了信息、数据与数据处理的基本概念，介绍了数据管理技术发展的三个阶段及各自的优缺点，说明了数据库系统的特点。

整个数据库系统主要包括数据库、数据库用户、计算机硬件系统和计算机软件系统等几部分。数据库是存储在计算机内有组织的大量共享数据的集合，可以供用户共享，具有尽可能小的冗余度和较高的数据独立性，使得数据存储最优，数据最容易操作，并且具有完善的自我保护能力和数据恢复能力。数据库用户是指使用数据库的人员，其中数据库管理员（DBA）是数据库系统中的核心人员，它可以决定数据库的结构和内容，控制和监督数据系统的运行等。计算机硬件系统是数据库系统存在和运行的硬件基础。在计算机软件系统中，数据库管理系统和操作系统是核心的系统软件。其中，数据库管理系统是对数据进行管理的大型系统软件，用户在数据库系统中的一切操作，包括数据定义、查询、更新及各种控制，都是通过 DBMS 进行的。DBMS 就是实现把用户意义下的抽象的逻辑数据处理转换成计算机中具体的物理数据的处理软件，这给用户带来很大的方便。当然，数据库管理系统所进行的一系列操作都要通过操作系统，操作系统负责管理系统中的硬件资源和软件资源。

从数据库管理系统的角度看，数据库系统通常采用三级模式结构，这是数据库系统内部的体系结构；数据库系统的三级模式和二级映像保证了数据库系统的逻辑独立性和物理独立性。

数据库中的数据是按一定的结构和模型进行组织的，通常分为层次模型、网状模型、关系模型和面向对象模型，本章中详细介绍了这四种模型各自的优缺点。

习 题

一、选择题

1．数据库（DB）、数据库系统（DBS）、数据库管理系统（DBMS）之间的关系是（　　）。

A．DB 包含 DBS 和 DBMS　　B．DBMS 包含 DB 和 DBS

C．DBS 包含 DB 和 DBMS　　D．没有任何关系

2．数据库系统的核心是（　　）。

A．数据模型　　B．数据库管理系统　　C．数据库　　D．数据库管理员

3．数据独立性是数据库技术的重要特点之一。所谓数据独立性是指（　　）。

A．数据与程序独立存放

B．不同的数据被存放在不同的文件中

C．不同的数据只能被对应的应用程序所使用

D．以上三种说法都不对

4．用树形结构表示实体之间联系的模型是（　　）。

A．关系模型　　B．网状模型　　C．层次模型　　D．以上三个都是

5．“商品”与“顾客”两个实体集之间联系一般是（　　）。

A．一对一　　B．一对多　　C．多对一　　D．多对多

6．在 E-R 图中，用来表示实体的图形是（　　）。

A．矩形　　B．椭圆形　　C．菱形　　D．三角形

7．在数据库管理系统提供的数据语言中，负责数据的模式定义与数据的物理存取构建的是（　　）。

A．数据定义语言　　B．数据转换语言　　C．数据操纵语言　　D．数据控制语言

8．数据库系统的三级模式结构中，下列不属于三级模式的是（　　）。

A．内模式　　B．抽象模式　　C．外模式　　D．概念模式

9．在数据库管理系统提供的语言中，负责数据的完整性、安全性的定义与检查以及并发控制、故障恢复等功能的是（　　）。

A．数据定义语言　　B．数据转换语言　　C．数据操纵语言　　D．数据控制语言

10．下面关于数据系统叙述正确的是（　　）。

A．数据库系统避免了一切冗余

B．数据库系统减少了数据冗余

C．数据库系统比文件能管理更多的数据

D．数据库系统中数据的一致性是指数据类型的一致

11．下列叙述中，错误的是（　　）。

A．数据库技术的根本目标是要解决数据共享的问题

B．数据库设计是指设计一个能满足用户要求、性能良好的数据库

C．数据库系统中，数据的物理结构必须与逻辑结构一致

D．数据库系统是一个独立的系统，但是需要操作系统的支持

12．在数据库管理系统提供的数据语言中，负责数据的查询及增、删、改等操作的是（　　）。

A．数据定义语言　　B．数据转换语言　　C．数据控制语言　　D．数据操纵语言

13．下列有关数据库的描述，正确的是（　　）。

A．数据库是一个结构化的数据集合　　B．数据库是一个关系

C．数据库是一个 DBF 文件　　D．数据库是一组文件

14. 在数据库的三级模式结构中，描述数据库中全体数据的全局逻辑结构和特征的是（　　）。
    A. 外模式　　B. 内模式　　C. 存储模式　　D. 模式
15. （　　）是存储在计算机内有结构的数据的集合。
    A. 数据库系统　　B. 数据库　　C. 数据库管理系统　　D. 数据结构

二、填空题

1. 数据管理技术发展过程经过人工管理、文件系统和数据库系统三个阶段，其中数据独立性最高的阶段是________。
2. 在关系数据库中，把数据表示成二维表，每一个二维表称为________。
3. 在数据库理论中，数据物理结构的改变，如存储设备的更换、物理存储的更换、存取方式等都不影响数据库的逻辑结构，从而不引起应用程序的变化，称为________。
4. 数据库管理系统是位于用户与________之间的软件系统。
5. 数据库系统中，实现数据管理功能的核心软件称为________。
6. 一个项目具有一个项目主管，一个项目主管可管理多个项目，则实体“项目主管”与实体“项目”间的关系属于________的关系。
7. 数据库三级模式体系结构的划分，有利于保持数据的________。
8. 数据库保护分为：安全性控制、________、并发性控制和数据恢复。
9. 在数据库理论中，数据库总体逻辑结构的改变，如修改数据模式、增加新的数据类型、改变数据间联系等，不需要修改相应的应用程序，称为________。
10. 数据库管理系统常见的数据模型有层次模型、网状模型和________三种。
11. 对现实世界进行第一层抽象的模型，称为________模型；对现实世界进行第二层抽象的模型，称为________模型。
12. 层次模型的数据结构是________结构；网状模型的数据结构是________结构；关系模型的数据结构是________结构；面向对象模型的数据结构之间可以________。

三、简答题

1. 简述数据管理技术发展的三个阶段。各个阶段的特点是什么？
2. 从程序和数据之间的关系分析文件系统和数据库系统之间的区别和联系。
3. 简述数据库、数据库管理系统、数据库系统三个概念的含义和联系。
4. 数据库系统包括哪几个主要组成部分？各部分的功能是什么？画出整个数据库系统的层次结构图。
5. 简述数据库管理系统的组成和功能。
6. DBA 指什么？它的主要职责是什么？
7. 试述数据库三级模式结构，并说明三级模式结构的优点。

8．什么是数据库的数据独立性？它包含哪些内容？

9．简述数据库管理系统的数据存取过程。

10．解释实体、属性、实体键、实体集、实体型、实体联系类型、记录、数据项、字段、记录型、文件、实体模型、数据模型的含义。

11．数据模型的主要作用是什么？不同数据模型的划分依据是什么？它们各有哪些优缺点？

12．实体型间的联系有哪几种？其含义是什么？并举例说明。

第2章 关系模型

学习目标

- 掌握关系的定义及性质；
- 掌握关系键、外部键等基本概念；
- 重点掌握实体完整性和参照完整性的内容和意义；
- 重点掌握常用的几种关系代数的基本运算；
- 了解关系演算语言的使用方法。

本章内容是学习关系数据库的基础，其中关系代数是学习的重点和难点。

2.1 关系模型概述

上一章已对关系模型作了简单的介绍，实际上，关系模型就是用二维表格结构来表示实体及实体之间联系的模型。关系模型是各个关系的框架的集合，即关系模型是一些表格的格式，其中包括关系名、属性名和关键字等。例如，学生成绩管理数据库的关系模型如图 2-1 所示。

学生关系 S

Sno	Sname	Ssex	Sage	Sdept

课程关系 C

Cno	Cname	Cteacher

选课关系 SC

Sno	Cno	Score

图 2-1 学生成绩管理数据库的关系模型

从各个关系的框架中，可以很容易看出哪两个关系之间有联系。例如，学生关系和选课关系有公共的属性“学号”，则表明这两个关系有联系。而课程关系和选课关系有公共的属性“课程号”，则表明这两个关系也有联系。至于元组之间的联系，则与具体的数据有关。只有在公共属性上具有相同属性值的元组之间才有联系。

由上例可以看出，在一个关系中可以存放两类信息，一类是描述实体本身的信息，一类是描述实体（关系）之间联系的信息。在层次模型和网状模型中，有联系的实体（元组）是用指针链接起来的，实体之间的联系是通过指针来实现的；而关系模型则采用不同的思想，即用二维表来表示实体与实体之间的联系，这就是关系模型的本质所在。所以，在建立关系模型时，只要把所有的实体及其属性用关系框架来表示，同时把实体之间的关系也用关系框架来表示，就可以得到一个关系模型。例如，上例中的学生成绩管理数据库的关系模型就是这样建立的。

2.2　关系的形式化定义

2.2.1　关系

在关系模型中，数据是以二维表的形式存在的，这个二维表就叫做关系，这是一种非形式化的定义。而关系理论是以集合代数理论为基础的，因此，可以用集合代数给出“关系”的形式化定义。为此，我们先引入域和笛卡儿积的概念。

1．域（Domain）

定义 2.1　域是一组具有相同数据类型的值的集合，又称值域（用 D 表示）。例如，整数、实数和字符串的集合都是域。

域中所包含的值的个数称为域的基数（用 m 表示）。在关系中就是用域来表示属性的取值范围的。例如：

D_1={李力,王平,刘伟},m_1=3;

D_2={男,女},m_2=2;

D_3={18,20,18},m_3=3。

其中，D_1、D_2、D_3 为域名，分别表示学生关系中姓名、性别和年龄的集合。域名无排列次序，如 D_2={男，女}={女，男}。

2．笛卡儿积（Cartesian Product）

定义 2.2　给定一组域 D_1，D_2，…，D_n（它们可以包含相同的元素，即可以完全不同，也可以部分或全部相同）。D_1，D_2，…，D_n 的笛卡儿积为：

$D_1 \times D_2 \times \cdots \times D_n = \{(d_1, d_2, \cdots, d_n) | d_i \in D_i, i=1, 2, \cdots, n\}$。

由定义可以看出，笛卡儿积也是一个集合。其中：

① 每一个元素（d_1，d_2，…，d_n）中的每一个值 d_i 叫做一个分量（Component），分量来自相应的域（$d_i \in D_i$）。

② 每一个元素（d_1，d_2，…，d_n）叫做一个 n 元组（n-Tuple），简称元组（Tuple）。但元组不是分量 di 的集合，元组的每个分量（d_i）是按序排列的，例如，以下三个元组是不同的，（1，2，3）

≠（2，3，1）≠（1，3，2）。

③ 若 D_i（i=1，2，…，n）为有限集，D_i 中的集合元素个数称为 D_i 的基数，用 m_i（i=1，2，…n）表示，则笛卡儿积 $D_1\times D_2\times\cdots\times D_n$ 的基数 M（即元素（d_1，d_2，…，d_n）的个数）为所有域的基数的累乘之积，即 $M=\prod m$ 。

例如，上述表示学生关系中姓名、性别两个域的笛卡儿积为：

$D_1\times D_2$={（李力，男），（李力，女），（王平，男），（王平，女），（刘伟，男），（刘伟，女）}

其中，李力、王平、刘伟、男、女都是分量，（李力，男）、（李力，女）等是元组，其基数 $M=m_1\times m_2=3\times 2=6$，元组的个数为 6。

④ 笛卡儿积可用二维表的形式表示。例如，上述笛卡儿积 $D_1\times D_2$ 中的 6 个元组可表示成表 2-1。

表 2-1 D_1 和 D_2 的笛卡儿积

姓　名	性　别
李力	男
李力	女
王平	男
王平	女
刘伟	男
刘伟	女

由上例可以看出，笛卡儿积实际是一个二维表，表的框架由域构成，表的任意一行就是一个元组，表中的每一列来自同一个域，如第一列来自 D_1，第二列来自 D_2。

3. 关系（Relation）

定义 2.3 笛卡儿积 $D_1\times D_2\times\cdots\times D_n$ 的任一子集称为定义在域 D_1，D_2，…，D_n 上的 n 元关系（Relation），可用 R（D_1，D_2，…，D_n）表示。其中，R 表示关系的名字，n 是关系的目或度（Degree）。

例如，上例 $D_1\times D_2$ 笛卡儿积的某个子集可以构成学生关系 S_1，如表 2-2 所示。

表 2-2 $D_1\times D_2$ 笛卡儿积的子集（关系 S_1）

姓　名	性　别
李力	男
王平	女
刘伟	男

下面是对定义 2.3 的几点说明：

① 在关系 R 中，当 n=1 时，称为单元关系。当 n=2 时，称为二元关系，依此类推。例如，上例中的学生关系 S_1 为二元关系。

② 关系中的每个元素是关系中的元组，通常用 t 表示，关系中元组个数是关系的基数。例如，上例中的学生关系 S_1 中的三个元素（李力，男）、（王平，女）、（刘伟，男）为三个元组，关系 S_1 的基数为 3。

如果一个关系的元组个数是无限的，则称为无限关系；如果一个关系的元组个数是有限的，则称为有限关系。由于计算机存储系统的限制，我们一般不去处理无限关系，而只考虑有限关系。

③ 由于关系是笛卡儿积的子集，因此，也可以把关系看成一个二维表。其中：

- 表的框架由域 D_i（i=1，2，…，n）构成，即表的每一列对应一个域。
- 表的每一行对应一个元组。
- 由于域可以相同，为了加以区别，必须对每列起一个名字，称为属性（Attribute），n 目关系必有 n 个属性，属性的名字唯一，属性的取值范围 D_i（i=1，2，…，n）称为值域。
- 具有相同关系框架的关系称为同类关系，例如，有另一个关系 S_2，如表 2-3 所示。

S_1 和 S_2 是同类关系。

④ 在数学上，关系是笛卡儿积的任意子集，但在实际应用中，关系是笛卡儿积中所取的有意义的子集。例如，在表 2-1 中选取一个子集构成如下关系，如表 2-4 所示，表中关系显然不符合实际情况。

表 2-3　关系 S_2 的内容

姓　名	性　别
张雪	女
张兰	女

表 2-4　不符合实际意义的关系

姓　名	性　别
李力	男
李力	女

⑤ 在关系模型中，关系可进一步定义为：

定义 2.4　定义在域 D_1，D_2，…，D_n（不要求完全相异）上的关系由关系头（Heading）和关系体（Body）组成。

关系头由属性名 A_1，A_2，…，A_n 的集合组成，每个属性 A_i 对应一个域 D_i（i=1，2，…，n）。关系头（关系框架）是关系的数据结构的描述，它是固定不变的。

关系体是指关系结构中的内容或者数据，它随元组的建立、删除或修改而变化。

尽管关系与二维表格、传统的数据文件是非常类似的，但它们之间又有着重要的区别。严格地说，关系是一种规范化了的二维表中行的集合，为了使相应的数据操作简化，在关系模型中，对关系作了种种限制。关系具有如下性质：

① 列是同质的，即每一列中的分量必须来自同一个域，必须是同一类型的数据。

② 不同的列可来自同一个域，每一列称为属性，不同的属性必须有不同的名字。例如，设有如表 2-5 所示的关系，职业与兼职是两个列，它们来自同一个域，职业＝{教师，工人，辅导员}，但这两个列是两个不同的属性，必须给它们起不同的名字“职业”和“兼职”。

表 2-5　一个关系的两个属性来自同一域

姓　　名	职　　业	兼　　职
张强	教师	辅导员
王丽	工人	教师
刘宁	教师	辅导员

③ 列的顺序可以任意交换。但交换时，应连同属性名一起交换，否则将得到不同的关系。例如，关系 S_1 作如下交换时，对它无任何影响，如表 2-6 所示。

而作如下交换时，不交换属性名，只交换属性列中的值，则得到不同的关系，如表 2-7 所示。

表 2-6 关系 S_1 的两列交换（连同属性名）后的内容

性 别	姓 名
男	李力
女	王平
男	刘伟

表 2-7 关系 S_1 的两列交换（未交换属性名）后的内容

姓 名	性 别
男	李力
女	王平
男	刘伟

④ 关系中元组的顺序（即行序）可任意，在一个关系中可以任意交换两行的次序。因为关系是一个集合，而集合中的元素是无序的，所以作为集合元素的元组也是无序的。根据关系的这个性质，可以改变元组的顺序使其具有某种排序，然后按照顺序查询数据，这样可以提高查询速度。

⑤ 关系中不允许出现相同的元组。因为数学上集合中没有相同的元素，而关系是元组的集合，所以作为集合元素的元组应该是唯一的。

⑥ 关系中每一分量必须是不可分的数据项，或者说所有属性值都是原子的，即是一个确定的值，而不是值的集合。属性值可以为空值，表示“未知”或“不可使用”，但不可“表中有表”。满足此条件的关系称为规范化关系，否则称为非规范化关系。

例如，在表 2-8 中，籍贯含有省、市 / 县两项，出现了“表中有表”的现象，则为非规范化关系，而应把籍贯分成省、市 / 县两列，将其规范化，如表 2-9 所示。

表 2-8 非规范化的关系

姓 名	籍 贯	
	省	市 / 县
张强	吉林	长春
王丽	山西	大同

表 2-9 规范化的关系

姓 名	省	市 / 县
张强	吉林	长春
王丽	山西	大同

2.2.2 关系模式

在数据库中要区分型和值。关系数据库中，关系模式是型，关系是值。关系模式是对关系的描述，那么一个关系需要描述哪些方面的内容呢？

首先，由于关系是笛卡儿积的子集，该子集中的每一个元素是一个元组，即关系也是元组的集合。因此，关系模式必须指出这个元组集合的结构，即它由哪些属性构成，每个属性的名称是什么，这些属性来自哪些域，以及属性与域之间的映像关系。

其次，一个关系通常由赋予它的元组语义来确定。即凡是笛卡儿积集合中的所有符合元组语义的那部分元素的全体就构成了该关系模式的关系。现实世界随着时间在不断地变化，因而在不同的时刻，关系模式的关系也会有所变化。但是，现实世界的许多事实限定了关系模式所有可能的关系必须满足一定的完整性约束条件。这些约束条件或者通过属性取值范围的限定，例如，教师的年龄小于 65 岁（65 岁以后必须退休），或者通过属性值间的相互关联（主要体现于值的相等与否）反映出来。关系模式应当刻画出这些完整性约束条件。

因此，一个关系模式应当是一个五元组。

定义 2.5 关系的描述称为关系模式（Relation Schema）。它可以形式化地表示为：

$R(U, D, \text{DOM}, F)$

其中，R 为关系名，U 为组成该关系的属性名集合，D 为属性组 U 中属性所来自的域，DOM 为属性向域的映像集合，F 为属性间数据的依赖关系集合。在书写过程中，一般用下画线表示出关系中的主码。

由于属性间的数据依赖 F 将在第 4 章进行讨论，而域名 D 及属性向域的映像 DOM 常常直接说明为属性的类型、长度。因此，关系模式通常还可简记为：

$R(U)$ 或 $R(A_1, A_2, \cdots, A_n)$

其中，R 为关系名，U 为属性名的集合，A_1，A_2，…，A_n 为各属性名。

由定义可以看出，关系是关系模式在某一时刻的状态或内容。也就是说，关系模式是型，即关系头；而关系是它的值，即关系体。关系模式是关系的框架（或者称为表框架），是对关系结构的描述，它是静态的、稳定的；而关系是动态的、随时间不断变化的，它是关系模式在某一时刻的状态或内容，这是因为关系的各种操作在不断地更新着数据库中的数据。但在实际当中，常常把关系模式和关系统称为关系，读者可以通过上下文加以区别。

例如，在第 1 章的图 1-19 所示的学生成绩管理数据库中，共有三个关系，其关系模式可分别表示为：

学生（<u>学号</u>，姓名，性别，年龄，系别）

课程（<u>课程号</u>，课程名，任课教师）

选课（<u>学号，课程号</u>，成绩）

在每个关系中，又有其相应的实例，例如，与学生关系模式对应的数据库中的实例有七个元组，如图 2-2 所示。

Sno	Sname	Ssex	Sage	Sdept
S1	李强	男	19	计算机
S2	王松	男	20	通信工程
S3	李丽	女	18	电子
S4	张平	女	21	计算机
S5	何晴	女	19	通信工程
S6	王小可	男	20	计算机
S7	张欢	男	20	电子

图 2-2 与学生关系模式对应的实例

2.2.3 关系数据库

在关系模型中，实体以及实体间的联系都是用关系来表示的。例如，学生实体、课程实体、学生与课程之间的多对多联系都可以分别用一个关系来表示。在一个给定的应用领域中，所有实体以及实体之间联系所对应的关系的集合构成一个关系数据库。

关系数据库也是有型和值之分的。

关系数据库的型称为关系数据库模式，是对关系数据库的描述，它包括若干域的定义以及在这些域上定义的若干关系模式。因此，关系数据库模式是对关系数据库结构的描述，或者说是对关系数据库框架的描述。

而关系数据库的值也称为关系数据库，是这些关系模式在某一时刻对应的关系的集合。也就是说，与关系数据库模式对应的数据库中的当前值就是关系数据库的内容，称为关系数据库的实例。

例如，在第 1 章的图 1–19 所示的学生成绩管理数据库是三个关系的集合，或者说是三个关系头和三个关系体的集合。其中，各个关系头相对固定，而关系体的内容，会随时间而变化。例如，学生的年龄会随时间而增长。

2.2.4 关系的键

1. 候选键（Candidate Key）

能唯一标识关系中元组的一个属性或属性集称为候选键，也称候选关键字或候选码。例如，“学生关系”中的学号能唯一标识每一个学生，则属性“学号”是学生关系的候选键。在“选课关系”中，只有属性的组合“学号+课程号”才能唯一地区分每一条选课记录，则属性集“学号+课程号”是选课关系的候选键。

下面给出候选键的形式化定义：

定义 2.6 设关系 R 有属性 A_1，A_2，…，A_n，其属性集 K=（A_i，A_j，…，A_k），当且仅当满足下列条件时，K 被称为候选键。

① 唯一性（Uniqueness）：关系 R 的任意两个不同元组，其属性集 K 的值是不同的。

② 最小性：组成关系键的属性集（A_i，A_j，…，A_k）中，任一属性都不能从属性集 K 中删掉，否则将破坏唯一性的性质。

例如，“学生关系”中的每个学生的学号是唯一的，“选课关系”中“学号+课程号”的组合也是唯一的。在属性集“学号+课程号”中去掉任一属性，都无法唯一标识选课记录。

2. 主关系键（Primary Key）

如果一个关系中有多个候选键，可以从中选择一个作为查询、插入或删除元组的操作变量，被选用的候选键称为主关系键，或简称为主键、主码、关系键、关键字等。

例如，假设在学生关系中没有重名的学生，则“学号”和“姓名”都可作为学生关系的候选键。如果选定“学号”作为数据操作的依据，则“学号”为主关系键。如果选定“姓名”作为数据操作的依据，则“姓名”为主关系键。

主关系键是关系模型中的一个重要概念。每个关系必须选择一个主关系键，选定以后，不能随意改变。每个关系必定有且仅有一个主关系键，因为关系的元组无重复的，至少关系的所有属性的组合可作为主关系键，通常用较小的属性组合作为主关系键。

3．主属性（Prime Attribute）与非码属性（Non-Prime Attribute）

① 主属性：包含在主关系键中的各个属性称为主属性。

② 非码属性：不包含在任何候选键中的属性称为非码属性（或非主属性）。

在最简单的情况下，一个候选码只包含一个属性，如学生关系中的“学号”，课程关系中的“课程号”。在最极端的情况下，所有属性的组合是关系的候选键，这时称为全码（All-Key）。

【例 2-1】假设有教师授课关系 TCS，分别有教师（T）、课程（C）和学生（S）三个属性。一个教师可以讲授多门课程，一门课程可以由多个教师讲授，同样一个学生可以选听多门课程，一门课程可以为多个学生选听。在这种情况下，T、C、S 三者之间是多对多关系，（T，C，S）三个属性的组合是关系 TCS 的候选码，称为全码，T、C、S 都是主属性。

4．外部关系键（Foreign Key）

定义 2.7　如果关系 R_2 的一个或一组属性 X 不是 R_2 的主码，而是另一关系 R_1 的主码，则该属性或属性组 X 称为关系 R_2 的外部关系键或外码，并称关系 R_2 为参照关系（Referencing Relation），关系 R_1 为被参照关系（Referenced Relation）。

【例 2-2】假设在第 1 章中的图 1-19 所示的学生成绩管理数据库中增加一个“系别”关系 D，关系 D 包含两个属性：系别（Dept）和地址（Addr），“系别”是此关系的主码，而“系别”并不是学生关系的主码，所以“系别”是学生关系的外部关系键。

【例 2-3】第 1 章中的图 1-19 所示的选课关系中，“学号”属性与学生关系的主码“学号”相对应，“课程号”属性与课程关系的主码“课程号”相对应。因此，“学号”和“课程号”属性是选课关系的外部关系键。学生关系和课程关系为被参照关系，选课关系为参照关系。

由外部关系键的定义可知，被参照关系的主码和参照关系的外码必须定义在同一个域上。例如，选课关系中的属性“学号”与学生关系的主码“学号”要定义在同一个域上，“课程号”属性与课程关系的主码“课程号”要定义在同一个域上。

2.2.5　关系的完整性

为了维护关系数据库中数据与现实世界的一致性，对关系数据库的插入、删除和修改操作必须有一定的约束条件，这些约束条件实际上是现实世界的要求。任何关系在任何时刻都要满足这些语义约束。

关系模型中，有三类完整性约束，即实体完整性、参照完整性和用户定义的完整性。其中，实体完整性和参照完整性是关系模型必须满足的完整性约束条件，被称作关系的两个不变性。任何关系数据库系统都应该支持这两类完整性。除此之外，不同的关系数据库系统由于应用环境的不同，往往还需要一些特殊的约束条件，这就是用户自定义完整性，用户自定义完整性体现了具体领域中的语义约束。

1. 实体完整性（Entity Integrity）

实体完整性是指主关系键的值不能为空或部分为空。

关系模型中的一个元组对应一个实体，一个关系则对应一个实体集。例如，一条学生记录对应着一个学生，学生关系对应着学生的集合。现实世界中的实体是可区分的，即它们具有某种唯一性标识。与此相对应，关系模型中以主关系键来唯一标识元组。例如，学生关系中的属性“学号”可以唯一标识一个元组，也可以唯一标识学生实体。如果主关系键中的值为空或部分为空，即主属性为空，则不符合关系键的定义条件，不能唯一标识元组及与其相对应的实体。这就说明存在不可区分的实体，从而与现实世界中的实体是可以区分的事实相矛盾。因此，主关系键的值不能为空或部分为空。

例如，学生关系中的主关系键“学号”不能为空，选课关系中的主关系键“学号+课程号”不能部分为空，即“学号”和“课程号”两个属性都不能为空。

2. 参照完整性（Referential Integrity）

如果关系 R_2 的外部关系键 X 与关系 R_1 的主关系键相符，则 X 的每个值或者等于 R_1 中主关系键的某一个值，或者取空值。

在【例 2–2】中，学生关系 S 的“系别”属性与系别关系 D 的主关系键“系别”相对应，因此，学生关系 S 的“系别”属性是该关系的外部关系键，学生关系 S 是参照关系，系别关系 D 是被参照关系。学生关系中某个学生（如 S1 或 S2）“系别”的取值，必须在参照的系别关系中主关系键“系别”的值中能够找到，否则表示把该学生分配到一个不存在的部门中，显然不符合语义。如果某个学生（如 S11）“系别”取空值，则表示该学生尚未分配到任何一个系；否则，它只能取系别关系中某个元组的系别值。

再如，在【例 2–3】中，如果按照参照完整性规则，选课关系中的外部关系键“学号”和“课程号”可以取空值或者取被参照关系中已经存在的值。但由于“学号”和“课程号”是选课关系中的主属性，根据实体完整性规则，两个属性都不能为空。所以，选课关系中的外部关系键“学号”和“课程号”中只能取被参照关系中已经存在的值。

3. 用户定义完整性（User-defined Integrity）

用户定义完整性是针对某一具体关系数据库的约束条件，反映某一具体应用所涉及的数据必须满足的语义要求。例如，属性值根据实际需要，要具备一些约束条件，如选课关系中成绩属性的取值范围在 0～100 之间等；某些数据的输入格式要有一些限制等。关系模型应该提供定义和检验这类完整性的机制，以便用统一的、系统的方法处理它们，而不要由应用程序承担这一功能。

2.3 关 系 代 数

关系模型由关系数据结构、关系操作和关系完整性约束三部分组成。本节重点介绍关系操作及其有关概念。

关系模型中常用的关系操作包括查询操作和更新操作（包括插入、删除和修改）两大部分。从计算机语言角度看，后者是在前者的基础上工作，前者比后者复杂。但前者有理论基础，是主要研究对象，是关系操作中最主要的部分。

关系操作采用集合操作方式，即操作的对象和结果都是集合，这种操作方式也称为一次一集合（Set-at-a-Time）的方式。相应地，非关系数据模型的数据操作方式则为一次一记录（Record-at-a-Time）的方式。

早期的关系操作能力通常用代数方式或逻辑方式来表示，分别称为关系代数和关系演算。关系代数用对关系的运算来表达查询要求。关系演算用谓词来表达查询要求。关系演算又可按谓词变元的基本对象是元组变量还是域变量分为元组关系演算和域关系演算。三种运算语言在表达能力上是等价的。

本节主要介绍关系代数，下一节介绍关系演算。

2.3.1 关系代数的分类及其运算符

关系代数是一种抽象的查询语言，是关系数据操纵语言的一种传统表达方式，它是由关系的运算来表达查询的。它是由 IBM 在一个实验性的系统上实现的一种语言，称为 ISBL（Information System Base Language）。ISBL 的每个语句都类似于一个关系代数表达式。

任何一种运算都是将一定的运算符作用于一定的运算对象上，得到预期的运算结果。所以，运算对象、运算符、运算结果是运算的三大要素。

关系代数的运算对象是关系，运算结果也是关系。关系代数用到的运算符主要包括以下四类：

① 集合运算符：$\cup$（并）、$-$（差）、$\cap$（交）、$\times$（笛卡儿积）。

② 专门的关系运算符：σ（选择）、Π（投影）、$\bowtie$（连接）、*（自然连接）、$\div$（除）。

③ 算术比较运算符：$>$（大于）、$\geqslant$（大于等于）、$<$（小于）、$\leqslant$（小于等于）、$=$（等于）、$\neq$（不等于）。

④ 逻辑运算符有：$\wedge$（与）、$\vee$（或）、$\neg$（非）。

算术比较运算符和逻辑运算符是用来辅助专门的关系运算符进行操作的，所以，关系代数的运算按运算符的不同主要分为以下两类：

① 传统的集合运算：该类运算把关系看成元组的集合，以元组作为集合中的元素来进行运算，其运算是从关系的“水平”方向即行的角度进行的。它包括并、差、交和笛卡儿积等运算。

② 专门的关系运算：该类运算不仅涉及行运算，也涉及列运算，这种运算是为数据库的应用而引进的特殊运算。它包括选择、投影、连接和除法等运算。

从关系代数完备性角度看，关系代数分为：

① 五种基本操作：并、差、积、选择、投影，构成关系代数完备的操作集。

② 其他非基本操作：可用以上五种基本操作合成的所有其他操作。

2.3.2 传统的集合运算

对两个关系进行的传统的集合运算是二目运算，是在两个关系中进行的。但是，并不是任意的两个关系都能进行这种集合运算，而是要在两个满足一定条件的关系中进行运算。那么，对关系有什么要求呢？下面先看一个定义。

定义 2.8 设给定两个关系 R、S，若满足：

① 具有相同的度 n；

② R 中第 i 个属性和 S 中第 i 个属性必须来自同一个域（列同质）。

则说关系 R、S 是相容的。

除笛卡儿积运算外，其他的集合运算要求参加运算的关系必须满足上述的相容性定义。

1. 并（Union）

关系 R 和关系 S 的并由属于 R 或属于 S 的元组组成，即 R 和 S 的所有元组合并，删去重复元组，组成一个新关系，其结果仍为 n 目关系。记作：

$$R \cup S=\{t \mid t \in R \vee t \in S\}$$

上式中，“∪”为并运算符，t 为元组变量，“∨”为逻辑或运算符。

对于关系数据库，记录的插入和添加可通过并运算实现。

2. 差（Difference）

关系 R 与关系 S 的差由属于 R 而不属于 S 的所有元组组成，即 R 中删去与 S 中相同的元组，组成一个新关系，其结果仍为 n 目关系。记作：

$$R-S = \{t \mid t \in R \wedge \neg\ t \in S\}$$

上式中，“-”为差运算符，t 为元组变量，“∧”为逻辑与运算符，“¬ ”为逻辑非运算符。

通过差运算，可实现关系数据库记录的删除。

3. 交（Intersection）

关系 R 与关系 S 的交由既属于 R 又属于 S 的元组（即 R 与 S 中相同的元组）组成一个新关系，其结果仍为 n 目关系。记作：

$$R \cap S = \{t \mid t \in R \wedge t \in S\}$$

上式中，“∩”为交运算符，t 为元组变量，“∧”为逻辑与运算符。

如果两个关系没有相同的元组，那么它们的交为空。

两个关系的并和差运算为基本运算（即不能用其他运算表达的运算），而交运算为非基本运算，交运算可以用差运算来表示：

$$R \cap S = R-(R-S)$$

4. 广义笛卡儿积（Extended Cartesian Product）

两个分别为 n 目和 m 目的关系 R 和 S 的广义笛卡儿积是一个（$n+m$）列的元组的集合，元组的前 n 列是关系 R 的一个元组，后 m 列是关系 S 的一个元组。若 R 有 k_1 个元组，S 有 k_2 个元组，则关系 R 和关系 S 的广义笛卡儿积有 $k_1 \times k_2$ 个元组，记作：

$$R \times S = \{t_r \frown t_s \mid t_r \in R \wedge t_s \in S\}$$

关系的广义笛卡儿积可用于两关系的连接操作（连接操作将在下一节中介绍）。

【例 2-4】如图 2-3（a）、（b）所示的两个关系 R 与 S 为相容关系，（c）为 R 与 S 的并，（d）为 R 与 S 的差，（e）为 R 与 S 的交，（f）为 R 与 S 的广义笛卡儿积。

R

A	B	C
a_1	b_1	c_1
a_1	b_1	c_2
a_2	b_2	c_1

（a）

S

A	B	C
a_1	b_1	c_1
a_2	b_2	c_1
a_2	b_3	c_2

（b）

R∪S

A	B	C
a_1	b_1	c_1
a_1	b_1	c_2
a_2	b_2	c_1
a_2	b_3	c_2

（c）

R−S

A	B	C
a_1	b_1	c_2

（d）

R∩S

A	B	C
a_1	b_1	c_1
a_2	b_2	c_1

（e）

R×S

A	B	C	A	B	C
a_1	b_1	c_1	a_1	b_1	c_1
a_1	b_1	c_1	a_2	b_2	c_1
a_1	b_1	c_1	a_2	b_3	c_2
a_1	b_1	c_2	a_1	b_1	c_1
a_1	b_1	c_2	a_2	b_2	c_1
a_1	b_1	c_2	a_2	b_3	c_2
a_2	b_2	c_1	a_1	b_1	c_1
a_2	b_2	c_1	a_2	b_2	c_1
a_2	b_2	c_1	a_2	b_3	c_2

（f）

图 2-3　传统的集合运算

2.3.3　专门的关系运算

由于传统的集合运算，只是从行的角度进行，而要灵活地实现关系数据库多样的查询操作，必须引入专门的关系运算。

在讲专门的关系运算之前，为叙述上方便先引入几个概念。

① 设关系模式为 $R(A_1, A_2, \cdots, A_n)$，它的一个关系为 R。$t \in R$ 表示 t 是 R 的一个元组，$t[A_i]$则表示元组 t 中相对于属性 A_i 的一个分量。

② 若 $A=\{A_{i1}, A_{i2}, \cdots, A_{ik}\}$，其中 $A_{i1}, A_{i2}, \cdots, A_{ik}$ 是 $A_1, A_2, \cdots, A_n$ 中的一部分，则 A 称为属性列或域列，$\tilde{A}$ 则表示 $\{A_1, A_2, \cdots, A_n\}$ 中去掉 $\{A_{i1}, A_{i2}, \cdots, A_{ik}\}$ 后剩余的属性组。$t[A]=\{t[A_{i1}], t[A_{i2}], \cdots, t[A_{ik}]\}$ 表示元组 t 在属性列 A 上各分量的集合。

③ R 为 n 目关系，S 为 m 目关系，$t_r \in R$，$t_s \in S$。$t_r \frown t_s$ 称为元组的连接（Concatenation），它是一个 $n+m$ 列的元组，前 n 个分量为 R 的一个 n 元组，后 m 个分量为 S 中的一个 m 元组。

④ 给定一个关系 $R(X, Z)$，X 和 Z 为属性组，定义当 $t[X]=x$ 时，x 在 R 中的象集（Image Set）为：

$$Z_x = \{t[Z] \mid t \in R,\ t[X]=x\}$$

它表示 R 中的属性组 X 上值为 x 的各元组在 Z 上分量的集合。

1. 选择（Selection）

选择运算是单目运算，是根据一定的条件在给定的关系 R 中选择若干个元组，组成一个新关系，记作：

$$\sigma_F(R)=\{t \mid t \in R \wedge F(t)=\text{'真'}\}$$

其中，σ为选取运算符，F 为选取的条件，它是由运算对象（属性名、常数、简单函数）、算术比较运算符（>、≥、<、≤、=、≠）和逻辑运算符（∨、∧、¬）连接起来的逻辑表达式，结果为逻辑值“真”或“假”。

选取运算实际上是从关系 R 中选取使逻辑表达式 F 为真的元组，是从行的角度进行的运算。

以下例题，除特别说明外，均以第 1 章中的图 1-19 所示的三个关系为例进行运算。

【例 2-5】查询计算机系的全体学生。

$\sigma_{Sdept='计算机'}$ (S) 或

$\sigma_{5='计算机'}$ (S)（其中 5 为属性 Sdept 的序号）

注意：字符型数据的值应该使用单引号括起来，例如，'计算机'。

运算结果如图 2-4 所示。

【例 2-6】查询年龄小于 20 岁的学生。

$\sigma_{(Sage<20)}$ (S)

运算结果如图 2-5 所示。

Sno	Sname	Ssex	Sage	Sdept
S1	李强	男	19	计算机
S4	张平	女	21	计算机
S6	王小可	男	20	计算机

图 2-4 选取条件为 Sdept= '计算机'的运算结果

Sno	Sname	Ssex	Sage	Sdept
S1	李强	男	19	计算机
S3	李丽	女	18	电子
S5	何晴	女	19	通信工程

图 2-5 选取条件为 Sage<20 的运算结果

2. 投影（Projection）

投影运算也是单目运算，关系 R 上的投影是从 R 中选择出若干属性列，组成新的关系，即对关系在垂直方向进行的运算，从左到右按照指定的若干属性及顺序取出相应的列，删去重复元组。记作：

$$\Pi_A(R)=\{t[A] \mid t\in R\}$$

其中，A 为 R 中的属性列，Π 为投影运算符。

从其定义可看出，投影运算是从列的角度进行的运算，这正是选择运算和投影运算的区别所在。选择运算是从关系的水平方向上进行运算的，而投影运算则是从关系的垂直方向上进行的。

【例 2-7】查询学生的姓名、系别和年龄。

$\Pi_{Sname,\ Sdept,\ Sage}(S)$ 或 $\Pi_{2,5,4}(S)$（其中 2，5，4 分别为属性 Sname、Sdept 和 Sage 的序号）

运算结果如图 2-6 所示。

Sname	Sdept	Sage
李强	计算机	19
王松	通信工程	20
李丽	电子	18
张平	计算机	21
何晴	通信工程	19
王小可	计算机	20
张欢	电子	20

图 2-6　在 Sname、Sdept 和 Sage 三个属性列上的投影运算结果

例 2-7 表明，投影运算可以改变关系的属性次序。

【例 2-8】查询学生关系中有哪些系。

$\Pi_{Sdept}(S)$

运算结果如图 2-7 所示。

Sdept
计算机
通信工程
电子

图 2-7　在 Sdept 属性列上的投影运算结果

由例 2-8 可以看出，投影后取消了某些属性列后，就可能出现重复行，应该取消这些完全相同的行。所以投影之后，不但减少了属性，元组也可能减少，新关系与原关系不相容。

【例 2-9】查询选修 C1 课程的学生的学号。

$\Pi_{Sno}(\sigma_{Cno='C1'}(SC))$

运算结果如图 2-8 所示。

Sno	Cno
S4	C1
S3	C1

图 2-8　运算结果

本例中采用选择运算和投影运算相结合的方式，先在选课表中选取满足条件的元组，然后在 Sno 属性上进行投影。

3. 连接（Join）

连接运算是二目运算，是从两个关系的笛卡儿积中选取满足连接条件的元组，组成新的关系。

设有两个关系 $R(A_1, A_2, \cdots, A_n)$ 及 $S(B_1, B_2, \cdots, B_m)$，连接属性集 X 包含于 $\{A_1, A_2, \cdots, A_n\}$，$Y$ 包含于 $\{B_1, B_2, \cdots, B_m\}$，$X$ 与 Y 中属性列数目相等，且对应属性有共同的域。若 $Z=\{A_1, A_2, \cdots, A_n\}/X$（$/X$ 表示去掉 X 之外的属性）及 $W=\{B_1, B_2, \cdots, B_m\}/Y$，则 R 及 S 可表示为 $R(Z, X)$，$S(W, Y)$；关系 R 和 S 在连接属性 X 和 Y 上的连接，就是在 $R\times S$ 笛卡儿积中，选取 X 属性列上的分量与

Y 属性列上的分量满足 θ 比较条件的那些元组，也就是在 $R\times S$ 上选取在连接属性 X、Y 上满足 θ 条件的子集组成新的关系。新关系的度为 $n+m$，记作：

$$R \underset{X\theta Y}{\bowtie} S = \{t_r \frown t_s \mid t_r \in R \land t_s \in S \land t_r[X]\theta t_s[Y]\text{为真}\}$$

其中，$\bowtie$ 是连接运算符，θ 为算术比较运算符，也称 θ 连接。

$X\theta Y$ 为连接条件，其中：

θ 为“=”时，称为等值连接；

θ 为“<”时，称为小于连接；

θ 为“>”时，称为大于连接。

连接运算为非基本运算，可以用选择运算和广义笛卡儿积运算来表示：

$$R \bowtie S = \sigma_{x\theta y}(R\times S)$$

在连接运算中，一种最常用的连接是自然连接。所谓自然连接就是在等值连接的情况下，当连接属性 X 与 Y 具有相同属性组时，把在连接结果中重复的属性列去掉。即如果 R 与 S 具有相同的属性组 Y，则自然连接可记作：

$$R*S=\{t_r \frown t_s \mid t_r \in R \land t_s \in S \land t_r[Y]=t_s[Y]\}$$

自然连接是在广义笛卡儿积 $R\times S$ 中选出同名属性上符合相等条件的元组，再进行投影，去掉重复的同名属性，组成新的关系。

【例 2-10】设有如图 2-9（a）、（b）所示的两个关系 R 与 S，（c）为 R 和 S 的大于连接（C>D），（d）为 R 和 S 的等值连接（$C=D$），（e）为 R 和 S 的等值连接（$R.B=S.B$），（f）为 R 和 S 的自然连接。

R

A	B	C
a_1	b_1	2
a_1	b_2	4
a_2	b_3	6
a_2	b_4	8

（a）

S

B	D
b_1	5
b_2	6
b_3	7
b_3	8

（b）

大于连接（$C>D$）

A	$R.B$	C	$S.B$	D
a_2	b_3	6	b_1	5
a_2	b_4	8	b_1	5
a_2	b_4	8	b_2	6
a_2	b_4	8	b_3	7

（c）

等值连接（$C=D$）

A	$R.B$	C	$S.B$	D
a_2	b_3	6	b_2	6
a_2	b_4	8	b_3	8

（d）

等值连接(R.B = S.B)

A	$R.B$	C	$S.B$	D
a_1	b_1	2	b_1	5
a_1	b_2	4	b_2	6
a_2	b_3	6	b_3	7
a_2	b_3	6	b_3	8

（e）

自然连接

A	B	C	D
a_1	b_1	2	5
a_1	b_2	4	6
a_2	b_3	6	7
a_2	b_3	6	8

（f）

图 2-9　连接运算举例

结合上例，可以看出等值连接与自然连接的区别。

① 等值连接中不要求相等属性值的属性名相同，而自然连接要求相等属性值的属性名必须相同，即两关系只有同名属性才能进行自然连接。例如，上例 R 中的 C 列和 S 中的 D 列可进行等值连接，但因为属性名不同，不能进行自然连接。

② 在连接结果中，等值连接不将重复属性去掉，而自然连接去掉重复属性。也可以说，自然连接是去掉重复列的等值连接。如上例 R 中的 B 列和 S 中的 B 列进行等值连接时，结果有两个重复的属性列 B，而进行自然连接时，结果只有一个属性列 B。

【例 2-11】查询选修“数据库”课程的学生姓名。

$\Pi_{Sname}(\sigma_{Cname='数据库'}(C) * SC * \Pi_{Sno,Sname}(S))$ 或

$\Pi_{Sname}(\Pi_{Sno}(\sigma_{Cname='数据库'}(C) * SC) * \Pi_{Sno,Sname}(S))$

运算结果如图 2-10 所示。

Sname
李丽

图 2-10　运算结果

4. 除法（Division）

除法运算是二目运算，设有关系 $R(X, Y)$ 与关系 $S(Y, Z)$，其中 X、Y、Z 为属性集合，R 中的 Y 与 S 中的 Y 可以有不同的属性名，但对应属性必须出自相同的域。关系 R 除以关系 S 所得的商是一个新关系 $P(X)$，P 是 R 中满足下列条件的元组在 X 上的投影：元组在 X 上分量值 x 的象集 Y_x 包含 S 在 Y 上投影的集合。记作：

$$R \div S = \{t_r[X] \mid t_r \in R \wedge \Pi_y(S) \subseteq Y_x\}$$

其中，Y_x 为 x 在 R 中的象集，$x = t_r[X]$。

【例 2-12】已知关系 R 和 S，如图 2-11（a）、（b）所示，则 $R \div S$ 如图 2-11（c）所示。

与除法的定义相对应，本题中 $X=\{A, B\}=\{(a_1,b_2), (a_2,b_4), (a_3,b_5)\}$，$Y=\{C, D\}=\{(c_3,d_5), (c_4,d_6)\}$，$Z=\{F\}=\{f_3,f_4\}$。其中，元组在 X 上各个分量值的象集分别为：

(a_1,b_2)的象集为$\{(c_3,d_5), (c_4,d_6)\}$

(a_2,b_4)的象集为$\{(c_1,d_3)\}$

(a_3,b_5)的象集为$\{(c_2,d_8)\}$

S 在 Y 上的投影为$\{(c_3,d_5), (c_4,d_6)\}$

显然只有(a_1,b_2)的象集包含 S 在 Y 上的投影，所以 $R \div S=\{(a_1,b_2)\}$

R

A	B	C	D
a_1	b_2	c_3	d_5
a_1	b_2	c_4	d_6
a_2	b_4	c_1	d_3
a_3	b_5	c_2	d_8

（a）

S

C	D	F
c_3	d_5	f_3
c_4	d_6	f_4

（b）

R÷S

A	B
a_1	b_2

（c）

图 2-11　除法运算

除法运算同时从行和列的角度进行运算，适合于包含“全部”之类的短语的查询。

【例 2-13】查询选修了全部课程的学生学号和姓名。

$\Pi_{Sno,Cno}(SC) \div \Pi_{Cno}(C) * \Pi_{Sno,Sname}(S)$

【例 2-14】查询至少选修了 C2 课程和 C3 课程的学生学号。

$\Pi_{Sno,Cno}(SC) \div \Pi_{Cno}(\sigma_{Cno='C2' \vee Cno='C3'}(C))$

只有 S1 同学的象集至少包含了 C2 课程和 C3 课程，因此，查询结果为 S1。

2.4 关系演算

关系演算是以数理逻辑中的谓词演算为基础，通过谓词形式来表示查询表达式。根据谓词变元的不同，可将关系演算分为元组关系演算和域关系演算。

2.4.1 元组关系演算语言

元组关系演算是以元组变量作为谓词变元的基本对象。元组关系演算语言的典型代表是 E.F.Codd 提出的 ALPHA 语言，这种语言虽然没有实际实现，但较有名气，INGRES 关系数据库上使用的 QUEL 语言，就是在 ALPHA 语言的基础上研制的。这里主要介绍 ALPHA 语言。

ALPHA 语言是以谓词公式来定义查询要求的。在谓词公式中存在客体变元，这里称为元组变量。元组变量是一个变量，其变化范围为某一个命名的关系。

ALPHA 语言的基本格式如下：

<操作符> <工作空间名> (<目标表>)[:<操作条件>]

操作符有 GET、PUT、HOLD、UPDATE、DELETE、DROP 等 6 种。工作空间是指内存空间，可以用一个字母表示，通常用 W 表示，也可以用别的字母表示。工作空间是用户与系统的通信区。目标表用于指定操作（如查询、更新等）的对象，它可以是关系名或属性名，一个操作语句可以同时对多个关系或多个属性进行操作。操作条件是用谓词公式表示的逻辑表达式，只有满足此条件的元组才能进行操作，这是一个可选项，缺省时表示无条件执行操作符规定的操作。除此之外，还可以在基本格式上加上排序要求、定额要求等。

下面以学生成绩管理数据库（图 1-19）为例，说明 ALPHA 语言的使用。

1. 数据查询

（1）简单查询

【例 2-15】查询所有学生的数据。

```
GET W (S)
```

GET 语句的作用是把数据库中的数据读入内存空间 W，目标表为学生关系 S，代表查询操作的对象。冒号后面的操作条件缺省，表示无条件查询。

【例 2-16】查询所有被选修的课程号码。

```
GET W (SC.Cno)
```

目标表为选课关系 SC 中的属性 Cno，代表所有被选修的课程号码，查询结果自动消去重复行。

（2）条件查询

由冒号后面的逻辑表达式给出查询条件，在表达式中可以使用如下三类运算符：

① 比较运算符：包括>、≥、<、≤、=、≠。

② 逻辑运算符：包括∧（与）、∨（或）、┐（非）。

③ 表示执行次序的括号：( )。

其中，比较运算符的优先级高于逻辑运算符，可以使用括号 ( ) 改变它们的优先级。

【例 2-17】查询计算机系年龄小于 20 岁的学生的姓名和年龄。

```
GET W (S.Sname,S.Sage):S.Sdept= '计算机'∧S.Sage <20
```

目标表为学生关系 S 中的两个属性 Sname 和 Sage 组成的属性列表。

（3）排序查询

【例 2-18】查询 S3 同学所选课程号及成绩，并按成绩降序排列。

```
GET W (SC.Cno,SC.Score):SC.Sno= 'S3' DOWN SC.Score
```

这里 DOWN 表示降序，后面紧跟排序的属性名。升序排列时使用 UP。

（4）定额查询

所谓定额查询就是在查询中规定了查询出元组的个数，也就是通过在 W 后面的括号中加上定额数量，限定查询出元组的个数。例如，在例 2-19 中的（1）表示查询结果中男同学的个数，取出学生表中第一个男同学的学号和姓名。

【例 2-19】查询一名男同学的学号和姓名。

```
GET W (1) (S.Sno,S.Sname):S.Ssex= '男'
```

【例 2-20】查询一名男同学的学号和姓名，并且他的年龄最小。

```
GET W (1) (S.Sno,S.Sname):S.Ssex= '男' UP S.Sage
```

本例是排序和定额查询一起使用的查询。

此语句的执行过程为：先查询所有男同学的学号和姓名，再按照年龄由小到大排序，然后找出第一位，也就是年龄最小的男同学。

（5）带元组变量的查询

所谓的元组关系演算就是以元组变量作为谓词变元的基本对象，在关系演算的查询操作时，可以在相应的关系上定义元组变量。元组变量代表关系中的元组，其取值是在所定义的关系范围内变化的，所以也称作范围变量（Range Variable）。一个关系可以设多个元组变量，元组变量主要有两个用途：

① 如果关系的名字很长，使用起来不方便，这时可以设一个名字较短的元组变量来代替关系

名，以简化关系名，使操作更加方便。

② 如果操作条件中使用量词，必须用元组变量。

【例 2-21】 查询 S3 同学所选课程号。

```
RANGE SC X
GET W (X.Cno):X.Sno= 'S3'
```

使用 RANGE 来说明元组变量，X 为关系 SC 上的元组变量。

（6）带存在量词的查询

【例 2-22】 查询 S3 同学所选课程名。

```
RANGE SC X
GET W (C.Cname):∃X(C.Cno=X.Cno∧X.Sno= 'S3')
```

注意：操作条件中使用量词时必须用元组变量。

【例 2-23】 查询至少选修一门其任课教师为“刘军”的课程的学生的姓名。

```
RANGE C CX
      SC SCX
GET W (S.Sname):∃SCX(SCX.Sno=S.Sno∧∃CX(CX.Cno=SCX.Cno∧CX.Cteacher ='刘军'))
```

此查询涉及三个关系，需要对两个关系（C 和 SC）使用存在量词，所以用了两个元组变量。

此语句的执行过程为：先查询任课教师为“刘军”的课程号，再根据找到的课程号在关系 SC 中查询其对应的学号，然后根据学号在关系 S 中找到对应的学生姓名。

【例 2-24】 查询选修全部课程的学生姓名。

本例题的求解思路是，依次检查课程表 C 中的每一门课程，看学生表 S 中的某一个学生是否选修了该门课程，如果该学生选修了所有的课程，则该学生为满足要求的学生，把所有这样的学生全都找出来即完成了本题。

```
RANGE C CX
      SC SCX
GET W (S.Sname):∀CX∃SCX(SCX.Sno=S.Sno∧CX.Cno=SCX.Cno)
```

（7）库函数查询

库函数也称集函数。用户在使用查询语言时，经常要作一些简单的运算。例如，要统计某个关系中符合某一条件的元组数，或某些元组在某个属性上分量的和、平均值等。为此，在关系数据库语言中提供了有关这类运算的标准函数，增强了基本检索能力。常用的库函数如表 2-10 所示。

表 2-10 ALPHA 常用的库函数及其功能

函数名称	功　能
AVG	按列计算平均值
TOTAL	按列计算值的总和
MAX	求一列中的最大值
MIN	求一列中的最小值
COUNT	按列值计算元组个数

【例 2-25】求学号为 S1 学生的平均分。

```
GET W (AVG(SC.Score):S.Sno= 'S1'
```

【例 2-26】求学校共有多少个系。

```
GET W (COUNT(S.Sdept))
```

COUNT()函数自动消去重复行，可计算字段 Sdept 不同值的数目。

2. 数据更新

更新操作包括修改、插入和删除。

（1）修改

修改操作使用 UPDATE 语句实现，具体操作分为以下三步：

① 读数据：使用 HOLD 语句将要修改的元组从数据库中读到工作空间中。

② 修改：利用宿主语言修改工作空间中元组的属性。

③ 送回：使用 UPDATE 语句将修改后的元组送回数据库中。

这里 HOLD 语句是带上并发控制的 GET 语句。有关并发控制的概念将在第 5 章详细介绍。

【例 2-27】把张欢同学转到计算机系。

```
HOLD W(S.Sdept):S.Sname= '张欢'
MOVE '计算机' TO W. Sdept
UPDATE W
```

在 ALPHA 语言中，不允许修改关系的主码，例如不能使用 UPDATE 语句修改学生表 S 中的学号。如果要修改主码，应该先使用删除操作删除该元组，再插入一条具有新主码值的元组。

（2）插入

插入操作使用 PUT 语句实现，具体操作分为以下两步：

① 建立新元组：利用宿主语言在工作空间中建立新元组。

② 写数据：使用 PUT 语句将元组写入到指定的关系中。

【例 2-28】在 SC 表中插入一条选课记录（S6，C1，85）。

```
MOVE 'S6' TO W.Sno
MOVE 'C1' TO W.Cno
MOVE 85 TO W.Score
PUT W(SC)
```

PUT 语句的作用是把工作空间 W 中的数据写到数据库中，此例即把已经在工作空间建立的一条选课记录写入到选课关系 SC 中。

注意：PUT 语句只能对一个关系进行操作。在插入操作时，拒绝接受主码相同的元组。

（3）删除

ALPHA 语言中的删除操作不但可以删除关系中的一些元组，还可以删除一个关系。删除操作使用 DELETE 语句实现，具体操作分为以下两步：

① 读数据：使用 HOLD 语句将要删除的元组从数据库中读到工作空间中。

② 删除：使用 DELETE 语句删除该元组。

【例 2-29】删除学号为 S6 的学生的信息。

```
HOLD W(S):S.Sno= 'S6'
DELETE W
```

【例 2-30】删除全部学生的信息。

```
HOLD W(S)
DELETE W
```

2.4.2 域关系演算语言 QBE

域关系演算是关系演算的另一种形式。域关系演算是以元组变量的分量即域变量作为谓词变元的基本对象。域关系演算语言的典型代表是 1975 年由 IBM 公司约克城高级研究试验室的 M.M.Zloof 提出的 QBE 语言，该语言于 1978 年在 IBM370 上实现。

QBE 是 Query By Example 的缩写，也称为示例查询，它是一种很有特色的屏幕编辑语言，其特点如下：

（1）以表格形式进行操作

每一个操作都由一个或几个表格组成，每一个表格都显示在终端的屏幕上，用户通过终端屏幕编辑程序以填写表格的方式构造查询要求，查询结果也以表格的形式显示出来，所以它具有直观和可对话的特点。

（2）通过例子进行查询

使用示例元素来表示查询结果可能的例子，示例元素实质上是域变量。从而，使该语言更易于为用户接受和掌握。

（3）查询顺序自由

当有多个查询条件时，不要求使用者按照固定的思路和方式进行查询，使用更加方便。

使用 QBE 语言的步骤如下：

① 用户根据要求向系统申请一张或几张表格，这些表格显示在终端上。

② 用户在空白表格左上角的一栏内输入关系名。

③ 系统根据用户输入的关系名，将在第一行从左至右自动填写各个属性名。

④ 用户在关系名或属性名下方的一格内填写相应的操作命令，操作命令包括：P.（打印或显示）、U.（修改）、I.（插入）、D.（删除）。

表格形式如表 2-11 所示。

下面仍以学生成绩管理数据库（图 1-19）为例，从数据查询和数据更新两方面来说明 QBE 语言的使用。

表 2-11　QBE 操作框架表

关 系 名	属性 1	属性 2	…	属性 n
操作命令	属性值或查询条件	属性值或查询条件	…	属性值或查询条件

1. 数据查询

使用操作符“P.”完成数据查询。如果要打印或显示整个元组，应将操作符“P.”填在关系名的下方；如果只需打印或显示某一属性，应将操作符“P.”填在相应属性名的下方。

（1）简单查询

【例 2-31】显示全部学生的信息。

方法一：将操作符“P.”填在关系名的下方。

S	Sno	Sname	Ssex	Sage	Sdept
P.					

方法二：将操作符“P.”填在各个属性名的下方。

S	Sno	Sname	Ssex	Sage	Sdept
	P.S1	P.李强	P.男	P.19	P.计算机

注意：只有目标属性包括所有的属性时，才将 P.填在关系名的下方。

这种语言之所以称为示例查询，就是在操作中采取“示例”的方法，凡用作示例的元素，其下方均加下画线。例如，上例中的“李强”、“男”等均为示例元素，即域变量。示例元素是所给域中可能的一个值，而不必是查询结果中的元素。比如，用作示例的学生姓名，可以不是学生表中的学生，只要给出任意一个学生名即可。

（2）条件查询

查询条件中可以使用比较运算符>、≥、<、≤、=和≠，其中“=”可以省略。

【例 2-32】查询所有女学生的姓名。

S	Sno	Sname	Ssex	Sage	Sdept
		P.李丽	女		

目标属性只有姓名，所以将 P.填在属性名 Sname 的下方，并写上示例元素。由于本例只显示女学生的姓名，因此查询条件“=女”写在 Ssex 属性列中，用以表示条件是 Ssex='女'，此处“=”被省略。

【例 2-33】查询年龄大于 18 岁的女学生的姓名。

本例的查询条件是 Sage>18 和 Ssex= '女'两个条件的“与”。在 QBE 中，表示两个条件的“与”有两种方法。

方法一：把两个条件写在同一行上。

S	Sno	Sname	Ssex	Sage	Sdept
		P.李丽	女	>18	

方法二：把两个条件写在不同行上，但必须使用相同的示例元素。

S	Sno	Sname	Ssex	Sage	Sdept
		P.李丽	女		
		P.李丽		>18	

【例 2-34】查询既选修了 C2 号课程又选修了 C3 号课程的学生的学号。

本例的查询条件是 Cno='C2'和 Cno='C3'两个条件的“与”，但两个条件涉及同一属性 Cno，则必须把两个条件写在不同行上，且使用相同的示例元素。

SC	Sno	Cno	Score
	P.李强	C2	
	P.李强	C3	

【例 2-35】查询年龄大于 18 岁或者女学生的姓名。

本例的查询条件是 Sage>18 和 Ssex='女'两个条件的“或”。在 QBE 中，表示两个条件的“或”，要把两个条件写在不同行上，且必须使用不同的示例元素。

S	Sno	Sname	Ssex	Sage	Sdept
		P.李丽	女		
		P.李强		>18	

对于这种多行条件的查询，查询结果与查询条件行的顺序无关，即用户可以根据自己的思考方式任意输入一行查询条件。这便体现了 QBE 使用灵活、自由的特点。

【例 2-36】查询选修 C2 号课程的学生的姓名。

本查询涉及两个关系：S 和 SC，这两个关系具有公共的属性 Sno。Sno 作为连接属性，把具有相同的 Sno 值的两个关系连接起来，Sno 在两个表中的值要相同。

S	Sno	Sname	Ssex	Sage	Sdept
	S1	P.李强			

SC	Sno	Cno	Score
	S1	C2	

此处的示例元素 Sno 是两个关系进行连接运算的连接属性，其值在两个表中要相同。

【例 2-37】查询未选修 C2 号课程的学生的姓名。

查询条件中的“未选修”需使用逻辑非来表示。QBE 中的逻辑非运算符为¬，填写在关系名下方。

S	Sno	Sname	Ssex	Sage	Sdept
	S1	P.李强			

SC	Sno	Cno	Score
¬	S1	C2	

如果 S1 同学选修 C2 号课程的情况为假，则符合查询的条件，显示 S1 同学的学号，然后再查询其他同学。

（3）排序查询

【例 2-38】 查询全体女同学的学号和姓名，要求查询结果按年龄升序排列。

S	Sno	Sname	Ssex	Sage	Sdept
	P. S1	P.李强	女	AO	

对查询结果按照某个属性值升序排列时，则在相应的属性下方填入 AO，降序排列时，填入 DO。如果按照多个属性值同时排序，则用 AO（i）或 DO（i）表示，其中 i 为排序的优先级，i 值越小，优先级越高。

（4）库函数查询

同 ALPHA 语言类似，QBE 语言也提供了一些有关运算的标准函数，以方便用户。QBE 常用的库函数如表 2-12 所示。

表 2-12　QBE 常用的库函数及其功能

函数名称	功　　能
AVG	按列计算平均值
SUM	按列计算值的总和
MAX	求一列中的最大值
MIN	求一列中的最小值

【例 2-39】 求学号为 S1 的学生的平均分。

SC	Sno	Cno	Score
	S1		P.AVG.ALL

2. 数据更新

（1）修改

修改的命令为“U.”。关系的主码不允许进行修改，如果需要修改某个元组的主码，只能间接进行，即首先删除该元组，然后再插入新的主码的元组。

【例 2-40】 把张欢同学转到计算机系。

这是简单的修改运算，操作符“U.”既可以写在关系名的下方，也可以写在被修改的属性列上。

将操作符“U.”写在关系名的下方：

S	Sno	Sname	Ssex	Sage	Sdept
U.		张欢			计算机

将操作符“U.”写在被修改的属性列上：

S	Sno	Sname	Ssex	Sage	Sdept
		张欢			U.计算机

（2）插入

插入的命令为“I.”。

【例 2-41】 在 SC 表中插入一条选课记录（S6，C1）。

SC	Sno	Cno	Score
I.	S6	C1	

注意： 新插入的元组必须具有主码值，其他属性值可以为空，如本例中的 Score 为空。

（3）删除

删除的命令为“D.”。

【例 2-42】 删除 S1 同学选修 C2 课程的信息。

SC	Sno	Cno	Score
D.	S1	C2	

QBE 语言还具有数据定义、数据控制等功能。实验表明，QBE 语言易学、易用，在关系数据库语言中，其用户性能（即易学性）是最佳的。

小　　结

关系数据库系统是目前使用最广泛的数据库系统，本书的重点也是讨论关系数据库系统。本章是在介绍了域和笛卡儿积概念的基础上，给出了关系和关系模式的形式化定义、关系的性质，指出关系、二维表之间的对应联系。本章还系统地介绍了关系数据库的一些基本概念，其中包括关系的键、关系模型的数据结构、关系的完整性及其关系操作。此外，还结合实例详细介绍了关系代数和关系演算两种关系运算，讲解了关系代数、元组关系演算语言（ALPHA、QUEL）和域关系演算语言（QBE）的具体使用方法。掌握这些概念及方法对理解本书的内容非常重要。

习　　题

一、选择题

1．设有如下关系表：

R

A	*B*	*C*
1	1	2
2	2	3

S

A	*B*	*C*
3	1	3

T

A	*B*	*C*
1	1	2
2	2	3
3	1	3

则下列操作中正确的是（　　）。

A．$T=R\cup S$　　B．$T=R\cap S$　　C．$T=R\times S$　　D．$T=R/S$

2．关系代数运算是以（　　）为基础的运算。

A．关系运算　　B．谓词运算　　C．集合运算　　D．代数运算

3．按条件 f 对关系 R 进行选取，其关系代数表达式为（　　）。

A．$R \bowtie R$　　B．$R \times R$　　C．$\sigma_f(R)$　　D．$\Pi_f(R)$

4．关系数据库的概念模型是（　　）。

A．关系模型的集合　　B．关系模式的集合

C．关系子模式的集合　　D．存储模式的集合

5．关系数据库管理系统能实现的专门关系运算包括（　　）。

A．排序、索引、统计　　B．选择、投影、连接

C．关联、更新、排序　　D．显示、打印、制表

6．设有如下关系表：

R

A	*B*	*C*
a	*b*	*c*
b	*a*	*f*
c	*b*	*d*

S

A	*B*	*C*
b	*a*	*f*
d	*a*	*d*

W

A	*B*	*C*
a	*b*	*c*
c	*b*	*d*

则下列操作中正确的是（　　）。

A．$W=R\cap S$　　B．$W=R\cup S$　　C．$W=R-S$　　D．$W=R\times S$

7．设有一个学生档案的关系数据库，关系模式是：S(Sno，Sn，Sex，Age)，其中 SNo、SN、Sex、Age 分别表示学生的学号、姓名、性别、年龄。则“从学生档案数据库中检索学生年龄大于 20 岁的学生的姓名”的关系代数式是（　　）。

A．$\sigma_{Sn}(\Pi_{Age>20}(S))$　　B．$\Pi_{Sn}(\sigma_{Age>20}(S))$　　C．$\Pi_{Sn}(\Pi_{Age>20}(S))$　　D．$\sigma_{Sn}(\sigma_{Age>20}(S))$

8．一个关系只有一个（　　）。

A．超码　　B．外码　　C．候选码　　D．主码

9．在关系模型中，以下有关关系键的描述正确的是（　　）。

A．可以由任意多个属性组成

B．至多由一个属性组成

C．由一个或多个属性组成，其值能唯一标识关系中的一个元组

D．以上都不对

10．同一个关系模型的任意两个元组值（　　）。

A．不能完全相同　　B．可以完全相同　　C．必须完全相同　　D．以上都不对

11．一个关系数据库文件中的各条记录（　　）。

A．前后顺序不能任意颠倒，一定要按照输入的顺序排列

B．前后顺序可以任意颠倒，不影响库中的数据关系

C．前后顺序可以任意颠倒，但排列顺序不同，统计处理的结果就可能不同

D．前后顺序不能任意颠倒，一定要按照关键字段值的顺序排列

12．关系模式的任何属性（　　）。

A．不可再分　　B．可再分

C．命名在关系模式中可以不唯一　　D．以上都不对

13．设有关系 R 和 S，关系代数表达式 $R-(R-S)$ 表示的是（　　）。

A．$R\cap S$　　B．$R\cup S$　　C．$R-S$　　D．$R\times S$

14．关系运算中花费时间可能最长的是（　　）。

A．选择　　B．投影　　C．除　　D．笛卡儿积

15．设有关系模式 R 和 S，下列各关系代数表达式不正确的是（　　）。

A．$R-S=R-(R\cap S)$　　B．$R=(R-S)\cup(R\cap S)$　　C．$R\cap S=S-(S-R)$　　D．$R\cap S=S-(R-S)$

二、填空题

1．在关系运算中，查找满足一定条件的元组的运算称之为________。

2．在关系代数中，从两个关系中找出相同元组的运算称为________运算。

3．传统的集合“并、差、交”运算施加于两个关系时，这两个关系必须________。

4．在关系代数运算中，基本的运算是________、________、________、________、________。

5．在关系代数运算中，传统的集合运算有________、________、________、________。

6．关系代数运算中，专门的关系运算有________、________、________、________。

7．设有关系 R，从关系 R 中选择符合条件 f 的元组，则关系代数表达式应是________。

8．关系运算分为________和________。

9．当对两个关系 R 和 S 进行自然连接运算时，要求 R 和 S 含有一个或多个共有的________。

10．在一个关系中，列必须是________的，即每一列中的分量是同类型的数据，来自同一域。

11．如果关系 $R2$ 的外部关系键 X 与关系 $R1$ 的主关系键相符，则外部关系键 X 的每个值必须在关系 $R1$ 中主关系键的值中找到，或者为空，这是关系的________规则。

12．设有关系模式为：系（系编号，系名称，电话，办公地点），则该关系模型的主关系键是________，主属性是________，非主属性是________。

13．关系演算分为________演算和________演算。

14．实体完整性规则是对________的约束，参照完整性规则是对________的约束。

15．等式 $R\bowtie S=R\times S$ 成立的条件是________。

三、简答题

1．关系模型的完整性规则有哪几类？

2．举例说明什么是实体完整性和参照完整性。

3．关系的性质主要包括哪些方面？为什么只限用规范化关系？

4．举例说明等值连接与自然连接的区别与联系。

5．解释下列概念：笛卡儿积、关系、同类关系、关系头、关系体、属性、元组、域、关系键、候选键、主键、外部键、关系模式、关系数据库模式、关系数据库、关系数据库的型与值。

6．已知关系 R、S、T 如图 2-12 所示，求下列关系代数的运算结果：

（1）$R \cap S$　（2）$R \cup S$　（3）$R-S$　（4）$\prod_A(S)$

（5）$R \times T$　（6）$R \underset{A<C}{\bowtie} T$　（7）$\sigma_{R.A='a2'}(R \times T)$

R

A	B
a_1	b_1
a_1	b_2
a_2	b_2

S

A	B
a_1	b_2
a_1	b_3
a_2	b_2

T

A	C
a_1	c_1
a_1	c_2
a_2	c_3

图 2-12　关系 R、S、T

7．以第 1 章的图 1-19 所示的学生成绩管理数据库为例，用关系代数表达式表示以下查询要求。

（1）查询“刘军”老师所授课程的课程号和课程名。

（2）查询年龄大于 18 岁的男同学的学号、姓名、系别。

（3）查询学号为 S1 的同学所选修课的课程号、课程名和成绩。

（4）查询“王松”同学所选修课程的课程号、课程名和成绩。

（5）查询至少选修“刘军”老师所授全部课程的学生姓名。

（6）查询“李丽”同学未选修的课程号和课程名。

（7）查询全部学生都选修了的课程的课程号、课程名。

（8）查询选修了课程号为 C2 和 C3 的学生的学号和姓名。

（9）查询选修了全部课程的学生的学号和姓名。

第3章 关系数据库标准语言SQL

学习目标

- 了解SQL的基本特点；
- 熟悉SQL Server 2008的主要组件；
- 掌握SQL Server 2008中数据库的基本操作；
- 掌握SQL查询、定义、操纵、控制等语句的使用。

SQL是结构化查询语言（Structured Query Language）的缩写，它是介于关系代数和元组演算之间的一种语言，是关系数据库的标准语言。其功能包括数据查询、数据操纵、数据定义和数据控制四个部分。如今，无论是Oracle、Sybase、Informix、SQL Server这样的大型数据库管理系统，还是Visual FoxPro、Access这样的小型数据库管理系统，都支持SQL。学习本章后，应当了解SQL的特点，掌握在SQL Server 2008环境下编写SQL语句实现数据库的查询、操作、定义和控制功能，重点掌握SQL的数据查询功能及其使用方法。

3.1 SQL的基本概念

3.1.1 SQL的发展及标准化

SQL是当前最为成功、应用最为广泛的关系数据库语言，其发展主要经历了以下几个阶段：

① 1974年由Chamberlin和Boyce提出，当时称为SEQUEL(Structured English Query Language)。

② IBM公司对SEQUEL进行了修改，并将其用于本公司的SYSTEM R关系数据库系统中。

③ 1981年 IBM推出了商用关系数据库SQL/DS，并将其名字改为SQL。

SQL 功能强大，简洁易用，因此得到了广泛的使用。

随着关系数据库系统和 SQL 应用的日益广泛，SQL 的标准化工作也在紧张地进行着，多年来已制定了多个 SQL 标准：

① 1982 年，美国国家标准学会（American National Standard Institute，ANSI）开始制订 SQL 标准；

② 1986 年，美国国家标准学会公布了 SQL 的第一个标准 SQL-86。

③ 1987 年，国际标准化组织（ISO）通过了 SQL-86 标准。

④ 1989 年，国际标准化组织对 SQL-86 进行了补充，推出了 SQL-89 标准。

⑤ 1992 年，ISO 又推出了 SQL-92 标准，也称为 SQL2。

⑥ 1999 年，推出了新的 SQL 标准，称为 SQL-99（也称为 SQL3），它增加了面向对象的功能。

⑦ 2003 年，SQL/2003 包含了 XML 相关内容，自动生成列值。

⑧ 2006 年，SQL/2006 定义了 SQL 与 XML（包含了 XQuery）的关联应用。

3.1.2　SQL 的基本概念

SQL 支持关系数据库三级模式结构，如图 3-1 所示。

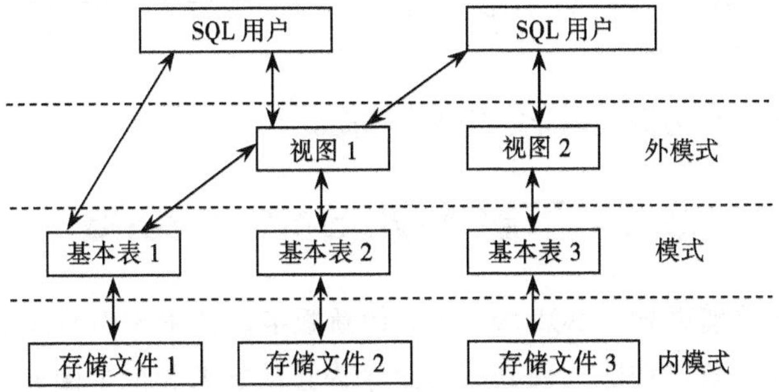

图 3-1　SQL 支持的数据库模式

其中，外模式对应于视图和部分基本表，模式对应于基本表，内模式对应于存储文件。

① 基本表是本身独立存在的表，在 SQL 中一个关系就对应一个表。一些基本表逻辑上对应一个存储文件，一个表可以有若干索引，索引也存放在存储文件中。

② 视图是从基本表或其他视图中导出的表，它本身不独立存储在数据库中。也就是说，数据库中只存放视图的定义而不存放视图对应的数据，这些数据仍存放在导出视图的基本表中，因此视图是一个虚表。在用户看来，视图是通过不同路径去看一个实际表，就像一个窗口一样，我们通过窗户去看外面的高楼，可以看到高楼的不同部分，而透过视图可以看到数据库中自己感兴趣的内容。

③ 存储文件是内模式的基本单位。每一个存储文件存储一个或多个基本表的内容。一个基本表可有若干索引，索引也存储在存储文件中。存储文件的存储结构对用户是透明的。

3.1.3 SQL 的主要特点

SQL 有如下几个特点：

① SQL 是类似于英语的自然语言，简洁易用。

② SQL 是一种非过程语言，即用户只要提出“干什么”即可，不必管具体操作过程，也不必了解数据的存取路径，只要指明所需的数据即可。

③ SQL 是一种面向集合的语言，每个命令的操作对象是一个或多个关系，结果也是一个关系。

④ SQL 既是自含式语言，又是嵌入式语言；可独立使用，也可嵌入到宿主语言中。自含式语言可以独立使用交互命令，适用于终端用户、应用程序员和 DBA；嵌入式语言使其嵌入在高级语言中使用，供程序员开发应用程序。

SQL 功能极强，但十分简捷，完成核心功能只用了 9 个动词，涵盖了数据查询（Query）、数据定义（Definition）、数据操纵（Manipulation）和数据控制（Control）四个方面的功能，如表 3-1 所示。

表 3-1 SQL 的动词

SQL 功能	动　词
数据查询	SELECT
数据定义	CREATE、DROP、ALTER
数据操纵	INSERT、UPDATE、DELETE
数据控制	GRANT、REVOKE

下面以 SQL Server 2008 为例分别介绍其各个功能。

3.2 了解 SQL Server 2008

SQL Server 2008 是目前微软的 SQL Server 的最新版本，它在 SQL Server 2005 的基础上推出了许多新的特性并进行了关键的改进，使其成为至今为止最强大和最全面的 SQL Server 版本。SQL Server 2008 包括最核心的六个管理工具，分别是 SQL Server 集成管理器，配置管理器，分析服务，商业智能开发管理器，事件探查器、文档和教程。下面介绍 SQL Server 2008 的主要组件及管理工具。

3.2.1 SQL Server 集成管理器

SQL Server Management Studio 工具是 SQL Server 2008 数据库产品最重要的组件，可称为 SQL Server 集成管理器，缩写为 SSMS。它是 SQL Server 2008 的集成可视化管理环境，用于访问、配置和管理所有 SQL Server 组件。SQL Server Management Studio 组合了大量图形工具和丰富的脚本编辑器，使各种技术水平的开发人员和管理员都能访问 SQL Server。

SQL Server Management Studio 将早期版本的 SQL Server 中包括的企业管理器和查询分析器的各种功能组合到一个单一环境中。此外，SQL Server Management Studio 还提供了一种环境，用于管理 Analysis Services、Integration Services、Reporting Services 和 XQuery。此环境为数据库管理人员提供了一个单一的实用工具，使他们能够通过易用的图形工具和丰富的脚本完成任务。

1．启动 Management Studio

在任务栏中，单击“开始”，选择“所有程序”→“Microsoft SQL Server 2008”→“SQL Server Management Studio”，打开“连接到服务器”对话框。在对话框中指定连接的服务器类型、服务器名称和服务器的身份验证模式（默认设置），然后单击【连接】按钮，即可打开 SQL Server Management Studio 管理工具。

2．SQL Server Management Studio 中的工具组件

Management Studio 的工具组件包括已注册的服务器、对象资源管理器、解决方案资源管理器、模板资源管理器、对象资源管理器详细信息页和文档窗口。

SQL Server Management Studio 为所有开发和管理阶段提供了相应的工具组件窗口。若要显示某个工具，在“视图”菜单上单击该工具的名称。

3.2.2　SQL Server 配置管理器

SQL Server Configuration Manager 可称为 SQL Server 配置管理器，可缩写为 SSCM，主要用于管理与 SQL Server 相关联的服务，配置 SQL Server 使用的网络协议及从 SQL Server 客户端计算机管理网络连接配置。

1．启动配置管理器

在任务栏中，单击“开始”按钮，选择“所有程序”→“Microsoft SQL Server 2008”→“配置工具”→“SQL Server 配置管理器”，打开配置管理器对话框。

2．主要功能

SQL Server 配置管理器集成了 SQL Server 2008 工具的以下功能：服务器网络实用工具、客户端网络实用工具和服务管理器。

SQL Server 配置管理器和 SQL Server Management Studio 使用 Windows Management Instrumentation（WMI）来查看和更改某些服务器设置。WMI 提供了一种统一的方式，用于与管理 SQL Server 工具所请求注册表操作的 API 调用进行连接，并可对 SQL Server 配置管理器管理单元组件选定的 SQL 服务提供增强的控制和操作。

3.2.3 分析服务

Analysis Services 即分析服务，能够为商业智能解决方案提供 OLAP 和数据挖掘功能，是设计商业智能解决方案的主要工具和组件。

Analysis Services 工具允许用户设计、创建和管理来自数据仓库的多维数据集和数据挖掘模型，以实现对 OLAP 的支持。

Analysis Services 提供了一组丰富的数据挖掘算法，用户可使用这组算法挖掘其数据以查找特定的模式和走向。这些数据挖掘算法可用于通过统一维度模型或直接基于物理数据存储区对数据进行分析。

在任务栏中，单击“开始”按钮，选择“所有程序”→“Microsoft SQL Server 2008”→“分析服务”→“部署向导”，启动部署向导。

3.2.4 数据库引擎优化顾问

SQL Server 2008 提供了数据库引擎优化顾问，用户可以使用它对数据库进行较好的性能优化，选择和创建索引、索引视图和分区的最佳集合。

在任务栏中，单击“开始”按钮，选择“所有程序”→“Microsoft SQL Server 2008”→“性能工具”→“数据库引擎优化顾问”，即可启动数据库引擎优化顾问。

3.2.5 商业智能开发管理器

Business Intelligence Development Studio 即商业智能开发管理器是一个高性能数据集成开发工具，用于开发商业智能构造（如多维数据集、数据源、报告和 Integration Services 软件包）。

Business Intelligence Development Studio 包含一些项目模板，这些模板可以提供开发特定构造的上下文。在进行项目开发时，用户可以将其作为某个解决方案的一部分进行开发，而该解决方案独立于具体的服务器。

在任务栏中，单击“开始”按钮，选择“所有程序”→“Microsoft SQL Server 2008”→“商业智能开发管理器”，即可启动商业智能开发管理器。

3.2.6 事件探查器

Microsoft SQL Server Profiler 即事件探查器，是用于从服务器捕获 SQL Server 2008 事件的工具。事件保存在一个跟踪文件中，可在以后对该文件进行分析，也可以在试图诊断某个问题时，用它来重播某一系列的步骤。

另外，SQL Server Profiler 还支持对 SQL Server 实例上执行的操作进行审核。审核将记录与安全相关的操作，供安全管理员以后复查。

在任务栏中，单击“开始”按钮，选择“所有程序”→“Microsoft SQL Server 2008”→“性能工具”→“事件探查器”，即可打开事件探查器。

3.2.7　SQL Server 文档和教程

SQL Server 2008 提供了完整方便的联机文档和相关教程，用户只需要安装相应的软件包即可获得全面的帮助和文档系统。

SQL Server 2008 的文档系统包括 SQL Server 2008 联机丛书和 SQL Server 2008 教程。

使用 SQL Server 2008 联机丛书可以帮助用户了解 SQL Server 2008 以及如何实现数据管理和商业智能项目。

SQL Server 2008 提供的教程可以帮助用户从相关项目入手了解 SQL Server 技术。

用户如果要获得这些详尽的帮助文档，可以在 SQL Server 2008 中直接按 F1 键，或者在“文档和教程”菜单中进行手动选择。

3.3　数　据　库

3.3.1　SQL Server 2008 的系统数据库

SQL Server 数据库可分为系统数据库和用户数据库两种。其中，系统数据库就是 SQL Server 自己使用的数据库，存储有关数据库系统的信息；而用户数据库是由用户自己建立的数据库，存储用户使用的数据信息。系统数据库在 SQL Server 安装好时就被建立。

SQL Server 2008 有 5 个系统数据库，分别为 master、model、msdb、tempdb 和 resource。

1. master 数据库

master 数据库记录 SQL Server 2008 的所有系统级信息。这些系统信息主要有：

① 所有的登录信息；

② 系统设置信息；

③ SQL Server 初始化信息；

④ 系统中其他系统数据库和用户数据库的相关信息，包括其主文件的存放位置等。

因此，如果 master 数据库不可用，则 SQL Server 无法启动。在 SQL Server 2008 中，系统对象不再存储在 master 数据库中，而是存储在 resource 数据库中。

2. model 数据库

model 数据库是所有用户数据库和 tempdb 数据库的创建模板。当创建数据库时，系统会将 model

数据库中的内容复制到新建的数据库中。当执行 CREATE DATABASE 语句时，将通过复制 model 数据库中的内容来创建数据库的第一部分，然后用空页填充新数据库的剩余部分。

如果修改 model 数据库，之后创建的所有数据库都将继承这些修改。例如，可以设置权限或数据库选项或者添加对象，如表、函数或存储过程。

3. msdb 数据库

SQL Server 代理使用 msdb 数据库来执行安排工作和警报以及记录操作者等操作。

4. tempdb 数据库

tempdb 数据库用作系统的临时存储空间。其主要作用有：

① 存储用户建立的临时表和临时存储过程；

② 存储用户说明的全局变量值；

③ 为数据排序创建临时表；

④ 存储用户利用游标说明所筛选出来的数据。

在 tempdb 数据库中所做的存储不会被记录，因而在 tempdb 数据库中的表上进行数据操作比在其他数据库中要快得多。

5. resource 数据库

resource 数据库是只读数据库，它包含了 SQL Server 2008 中的所有系统对象。

SQL Server 系统对象在物理上持续存在于 resource 数据库中，但在逻辑上，它们出现在每个数据库的 sys 架构中。resource 数据库不包含用户数据或用户元数据。

3.3.2 创建数据库

1. 文件与文件组

每个 SQL Server 数据库至少具有两个操作系统文件：一个数据文件和一个日志文件。数据文件包含数据和对象，例如表、索引、存储过程和视图。日志文件包含恢复数据库中的所有事务所需的信息。为了便于分配和管理，可以将数据文件集合起来，放到文件组中。

（1）数据库文件

SQL Server 数据库通过数据文件中保存与数据库相关的数据和对象。在 SQL Server 2008 中有两种类型的数据文件。

① 主数据文件：包含数据库的启动信息，并指向数据库中的其他文件。用户数据和对象可存储在此文件中。每个数据库有且只能有一个主数据文件。主数据文件是数据库必需的文件，Microsoft 建议的主数据文件的扩展名是“.mdf”。

② 次数据文件：次数据文件是可选的，由用户定义并存储用户数据，可用于将数据分散到多个磁盘上。另外，如果数据库超过了单个 Windows 文件的最大大小，可以使用次数据文件，这样数据库就能继续增大。Microsoft 建议的次数据文件的扩展名是.ndf。

所有的 SQL Server 2008 数据文件都拥有两个文件名：逻辑文件名和物理文件名。逻辑文件名是在所有 Transact-SQL（简称 T-SQL）语句中引用物理文件时所使用的名称。逻辑文件名必须符合 SQL Server 标识符规则，而且在数据库中必须是唯一的。

物理文件名为包括目录路径的物理文件名，它必须符合操作系统文件命名规则。

需要注意的是，SQL Server 2008 并不强制使用“.mdf”、“.ndf”和“.ldf”文件扩展名，但使用它们有助于标识文件的各种类型和用途。

（2）数据库文件组

为了有助于数据布局和管理任务，用户可以在 SQL Server 中将多个文件划分为一个文件集合，并用一个名称表示这一文件集合，这就是文件组。文件组分为主要文件组、用户定义文件组、默认文件组三种类型。

① 主文件组：包含主数据文件和任何没有明确分配给其他文件组的其他文件。系统表的所有页均分配在主文件组中。

② 用户定义文件组：用户首次创建数据库或以后修改数据库时明确创建的任何文件组。

用户定义文件组是通过在 CREATE DATABASE 或 ALTER DATABASE 语句中使用 FILEGROUP 关键字指定的任何文件组。

③ 默认文件组：如果在数据库中创建对象时没有指定对象所属的文件组，对象将被分配给默认文件组。不管何时，只能将一个文件组指定为默认文件组。默认文件组中的文件必须足够大，能够容纳未分配给其他文件组的所有新对象。PRIMARY 文件组是默认文件组。可以使用 ALTER DATABASE 语句更改默认文件组。但系统对象和表仍然分配给 PRIMARY 文件组，而不是新的默认文件组。

（3）事务日志文件

在 SQL Server 2008 中，每个数据库至少拥有一个自己的日志文件（也可以拥有多个日志文件）。日志文件的大小最少是 1MB，默认扩展名是“.ldf”，用来记录数据库的事务日志，即记录了所有事务以及每个事务对数据库所做的修改。

事务日志支持以下操作：恢复个别的事务；在 SQL Server 启动时恢复所有未完成的事务；将还原的数据库、文件、文件组或页前滚至故障点；支持事务性复制；支持备份服务器解决方案。

2. 使用 SQL Server Management Studio 创建数据库

在 SQL Server 2008 中，所有类型的数据库管理操作都包括两种方法：一种方法是使用 SQL Server Management Studio 的对象资源管理器，以图形化的方式完成对数据库的管理；另一种方法是使用

T-SQL 语句或系统存储过程，以命令方式完成对数据库的管理。

在 SQL Server Management Studio 中，利用图形化的方法可以非常方便地创建数据库。下面给出创建数据库的步骤。

① 启动 SQL Server Management Studio，在 Management Studio 的“对象资源管理器”中展开“已连接数据库引擎”的结点。

② 在“数据库”结点或某用户数据库结点上右击，在弹出的快捷菜单中选择“新建数据库”命令，弹出“新建数据库”对话框。

③ 在对话框右边的“常规”栏中，要求用户确定数据库名称、所有者、是否使用全文索引、数据库文件信息等。数据库文件信息包括分别对数据文件与日志文件的逻辑名称、文件类型、文件组、初始大小、自动增长要求、文件所在路径等的交互指定。当需要更多数据库文件时，可以单击下边的“添加”按钮。实际上对于初学者，只要输入数据库名称就行了，因为输入后，其他需指定的内容都有默认值。

④ 单击“确定”按钮，完成新数据库的创建。

注意：数据库的名称最长为 128 个字符，且不区分大小写；一个服务器在理论上可以管理 32 767 个数据库。

3. 使用 T-SQL 命令创建数据库

创建数据库的 T-SQL 命令是 CREATE DATABASE，掌握该命令的语法结构后，可直接写出数据库创建命令。下面首先介绍 CREATE DATABASE 语句的语法，接着利用 CREATE DATABASE 语句创建 XSCJ 数据库。

CREATE DATABASE 语句的语法格式如下：

```
CREATE DATABASE database_name
ON
{  [ PRIMARY ]  ( NAME = logical_file_name ,
FILENAME = 'os_file_name'
[ , SIZE = size]
[ , MAXSIZE = { max_size | UNLIMITED } ]
[ , FILEGROWTH = growth_increment ])
} [ ,...n ]
LOG ON
{  [ PRIMARY ]  ( NAME = logical_file_name ,
FILENAME = 'os_file_name'
[ , SIZE = size]
[ , MAXSIZE = { max_size | UNLIMITED } ]
[ , FILEGROWTH = growth_increment ])
} [ ,...n ]
```

参数说明如下：

- database_name：新数据库的名称。
- ON：指定显式定义用来存储数据库数据部分的磁盘文件（数据文件）。
- PRIMARY：在主文件组中指定文件。
- LOG ON：指定用来存储数据库日志的磁盘文件（日志文件）。
- NAME：指定文件的逻辑名称。
- FILENAME：指定操作系统（物理）文件名称。
- os_file_name：创建文件时由操作系统使用的路径和文件名。
- SIZE：指定文件的大小。
- MAXSIZE：指定文件可增大到的最大大小。
- UNLIMITED：指定文件将增大到整个磁盘。
- FILEGROWTH：指定文件的自动增量。

下面使用 CREATE DATABASE 语句创建 XSCJ 数据库。具体步骤如下：

① 启动 SQL Server Management Studio，并用“Windows 身份验证”登录。

② 单击标准工具栏上的“新建查询”按钮，打开查询编辑窗口。

③ 在查询编辑窗口中输入如下 T-SQL 语句：

```
CREATE DATABASE xscj
ON  PRIMARY
( NAME = 'xscj_data',
FILENAME ='D:\xscj.mdf' , SIZE = 3072KB , MAXSIZE = UNLIMITED, FILEGROWTH =
  1024KB )
 LOG ON
( NAME = 'xscj_log',
FILENAME = 'D:\xscj_log.ldf' , SIZE = 1024KB , MAXSIZE = 2048GB , FILEGROWTH =
  10%)
GO
```

④ 单击工具栏上的“执行”按钮，执行上面输入的 SQL 语句。

3.3.3　修改数据库

在数据库创建之后，还可以使用 SQL Server Management Studio 和 T-SQL 语句来查看和修改数据库的配置信息。

1. 使用对象资源管理器修改数据库

如果想要查看或修改数据库的配置信息，可打开 SQL Server Management Studio，在“对象资源管理器”窗口展开数据库实例下的“数据库”结点，接着右击需要查看或配置的数据库，在弹出的快捷菜单中选择“属性”命令。

在该对话框中，单击左上的选择页，能直观查看到分类的属性，并能对一些属性直接进行设置。

这也是最方便的修改数据库的一种方法。当选择或指定相应选项值后，单击“确定”按钮即可完成修改数据库操作。

2. 使用 T-SQL 命令修改数据库

（1）选择数据库

在 SQL Server 服务器上，可能存在多个用户数据库，用户只有连接上所要使用的数据库，才能对该数据库中的数据进行操作。选择数据库语句的语法格式如下：

```
USE database_name
```

其中，database_name 为选择的数据库名称。

（2）查看数据库属性

数据库的属性信息都保存在系统数据库和系统数据表中，可以通过系统提供的存储过程来获取有关数据库的属性信息。

- sp_helpdb：显示数据库和数据库参数信息。
- sp_spaceused：查看数据库空间信息。
- sp_options：查看数据库选项信息。

【例 3-1】查询数据库 XSCJ 的相关参数信息。

```
EXEC sp_helpdb XSCJ
```

【例 3-2】查询数据库 XSCJ 的空间信息。

```
USE XSCJ
EXEC sp_spaceused
```

【例 3-3】查询数据库 XSCJ 的选项信息。

```
EXEC sp_dboption XSCJ
```

（3）修改数据库

可以用 ALTER DATABASE 命令来更改数据库，ALTER DATABASE 命令可以增加或删除数据库中的文件，也可以修改文件的属性，应注意的是只有数据库管理员（DBA）或具有 CREATE DATABASE 权限的数据库所有者才有权执行此命令。ALTER DATABASE 命令的语法如下：

```
ALTER DATABASE database_name
{  ADD FILE <filespec> [ ,...n ]  [ TO FILEGROUP { filegroup_name } ]
  | ADD LOG FILE <filespec> [ ,...n ]
  | REMOVE FILE logical_file_name
  | MODIFY FILE <filespec>
  | ADD FILEGROUP filegroup_name
  | REMOVE FILEGROUP filegroup_name
  |  MODIFY  FILEGROUP  filegroup_name  {  filegroup_property  |  NAME=
new_filegroup_name }
```

参数说明如下：

- ADD FILE：向数据库文件组添加新的数据文件。
- ADD LOG FILE：向数据库添加事务日志文件。

- REMOVE FILE：从 SQL Server 的实例中删除逻辑文件说明并删除物理文件。
- MODIFY FILE：修改某一文件的属性。
- ADD FILEGROUP：向数据库添加文件组。
- REMOVE FILEGROUP：从实例中删除文件组。
- MODIFY FILEGROUP：修改某一文件组的属性。

【例 3-4】修改 XSCJ 数据库中的 SXCJ 文件增容方式为一次增加 2 MB。

```
ALTER DATABASE  XSCJ
MODIFY FILE
( NAME = XSCJ,
FILEGROWTH = 2MB)
```

3. 更改数据库名

在 SQL Server 2008 中，可以更改数据库的名称。在重命名数据库之前，应该确保没有人使用该数据库，而且该数据库设置为单用户模式。数据库名称可以包含任何符合标识符规则的字符。重命名数据库的方法如下：

（1）通过 ALTER DATABASE 重命名数据库

例如，重命名数据库 XSCJ 为 XSCJ2 命令为：

```
ALTER DATABASE XSCJ MODIFY NAME=XSCJ2
```

（2）使用对象资源管理器重命名数据库

在对象资源管理器中，在 XSCJ 数据库名上右击，在弹出的快捷菜单中选择“重命名”命令，直接修改或输入新的数据库名称，然后按【Enter】键即可。

3.3.4　删除数据库

当不再需要用户定义的数据库，或者已将其移到其他数据库或服务器上时，即可删除该数据库。数据库删除之后，文件及其数据都从服务器上的磁盘中删除。一旦删除数据库，它即被永久删除，并且不能进行检索，除非使用以前的备份。不能删除系统数据库。

1. 利用对象资源管理器删除用户数据库

打开 SQL Server Management Studio，选择“数据库”，右击要删除的数据库，在弹出的快捷菜单中选择“删除”命令，在出现的“删除对象”对话框中单击“确定”按钮，即可完成指定数据库的删除操作。

删除数据库一定要慎重，因为删除数据库后，与此数据库有关联的数据库文件和事务日志文件都会被删除，存储在系统数据库中的关于该数据库的所有信息也会被删除。

2. 用 DROP DATABASE 命令删除数据库

使用 T-SQL 的 DROP DATABASE 语句可以删除用户数据库，其语法格式如下：

DROP DATABASE database_name

其中，database_name：指定要删除的数据库的名称。

【例 3-5】删除数据库 XSCJ。

```
DROP DATABASE XSCJ
```

3.3.5 查看数据库

1. 查看数据库元数据

可以使用各种目录视图、系统函数和系统存储过程来查看数据库、文件、分区和文件组的属性。表 3-2 列出了返回有关数据库、文件和文件组信息的目录视图、系统函数、系统存储过程和其他语句。

表 3-2 数据库元数据的常用目录视图、系统函数和系统存储过程

视图	函数	存储过程和其他语句
Sys.databases	DATABASE_PRINCIPAL_ID	sp_databases
Sys.database_files	DATABASEPROPERTYEX	sp_helpdb
Sys.data_spaces	DB_ID	sp_helpfile
Sys.filegroups	DB_NAME	sp_helpfilegroup
Sys.allocation_units	FILE_ID	sp_spaceused
Sys.master_files	FILE_IDEX	DBCC SQLPERF
Sys.partitions	FILE_NAME	
Sys.partition_functions	FILEGROUP_ID	
Sys.partition_parameters	FILEGROUP_NAME	
Sys.partition_range_values	FILEGROUPPROPERTY	
Sys.partition_schemes	FILEPROPERTY	
Sys.dm_db_partition_stats	fn_virtualfilestats	

【例 3-6】通过 Sys.databases 查看数据库的元数据信息。

在 SQL 编辑器中，输入以下语句：

```
Select * from sys.database
```

执行该语句后，查询结果将列出 SQL Server 实例中的每个数据库的元数据信息，一个数据库对应一行。元数据信息有：数据库名称（name）（在 SQL Server 实例中唯一）、数据库 ID（database_id）、数据库快照的源数据库 ID（source_database_id）、数据库的创建或重命名日期（create_date）等，如图 3-2 所示。

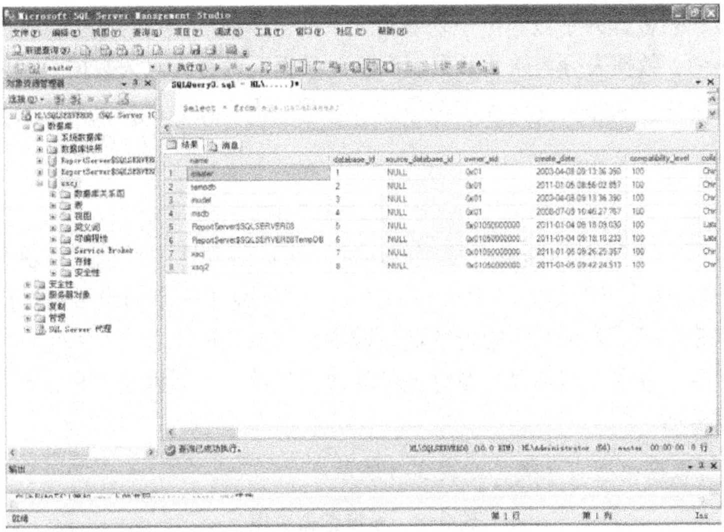

图 3-2　查看数据库的元数据信息

【例 3-7】存储过程的使用：sp_helpdb。

在 SQL 编辑器中，输入以下语句：

```
EXEC sp_helpdb
```

执行该语句后，结果将报告有关指定数据库或所有数据库的信息。

2．数据库属性的查看或设置

通过查看数据库元数据，我们能查看到数据库的属性，但通过命令方式不是那么直观。查看数据库属性最直接的方法还是通过数据库“属性”对话框。

其方法是在“对象资源管理器”中选择某数据库，右击，在弹出的快捷菜单中选择“属性”命令。

在该属性对话框中，单击左上的选择页，能直观查看到分类的属性，并能对一些属性直接进行设置。至于数据库中含有的逻辑内容（数据库关系图、表、视图等）的查看与修改，交互式的方法是在数据库展开的树形结构中直接通过右键弹出的快捷菜单进行操作。

3.4　数　据　表

3.4.1　数据表的基本概念

在关系数据库中，每个关系都对应为一张二维表，表是数据库的主要对象，是信息世界实体或实体间联系的数据表示，是用来存储与操作数据的逻辑结构。表是由行和列所构成，行被称为记录，是组织数据的单位；列被称为字段，每一列表示记录的一个属性。

在 SQL Server 中，数据表分为永久数据表和临时数据表两种，永久数据表在创建后一直存储在数据库文件中，直至用户删除为止。而临时数据表在用户退出或系统修复时被自动删除。

3.4.2 数据类型

在数据表中的每一个数据列都会有特定的属性，而这些属性中最重要的就是数据类型（Data Type），数据类型是用来定义存储在数据列中的数据，其限制了一个列中可以存储的数据的类型，在某些情况下甚至限制了该列中的可能值的取值范围。

在 SQL Server 中，数据类型可以是系统提供的数据类型，也可以是用户自定义的数据类型。

1. 系统数据类型

SQL Server 系统数据类型有 7 类，如表 3-3 所示。

表 3-3 系统数据类型

数据类型分类	类型说明
精确数字	存储带小数或不带小数的精确数字
近似数字	存储带小数或不带小数的数值
货币	存储带小数位的数值；专门用于货币值，最多可以有 4 个小数位
日期和时间	存储日期和时间信息，并强制实施特殊的年代规则
字符	存储基于字符的可变长度的值
二进制	存储以严格的二进制（0 和 1）表示的数据
专用数据类型	要求专门处理的复杂数据类型，诸如 XML 文档

下面简要介绍常用的几种数据类型。

（1）精确数字数据类型

精确数字数据类型包括 bit、tinyint、smallint、int、bigint、numeric、decimal、money，这些数据类型都用于存储不同类型的数字值。第一种数据类型 bit 只存储 0 或 1，在大多数应用程序中被转换为 true 或 false。bit 数据类型非常适合用于开关标记，且它只占据一个字节空间。

（2）字符数据类型

字符数据类型包括 varchar、char、nvarchar、nchar、text 以及 ntext，这些数据类型用于存储字符数据。varchar 和 char 类型的主要区别是数据填充。如果有一个列名为 Sname 且数据类型为 varchar（20），同时将值 abcde 存储到该列中，则物理上只存储 5 个字节。但如果在数据类型为 char（20）的列中存储相同的值，将使用全部 20 个字节。SQL 将插入拖尾空格来填满 20 个字符。

（3）近似数据类型

近似数据类型包括数据类型 float 和 real，它们用于表示浮点数据。但是，由于它们是近似的，因此不能精确地表示所有值。float(n)中的 n 是用于存储该数尾数（mantissa）的位数。SQL Server 对此只使用两个值。如果指定位于 1~24 之间，SQL 就使用 24。如果指定 25~53 之间，SQL 就使用 53。当指定 float()时(括号中为空)，默认为 53。

（4）二进制数据类型

varbinary、binary、varbinary(max)或 image 等二进制数据类型用于存储二进制数据，如图形文件、Word 文档或 MP3 文件。其值为十六进制的 0x0~0xf。image 数据类型可在数据页外部存储最多 2 GB 的文件。image 数据类型的首选替代数据类型是 varbinary(max)，可保存最多 8 KB 的二进制数据，其性能通常比 image 数据类型好。

SQL Server 2008 的新功能是可以在操作系统文件中通过 FileStream 存储选项存储 varbinary(max) 对象。这个选项将数据存储为文件，同时不受 varbinary(max)的 2 GB 大小的限制。

（5）日期和时间数据类型

日期和时间数据类型用于存储日期和时间数据。SQL Server 支持的日期和时间类型主要有四种：date、time、datetime 和 smalldatetime。

date 数据类型只存储日期，而 time 数据类型只存储时间。它也支持 time(n)声明，因此可以控制小数秒的粒度。datetime 数据类型为 8 B，存储 1753 年 1 月 1 日—9999 年 12 月 31 日之间的时间，且精确到最近的 3.33 ms。smalldatetime 为 4 B，存储 1900 年 1 月 1 日—2079 年 6 月 6 日之间的时间，且只精确到最近的分钟。

2. 用户自定义数据类型

在系统数据类型的基础上，用户可以根据需要定制数据，称之为用户自定义数据类型。

当用户自定义数据类型时，需要指定该类型的名称、建立在其上的系统数据类型以及是否允许空值（NULL）等特性。

利用“对象资源管理器”可以非常方便地创建用户自定义数据类型。其步骤如下：

① 使用“Windows 身份验证”连接到 SQL Server 2008 数据库实例。

② 展开需要创建用户自定义数据类型的数据库，选择“可编程性”→“类型”，单击鼠标右键，在弹出的快捷菜单中选择“新建”→“用户定义数据类型”命令，打开“新建用户定义数据类型”对话框。

③ 在“新建用户定义数据类型”对话框中，可以定义类型的架构、名称、数据类型、精度、允许为空值等。

④ 完成设置后，单击“确定”按钮，创建用户自定义数据类型。

3.4.3 创建数据表

SQL Server 2008 提供了两种方法创建数据库表，第一种方法是利用 Management Studio 交互式创建表；另一种方法是利用 T-SQL 语句中的 CREATE TABLE 命令创建表。

1. 利用 Management Studio 创建表

在 SQL Server Management Studio 中，提供一个前端的、填充式的表设计器以简化表的设计工作，利用图形化的方法可以非常方便地创建数据表。利用这种方法创建学生基本信息表 S。

① 启动 SQL Server Management Studio，连接到 SQL Server 2008 数据库实例。

② 在 Management Studio 的对象资源管理器中，展开“数据库”结点，再展开 XSCJ 数据库结点，右击“表”结点，在弹出的快捷菜单中选择“新建表”命令，出现“新建表”对话框。

③ 在“新建表”对话框中，可以定义列名称、列类型、长度、精度、小数位数、是否允许为空、默认值、标识列、标识列的初始值、标识列的增量值等。

④ 当完成新建表的各个列的属性设置后，单击工具栏上的“保存”按钮，弹出“选择名称”对话框，输入新建表的名称 S，SQL Server 数据库引擎会根据用户的设置完成新表的创建。

2. 利用 T-SQL 语句创建数据表

利用 CREATE TABLE 命令创建表，其语法为：

```
CREATE TABLE [ database_name . [ schema_name ].| schema_name.] table_name
 ( { <column_definition> }
   [ <table_constraint> ] [ ,...n ] )
   [ ON { filegroup | "default" } ]
[ ; ]
<column_definition> ::=
column_name <data_type> [ NULL | NOT NULL ]
[
   [ CONSTRAINT constraint_name ] DEFAULT constant_expression ]
     | [ IDENTITY [ ( seed ,increment ) ] [ NOT FOR REPLICATION ]
   ]
```

参数说明如下：

- database_name：创建表的数据库的名称，必须指定现有数据库的名称。如果未指定，则 database_name 默认为当前数据库。
- table_name：新表的名称。表名必须遵循标识符规则。
- column_name ：表中列的名称。列名必须遵循标识符规则并且在表中是唯一的。
- ON { filegroup | "default" }：指定存储表的文件组。如果指定了 default，或者根本未指定 ON，则表存储在默认文件组中。

【例 3-8】用 SQL 命令建立学生表 S。

```
CREATE TABLE S (
```

```
Sno NCHAR(10) NOT NULL,
Sname VARCHAR(20) NOT NULL,
Sage INT,
Ssex NCHAR(2),
Sdept VARCHAR(20)
);
```

执行该语句后，便产生了学生基本表的表框架，此表为一个空表。

3. 定义完整性约束

数据完整性是数据库设计方面一个非常重要的问题，数据完整性代表数据的正确性、一致性与可靠性，实施完整性的目的在于确保数据的质量。

在 SQL Server 中，根据数据完整性措施所作用的数据库对象和范围不同，可以将数据完整性分类为实体完整性、域完整性和参照完整性等。

（1）实体完整性

实体完整性把数据表中的每行看做一个实体，它要求所有行都具有唯一标识。在 SQL Server 中，可以通过建立 PRIMARY KEY 约束、UNIQUE 约束、唯一索引，以及列 IDENTITY 属性等措施来实施实体完整性。

（2）域完整性

域完整性要求数据表中指定列的数据具有正确的数据类型、格式和有效的数据范围。域完整性通过默认值、FOREIGN KEY、CHECK 等约束，以及默认、规则等数据库对象来实现。

（3）参照完整性

参照完整性维持被参照表和参照表之间的数据一致性。在 SQL Server 中，参照完整性通过主键与外键或唯一键与外键之间的关系来实现，通过建立 FOREIGN KEY 约束来实施。在被参照表中，当其主键值被其他表所参照时，该行不能被删除，也不允许改变。在参照表中，不允许参照不存在的主键值。

约束是数据库中的数据完整性实现的具体方法。在 SQL Server 中，包括 5 种约束类型：

- PRIMARY KEY 约束；
- FOREIGN KEY 约束；
- UNIQUE 约束；
- CHECK 约束；
- DEFAULT 约束。

在 SQL Server 中，约束作为数据表定义的一部分，在 CREATE TABLE 语句中定义声明。同时，约束独立于数据表的结构，可以在不改变数据表结构的情况下，使用 ALTER TABLE 语句来添加或删除。

在 SQL Server 中可以定义五种类型的完整性约束，下面分别进行介绍。

（1）PRIMARY KEY 约束

PRIMARY KEY 约束用于定义基本表的主键，起唯一标识作用，其值不能为 NULL，也不能重复，以此来保证实体的完整性。一个表只能有一个主键，而且主键约束中的列不能为空值。

【例 3-9】 建立一个学生表 S，定义 Sno 为 S 的主键，建立另外一个课程表 C，定义 Cno 为 C 的主键。

定义学生表 S：

```
CREATE TABLE S (
Sno  nchar(10)  NOT NULL CONSTRAINT S_PRIM PRIMARY KEY,
Sname VARCHAR(20) NOT NULL,
Sage INT,
Ssex nchar(2),
Sdept VARCHAR(20)
);
```

定义课程表 C：

```
CREATE TABLE C(
Cno nchar(5) NOT NULL CONSTRAINT C_PRIM PRIMARY KEY,
Cname varchar(20) NOT NULL,
Cteacher nchar(10) NULL
);
```

【例 3-10】 建立一个学生选课表 SC，定义 Sno+CNO 为 SC 的主键。

```
CREATE TABLE SC
(Sno nchar(10) NOT NULL,
Cno nchar(5) NOT NULL,
Score int,
CONSTRAINT SC_PRIM PRIMARY KEY(Sno,Cno));
```

（2）FOREIGN KEY 约束

FOREIGN KEY 约束指定某一个列或一组列作为外部键，其中包含外部键的表称为从表，包含外部键所引用的主键或唯一键的表称主表。系统保证从表在外部键上的取值是主表中某一个主键值或唯一键值，或者取空值，以此保证两个表之间的连接，确保了实体的参照完整性。

FOREIGN KEY 既可用于列约束，也可用于表约束，其语法格式为：

```
[CONSTRAINT<约束名>] FOREIGN KEY REFERENCES <主表名> (<列名>[{,<列名>}])
```

【例 3-11】 建立一个 SC 表，定义 Sno，Cno 为 SC 的外部键。

```
CREATE TABLE SC
(Sno CHAR(5) NOT NULL CONSTRAINT S_FORE FOREIGN KEY REFERENCES S(Sno),
Cno CHAR(5) NOT NULL CONSTRAINT C_FORE FOREIGN KEY REFERENCES C(Cno),
Score NUMERIC(3),
CONSTRAINT S_C_PRIM PRIMARY KEY (Sno,Cno));
```

（3）UNIQUE 约束

UNIQUE 约束用于指明基本表在某一列或多个列的组合上的取值必须唯一。定义了 UNIQUE 约束的那些列称为唯一键，系统自动为唯一键建立唯一索引，从而保证了唯一键的唯一性。唯一键允许为空，但系统为保证其唯一性，最多只可以出现一个 NULL 值。

UNIQUE 既可用于列级约束，也可用于表级约束。

UNIQUE 用于定义列约束时，其语法格式如下：

```
[CONSTRAINT <约束名>] UNIQUE
```

【例 3-12】 建立一个学生表 S，定义 Sno 为主键，Sname 为唯一值。

```
CREATE TABLE S (
Sno  nchar(10)  NOT NULL CONSTRAINT S_PRIM PRIMARY KEY,
Sname VARCHAR(20) NOT NULL CONSTRAINT SN_UNIQ UNIQUE,
Sage INT,
Ssex nchar(2)
Sdept VARCHAR(20)
);
```

其中 SN_UNIQ 为指定的约束名称，约束名称可以省略。

（4）CHECK 约束

CHECK 约束用于限制输入到一列或多列的值的范围，从逻辑表达式判断数据的有效性，也就是一个列的输入内容必须满足 CHECK 约束的条件，否则，数据无法正常输入，从而强制数据的域完整性。比如，性别只能在“男”与“女”中选一个，可以通过 CHECK 约束来完成。

CHECK 约束的语法格式如下：

```
[ CONSTRAINT constraint_name] CHECK ( 约束表达式)
```

【例 3-13】 创建一个学生基本表 S，其中 Sno 为主键，Sname 取值唯一，性别只能取“男”或“女”。

```
CREATE TABLE S (
Sno  nchar(10)  NOT NULL CONSTRAINT S_PRIM PRIMARY KEY,
Sname VARCHAR(20) NOT NULL CONSTRAINT SN_UNIQ UNIQUE,
Sage INT,
Ssex nchar(2) CONSTRAINT ck_Ssex CHECK(Ssex IN ('男','女')),
Sdept VARCHAR(20)
);
```

（5）DEFAULT 约束

若表中某列定义了 DEFAULT 约束，用户在插入新的数据行时，如果没有为该列指定数据，那么系统将默认值赋给该列，当然该默认值也可以是空值（NULL）。

例如，假设学生信息表 S 中的同学绝大多数都来自于“计算机系”，就可以通过设置 Sdept 字段的 DEFALUT 约束来实现，从而简化用户的输入。

创建 DEFAULT 约束的语法形式如下：

```
[ CONSTRAINT constraint_name] DEFAULT ( 约束表达式 )
```

其中，约束表达式为默认值。

【例 3-14】创建一个学生基本表 S，其中 Sno 为主键，Sname 取值唯一，性别只能取“男”或“女”，Sdept 的默认值为“计算机”。

```
CREATE TABLE S (
Sno  nchar(10)  NOT NULL CONSTRAINT S_PRIM PRIMARY KEY,
Sname VARCHAR(20) NOT NULL CONSTRAINT SN_UNIQ UNIQUE,
Sage INT,
Ssex nchar(2) CONSTRAINT ck_Ssex CHECK(Ssex IN ('男','女')),
Sdept VARCHAR(20) CONSTRAINT de_Sdept DEFAULT '计算机'
);
```

3.4.4 修改数据表

1. 使用 Management Studio 修改数据表

① 启动 SQL Server Management Studio，连接到 SQL Server 2008 数据库实例。

② 展开 SQL Server 实例，选择“数据库”→“XSCJ”→“表”，右击“S”表，在弹出的快捷菜单中选择“设计”命令。

③ 在打开的“表设计器”窗口中，可以新增列、删除列和修改列的名称、数据类型、长度、是否允许为空等属性。

④ 当完成修改表的操作后，单击工具栏上的“保存”按钮。

2. 利用 T-SQL 语句修改数据表

修改数据表的语法格式如下：

```
ALTER TABLE table_name
    { [ ALTER COLUMN column_name
    { new data type [ ( precision [, scale ] ) ]
    [NULL | NOT NULL]
    | ADD
    { [ < column_definition > ] [, . . . n ]
    | DROP { [ CONSTRAINT ] constraint_name |
     COLUMN column_name }[, . . . n ]
```

参数说明如下：

- table_name：所要修改的表的名称。
- ALTER COLUMN：修改列的定义。
- ADD：增加新列或约束。
- DROP：删除列或约束。

【例 3-15】在 S 表中增加一个家庭地址列 Saddress。

```
ALTER TABLE S
ADD
Saddress VARCHAR(50)
```

注意：使用此方式增加的新列自动填充 NULL 值，所以不能为增加的新列指定 NOT NULL 约束。

【例 3-16】删除 S 表中的主键。

```
ALTER TABLE S
DROP
CONSTRAINT S_PRIM
```

3.4.5 删除数据表

1. 使用对象资源管理器删除数据表

① 启动 SQL Server Management Studio，连接到 SQL Server 2008 数据库实例。

② 展开 SQL Server 实例，展开“数据库”结点，再展开“表”结点，右击要删除的表。

③ 在弹出的快捷菜单中选择“删除”命令，在出现的“删除对象”对话框中单击“确定”按钮，即可完成指定表的删除操作。

2. 利用 T-SQL 语句删除数据表

删除数据表的语法格式如下：

```
DROP TABLE table_name [, . . . n ]
```

其中，table_name 为所要删除的表的名称。

【例 3-17】删除学生信息表 S。

```
DROP TABLE S
```

DROP TABLE 不能用来删除 FOREIGN KEY 约束引用的表。必须首先删除引用 FOREIGN KEY 约束或引用表。删除表时，表中的规则或默认值会失去绑定，还会自动删除与其相关的所有约束。如果重新创建一个表，则必须重新绑定适当的规则和默认值，添加所有必要的约束。在系统表中，不能使用 DROP TABLE 语句。

3.5 索　　引

3.5.1 索引的作用

在应用系统中，尤其在联机事务处理系统中，对数据查询及处理速度已成为衡量应用系统成败的标准。而采用索引来加快数据处理速度通常是普遍采用的优化方法。

与书目录的作用类似，数据库中的索引使您可以快速找到表或索引视图中的特定信息。索引包含从表或视图中一个或多个列生成的键，以及映射到指定数据的存储位置的指针。通过创建设计良好的索引以支持查询，可以显著提高数据库查询和应用程序的性能。索引可以减少为返回查询结果集而必须读取的数据量。索引还可以强制表中的行具有唯一性，从而确保表中数据的数据完整性。

SQL Server 的索引是一种物理结构，它能够提供一种以一列或多列的值为基础迅速查找表中行的能力。

对表中的列是否创建索引，以及创建何种索引，对于查询的响应速度会有很大差别。

在数据库系统中创建索引主要有以下作用：

① 快速存取数据；

② 保证数据的一致性；

③ 实现表与表之间的参照完整性；

④ 在使用 GROUP BY、ORDER BY 子句进行查询时，利用索引可以减少排序和分组的时间。

3.5.2 索引的分类

SQL Server 2008 中可用的索引类型分为多种类型。以存储结构来区分，则有“聚集索引”和“非聚集索引”；如果以数据的唯一性来区别，则有“唯一索引”和“非唯一索引”的不同；若以键列的个数来区分，则有“单列索引”与“多列索引”的分别。

1. 聚集索引

在聚集索引中，行的物理存储顺序与索引顺序完全相同，即索引的顺序决定了表中行的存储顺序，因为行是经过排序的，所以每个表中只能有一个聚集索引。

聚集索引按 B 树索引结构实现，B 树索引结构支持基于聚集索引键值对行进行快速检索。

2. 非聚集索引

SQL Server 默认情况下建立的索引是非聚集索引，非聚集索引并不在物理上排列数据，即索引中的逻辑顺序并不等同于表中行的物理顺序，索引仅仅记录指向表中行的位置的指针，这些指针本身是有序的，通过这些指针可以在表中快速地定位数据。

在建立非聚集索引时，要权衡索引对查询速度的影响。

3. 唯一索引

唯一索引是指索引值必须是唯一的。唯一索引确保索引键不包含重复的值，因此，表或视图中的每一行在某种程度上是唯一的。聚集索引和非聚集索引均可用于强制表内的唯一性，方法是在现有表上创建索引时指定 UNIQUE 关键字。确保表内唯一性的另一种方法是使用 UNIQUE 约束。

4. 全文索引

全文索引可以对存储在数据库中的文本数据进行快速检索。全文索引是一种特殊类型的基于标记的功能性索引，它是由 SQL Server 全文引擎生成和维护的。

每个表只允许有一个全文索引。

3.5.3　创建索引

1．使用 Management Studio 创建索引

使用 SQL Server Management Studio 创建索引的步骤如下：

① 启动 SQL Server Management Studio 工具，在“对象资源管理器”中展开 SQL Server 实例。

② 对要创建索引的表打开表设计器窗口，然后选择“表设计器”菜单或“表设计器”右键快捷菜单中的“索引/键”命令，也可以直接单击“表设计器”工具栏上的“管理索引和键”按钮。在出现的“索引/键”对话框（见图 3-3）中，能方便地“添加”或“删除”索引或键，当添加索引或键时，“索引/键”对话框左边，添加了默认索引名，右边对该索引指定了默认属性，如索引列、是否唯一、索引名、是否创建为聚集、索引说明等。可以逐项设置或修改，完成后按“关闭”按钮。

退出到“表设计器”后，要使对索引或键的修改有效，注意一定要保存，即在退出“表设计器”前要单击标准工具栏上的“保存”工具按钮或选择“文件”菜单中的“保存”命令。

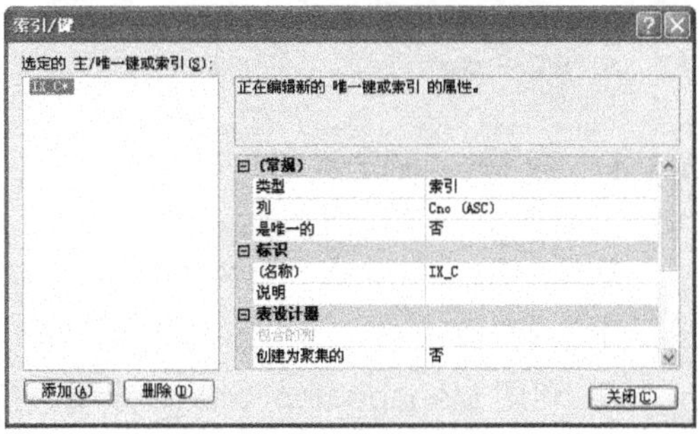

图 3-3　“索引/键”对话框

2．利用 T-SQL 语句创建索引

CREATE INDEX 命令可以为指定表或视图创建关系索引，或为指定表创建 XML 索引。可在向表中填入数据前创建索引，也可通过指定限定的数据库名称，为另一个数据库中的表或视图创建索引。CREATE INDEX 命令的语法为：

```
CREATE [UNIQUE] [CLUSTERED|NONCLUSTERED] INDEX index_name
ON { table_name | view_name } (column_name [ASC | DESC] [,...n] )
[WITH [PAD_INDEX] [[,] FILLFACTOR = fillfactor ]
[[,] IGNORE_DUP_KEY ]
[[,] DROP_EXISTING ]
[[,] STATISTICS_NORECOMPUTE ]
[[,] SORT_IN_TEMPDB ]
]
[ON filegroup ]
```

参数说明如下：

- UNIQUE：用于指定为表或视图创建唯一索引。
- CLUSTERED：用于指定创建的索引为聚集索引。
- NONCLUSTERED：用于指定创建的索引为非聚集索引。
- index_name：用于指定所创建的索引名称。
- table_name：用于指定创建索引的表名称。

- view_name：用于指定创建索引的视图名称。
- ASC|DESC：用于指定某个具体索引列的升序或降序排序方式。
- column_name：用于指定被索引的列。
- FILLFACTOR：填充因子。
- DROP_EXISTING：用于指定应删除并重新创建同名的先前存在的聚集索引或非聚集索引。
- STATISTICS_NORECOMPUTE：用于指定过期的索引统计不自动重新计算。
- SORT_IN_TEMPDB：用于指定创建索引时的中间排序结果将存储在 tempdb 数据库中。

【例 3-18】使用 CREATE INDEX 语句为学生信息表 S 创建一个非聚集索引，索引字段为 Sname，索引名为 IDX_Sname。

```
CREATE INDEX IDX_Sname
ON S( Sname )
```

3.5.4 查看、修改索引

索引创建之后，可以利用 SQL Server Management Studio 的对象资源管理器或者 SQL 语句对索引进行查看或修改。

1. 利用 Management Studio 查看或修改索引

在 SQL Server Management Studio 中，通过“索引属性”对话框，可以查看或修改所选择的表或视图的索引属性。具体步骤如下：

① 启动 SQL Server Management Studio 工具，在“对象资源管理器”中，展开 SQL Server 实例。

② 选择“数据库”→“XSCJ”→“表”→“S”→索引→IDX_Sname，单击鼠标右键，在弹出的快捷菜单中选择“属性”命令，出现“索引属性”窗口。

③ 在“索引名称”内填写添加索引的名称，在“索引类型”选项框中选择索引类型。

④ 单击“添加”按钮，弹出选择列窗口。该窗口列出了表中所有的列，若要选择一个字段作为索引键，单击前面的复选框。

⑤ 选择好索引列后，单击“确定”按钮，即可显示新增加的索引列名。

⑥ 设置应用索引时的选项，添加另一个表中的列，设置索引文件的存放位置。

⑦ 这些选项一般都按默认设置，但是若有需要可自行修改。最后，单击“确定”按钮即完成创建索引。

2. 利用系统存储过程查看索引定义

利用系统提供的存储过程 sp_helpindex 可以查看索引信息，其语法格式如下：

```
sp_helpindex [ @objname = ] 'object_name'
```

其中，[@objname =] 'object_name' 表示所要查看的当前数据库中表的名称。

【例 3-19】查看 XSCJ 数据库中 S 表的索引信息。

```
EXEC sp_helpindex S
```

3. 利用 T-SQL 语句修改索引定义

在 SQL Server 2008 中，虽然提供了 SQL 语句 ALTER INDEX，但是此语句与索引维护有关，而与索引结构则没有任何关系。它不能用于修改索引定义，如添加或删除列或更改列的顺序，只能够通过重新组织索引或重新生成索引来修复索引碎片。

在实际使用中，如果需要修改索引的组成，往往通过删除索引然后重新定义索引，再利用 ALTER INDEX 使新定义索引生效的方法来完成修改索引定义。

3.5.5　删除索引

当一个索引不再需要时，可对其进行删除操作，以释放存储空间。删除时既可以使用对象资源管理器，也可以使用 SQL 语句。

1. 利用 Management Studio 删除索引

① 启动 SQL Server Management Studio。

② 在对象资源管理器窗口展开 SQL Server 实例，选择“数据库”→“XSCJ”→“表”→“dbo.S”→“索引”→“idx_Sname”，单击鼠标右键，在弹出的快捷菜单中选择“删除”命令，打开“删除对象”对话框。

③ 在“删除对象”对话框中，选定要删除的索引对象，单击“确定”按钮。

2. 利用 T-SQL 语句删除索引

删除索引的语法格式如下：

```
DROP INDEX 表名.索引名;
```

其中，索引名为所要删除的索引的名称。删除索引时，不仅要指定索引名，而且必须要指定索引所属的表。

【例 3-20】 删除 S 表中的 IDX_Sname 索引。

```
DROP INDEX S.IDX_Sname
```

注意： DROP　INDEX 不能删除系统自动创建的索引，如主键或唯一性约束索引，也不能删除系统表中的索引。

3.6　数 据 查 询

3.6.1　SELECT 命令的格式与基本使用

查询是数据库应用的核心内容，是关系运算理论在 SQL 中的主要体现。SQL 只提供一条查询语句——SELECT，该语句功能丰富，使用方法灵活。使用 SELECT 语句时，用户不需指明被查询关系的路径，只需要指出关系名，查询什么，有何附加条件即可。

SELECT 语句的一般格式为：

```
SELECT [ALL|DISTINCT][TOP N [PERCENT][WITH TIES]]
〈列名〉[AS 别名 1] [{,〈列名〉[ AS 别名 2]}]
[INTO 新表名]
FROM〈表名 1 或视图名 1〉[[AS] 表 1 别名] [{, 〈表名 2 或视图名 2〉[[AS] 表 2 别名]}]
[WHERE〈检索条件〉]
[GROUP BY <列名 1>[HAVING <条件表达式>]]
[ORDER BY <列名 2>[ASC|DESC]]
```

SELECT 语句的格式还可写为：

```
SELECT [ALL|DISTINCT][TOP N [PERCENT][WITH TIES]]
列名 1 [AS 别名 1]
[, 列名 2 [ AS 别名 2]…]
[INTO 新表名]
FROM 表名 1[[AS] 表 1 别名]
[INNER|RIGHT|FULL|OUTER][OUTER]JOIN
   表名 2 [[AS] 表 2 别名]
ON 条件
```

查询的结果仍是一个表。SELECT 语句的执行过程是，根据 WHERE 子句的检索条件，从 FROM 子句指定的基本表或视图中选取满足条件的元组，再按照 SELECT 子句中指定的列，投影得到结果表。如果有 GROUP 子句，则将查询结果按照<列名 1>相同的值进行分组。如果 GROUP 子句后有 HAVING 短语，则只输出满足 HAVING 条件的元组。如果有 ORDER 子句，查询结果还要按照 ORDER 子句中<列名 2>的值进行排序。

可以看出，WHERE 子句相当于关系代数中的选取操作，SELECT 子句则相当于投影操作，当涉及多表查询时，WHERE 子句要同时给出连接条件。但 SQL 查询不必规定投影、选取、连接的执行顺序，它比关系代数更简单，功能更多。

SELECT 查询命令的使用非常灵活，用它可以构造各种各样的查询。本节将通过一些实例来介绍 SELECT 命令的使用。

这些例子将使用 3.3 节所创建的学生成绩数据库 XSCJ，为了方便，在图 3-4 中给出了该数据库中三个表的实例。

【例 3-21】查询全体学生的学号、姓名和年龄。

```
SELECT Sno, Sname, Sage FROM S
```

查询结果为：

Sno	Sname	Sage
S1	李强	19
S2	王松	20
S3	李丽	18
S4	张平	21
S5	何晴	19
S6	王小可	20
S7	张欢	20

【例 3-22】查询学生的全部信息。

```
SELECT * FROM S
```

用"*"表示 S 表的全部列名，而不必逐一列出。

【例 3-23】查询选修了课程的学生的学号。

```
SELECT DISTINCT Sno  FROM SC
```

查询结果中的重复行被去掉，结果如下：

Sno
S1
S2
S3
S4
S5
S6

上述查询均为不使用 WHERE 子句的无条件查询，也称作投影查询，在关系代数中，投影后自动消去重复行，而 SQL 中必须使用关键字 DISTINCT 才会消去重复行。

学生基本信息表 S

Sno	Sname	Ssex	Sage	Sdept
S1	李强	男	19	计算机
S2	王松	男	20	通信工程
S3	李丽	女	18	电子
S4	张平	女	21	计算机
S5	何晴	女	19	通信工程
S6	王小可	男	20	计算机
S7	张欢	男	20	电子

课程信息表 C

Cno	Cname	Cteacher
C1	C 语言	刘军
C2	C++程序设计	李彤
C3	操作系统	吴明
C4	数据库	李白
C5	计算机网络	苏志朋
C6	数据结构	刘军

学生选课信息表 SC

Sno	Cno	Score
S1	C2	85
S2	C3	72
S3	C4	90
S4	C1	84
S5	C2	58
S6	C3	88
S3	C1	69
S1	C5	88
S1	C3	95

图 3-4　学生成绩管理数据库实例

另外，利用投影查询可控制列名的顺序，并可通过指定别名改变查询结果的列标题的名字。

【例 3-24】查询全体学生的学号、姓名、性别和出生年份。

```
SELECT Sno 学号, Sname 姓名, Ssex 性别, 2009-Sage 出生年份
```

```
FROM S;
```

查询结果为：

学号	姓名	性别	出生年份
S1	李强	男	1990
S2	王松	男	1989
S3	李丽	女	1991
S4	张平	女	1988
S5	何晴	女	1990
S6	王小可	男	1989
S7	张欢	男	1989

3.6.2 条件查询

当要在表中找出满足某些条件的行时，则需使用 WHERE 子句指定查询条件。WHERE 子句中，条件通常通过三部分来描述：

① 列名；

② 比较运算符；

③ 列名、常数。

常用的组成查询条件表达式的运算符如表 3-4 所示。下面举例说明这些运算符的使用。

表 3-4 WHERE 子句中常用的运算符

查询方式	运算符
比较	=、>、>=、<、<=、!=、<>、!>、!<
确定范围	BETWEEN AND 、 NOT BETWEEN AND
确定集合	IN 、NOT IN
字符匹配	LIKE 、NOT LIKE
空值	IS NULL、IS NOT NULL
否定	NOT
多重条件	AND、OR

1. 比较运算符

用于进行比较的运算符一般包括：=（等于）、>（大于）、<（小于）、>=（大于等于）、<=（小于等于）、!=或<>（不等于）。

有些数据库产品中还包括：!>（不大于）、!<（不小于）。

逻辑运算符 NOT 可与比较运算符同用，对条件求非。

【例 3-25】查询所有男生的基本信息。

```
SELECT *
FROM S
WHERE Ssex='男' ;
```

查询结果为：

Sno	Sname	Ssex	Sage	Sdept
S1	李强	男	19	计算机
S2	王松	男	20	通信工程
S6	王小可	男	20	计算机
S7	张欢	男	20	电子

2. 确定范围

BETWEEN AND 表示数据在某一范围的条件，其使用格式为：

```
<数据表达式> BETWEEN  <下限值>  AND <上限值>
```

与 BETWEEN...AND...相对的运算符是 NOT BETWEEN <下限值> AND <上限值> 。

【例 3-26】 查询年龄在 19~21 岁（包括 19 岁和 21 岁）之间的学生的姓名、性别和年龄。

```
SELECT Sname, Ssex, Sage
FROM  S
WHERE  Sage BETWEEN 19 AND 21;
```

这里 Sage BETWEEN 19 AND 21 相当于 Sage>=19 AND Sage<=21。

3. 确定集合

谓词 IN 可以用来查找属性值属于指定集合的元组。与 IN 相对的运算符是 NOT IN。

【例 3-27】 查询选修 C1、C2 和 C4 课程的学生学号。

```
SELECT  DISTINCT Sno
FROM SC
WHERE CNO IN ( 'C1', 'C2', 'C4');
```

查询结果为：

Sno
S1
S3
S4
S5

4. 字符匹配

谓词 LIKE 可以用来进行字符串的匹配，常用于模糊查找，它判断列值是否与指定的字符串格式相匹配。

其一般语法格式如下：

```
[NOT] LIKE '<匹配串>' [ESCAPE '<换码字符>']
```

其含义是查找指定的属性列值与<匹配串>相匹配的元组。<匹配串>可以是一个完整的字符串，也可以含有通配符%和_。

- %（百分号）代表任意长度（长度可以为 0）的字符串。例如，a%b 表示以 a 开头，以 b 结尾的任意长度的字符串。

- _ （下画线）代表任意单个字符。例如 a_ _b 表示以 a 开头，以 b 结尾的长度为 4 的任意字符串。

【例 3-28】查询所有姓“李”的老师及所讲授的课程名。

```
SELECT  Cteacher, Cname
FROM C
WHERE Cteacher LIKE'李%';
```

查询结果为：

Cteacher	Cname
李彤	C++程序设计
李白	数据库

如果要查询所有姓李的且全名为两个汉字的老师，则上面的 WHERE 子句应改为：WHERE Cteacher LIKE'李_ _'。

注意：一个汉字要占两个字符的位置，所以匹配串李后面需要跟两个下画线符_ 。

5. 涉及空值的查询

在基本表中，如果一列中没有输入数据，则它的值就为空，空值用一个特殊的数据 NULL 来表示。如果要判断某一列是否为空，不能用“=NULL”或“<>NULL”来比较，只能用 IS NULL 或 IS NOT NULL 来运算。

例如，某些学生选修课程后没有参加考试，所以有选课记录，但没有考试成绩。如果要查询缺少成绩的学生的学号和相应的课程号，则查询条件应为 WHERE Score IS NULL 。

注意：这里的 IS 不能用等号（“=”） 代替。

6. 多重条件查询

逻辑运算符 AND 和 OR 可用来连接多个查询条件。如果这两个运算符同时出现在同一个 WHERE 条件子句中，则 AND 的优先级高于 OR，但用户可以用括号改变优先级。

【例 3-29】查询通信工程系的年龄在 20 岁以下的所有女生的姓名。

```
SELECT Sname
FROM  S
WHERE Sdept= '通信工程' AND Sage<20 AND Ssex='女';
```

查询结果为：

Sname
何晴

3.6.3 常用库函数及统计汇总查询

SQL 提供了许多库函数，增强了基本检索能力。常用的库函数如表 3-5 所示。

表 3-5　常用的库函数及其功能

函数名称	功　　能
AVG	按列计算平均值
SUM	按列计算值的总和
MAX	求一列中的最大值
MIN	求一列中的最小值
COUNT	按列值计个数

【例 3-30】求学号为 S1 学生的总分和平均分。

```
SELECT SUM(Score) AS TotalScore, AVG(Score) AS AveScore
FROM SC
WHERE Sno = 'S1'
```

注意： 函数 SUM 和 AVG 只能对数值型字段进行计算。

【例 3-31】求选修 C1 号课程的最高分、最低分及之间相差的分数。

```
SELECT MAX(Score) AS MaxScore, MIN(Score) AS MinScore, MAX(Score) -MIN(Score)
AS Diff
FROM SC
WHERE CNO = 'C1'
```

【例 3-32】求计算机系学生的总数。

```
SELECT COUNT (Sno) FROM S
WHERE Sdept= '计算机'
```

【例 3-33】求学校中共有多少个系。

```
SELECT COUNT(DISTINCT Sdept)  AS DeptNum
FROM S
```

注意： 加入关键字 DISTINCT 后表示消去重复行，可计算字段 Sdept 不同值的数目。COUNT 函数对空值不计算，但对零进行计算。

【例 3-34】统计有成绩的同学的人数。

```
SELECT COUNT (Score)
FROM SC
```

上例中成绩为零的同学计算在内，没有成绩（即为空值）的不计算。

【例 3-35】利用特殊函数 COUNT(*)求计算机系学生的总数。

```
SELECT COUNT(*) FROM S
WHERE Sdept='计算机'
```

COUNT（*）用来统计元组的个数，不消除重复行，不允许使用 DISTINCT 关键字。

3.6.4　分组查询

GROUP BY 子句可以将查询结果按属性列或属性列组合在行的方向上进行分组，每组在属性列或属性列组合上具有相同的值。

在实际应用中，经常要对一个数据集按某列分组后进行统计、求和、求平均等汇总操作，通过 GROUP BY 子句和统计汇总函数相结合可以达此目的。

例如，要查询每门课程的选课人数，应该先将 SC 中的所有记录按照课程号相等的原则分组，对分组后的每一组记录再用 COUNT 求和。

【例 3-36】 查询每门课程的课程号及对应的选课人数。

```
SELECT Cno 课程号, COUNT(Sno) 选课人数
FROM SC
GROUP BY Cno ;
```

查询结果为：

课程号	选课人数
C1	2
C2	2
C3	3
C4	1
C5	1

如果分组后还要求按一定的条件对这些组进行筛选，最终只输出满足指定条件的组，则可以使用 HAVING 子句指定组筛选条件。

【例 3-37】 查询选修了 2 门以上课程的学生学号及选课数。

```
SELECT Sno, COUNT(*)
FROM  SC
GROUP BY Sno
HAVING  COUNT(*) >2;
```

3.6.5 查询的排序

当需要对查询结果排序时，应该使用 ORDER BY 子句，ORDER BY 子句必须出现在其他子句之后。排序方式可以指定，DESC 为降序，ASC 为升序，默认为升序。

【例 3-38】 查询所有年龄大于 19 的学生的基本情况，查询结果按所在系降序排列，同一系中的学生按年龄升序排列。

```
SELECT  *
FROM  S
WHERE Sage>19
ORDER BY Sdept DESC, Sage;
```

【例 3-39】 查询选修 C2、C3、C4 或 C5 课程的学号、课程号和成绩，查询结果按学号升序排列，学号相同再按成绩降序排列。

```
SELECT Sno, CnO, Score
FROM SC
WHERE (CnO IN ('C2', 'C3', 'C4', 'C5'))
```

```
ORDER BY Sno, Score DESC
```

【例 3-40】求选课在三门以上且各门课程均及格的学生的学号及其总成绩，查询结果按总成绩降序列出。

```
SELECT Sno, SUM(Score) AS TotalScore
FROM SC
WHERE (Score >= 60)
GROUP BY Sno
HAVING (COUNT(*) >= 3)
ORDER BY SUM(Score) DESC
```

此语句为分组排序，执行过程如下：

①（FROM）取出整个 SC；

②（WHERE）筛选 Score>=60 的元组；

③（GROUP BY）将选出的元组按 Sno 分组；

④（HAVING）筛选选课三门以上的分组；

⑤（SELECT）在剩下的组中提取学号和总成绩；

⑥（ORDER BY）将选取结果排序。

ORDER BY SUM(Score) DESC 可以改写成 ORDER BY 2 DESC，“2”代表查询结果的第二列。

3.6.6　连接查询

在实际的应用中，往往需要多个表联合起来进行查询。若一个查询同时涉及两个以上的表，则称之为连接查询。连接查询是关系数据库中最主要的查询。

连接运算按比较关系一般可分为等值连接和非等值连接，按连接对象可分为自连接和外连接。下面详细讨论连接查询的使用。

1. 等值连接与非等值连接

用来连接两个表的条件称为连接条件，其一般格式为：

```
[<表名 1>.]<列名 1> <比较运算符> [<表名 2>.]<列名 2>
```

当连接运算符为“=”时，称为等值连接。使用其他运算符称为非等值连接。

等值连接是要求参与连接运算的两个或多个表（或视图）在公共属性列上有相同的值，来自不同表的公共列不要求一定有相同的列名，但必须要有相同的数据类型和宽度，至少数据类型要相同。

DBMS 执行连接操作的过程是：首先在表 1 中找到第 1 个元组，然后从头开始扫描表 2，逐一查找满足连接条件的元组，找到后就将表 1 中的第 1 个元组与该元组拼接起来，形成结果表中一个元组。表 2 全部查找完后，再找表 1 中第 2 个元组，然后再从头开始扫描表 2，逐一查找满足连接条件的元组，找到后就将表 1 中的第 2 个元组与该元组拼接起来，形成结果表中一个元组。重复上述操作，直到表 1 中的全部元组都处理完毕为止。

自然连接是最常见的一种特殊的等值连接：等值连接中把目标列中重复的属性列去掉。

【例 3-41】 查询所有选修了 C3 课程的学生的姓名及考试成绩。

分析：学生姓名字段信息来自学生基本信息表 S，学生的考试成绩来自学生选课信息表 SC，所以本查询实际上同时涉及 S 与 SC 两个表中的数据。这两个表之间的联系是通过公共属性 Sno 实现的。因此，完成此查询必须将这两个表中相同学号的元组连接起来，这是一个等值连接。同时，在相同属性名的前面必须加上各自的表名加以区分，完成本查询的 SQL 语句为：

```
SELECT  S.Sname 姓名 , SC.Score 期末成绩
FROM    S, SC
WHERE  SC.CNO='C3' and S.Sno=SC.Sno ;
```

查询结果为：

姓名	期末成绩
李强	95
王松	72
王小可	88

如果属性名在参加连接的各表中是唯一的，则可以省略表名前缀。

2. 自连接与外连接

（1）自连接

SELECT 查询语句不但支持不同表之间的连接，而且支持任意表自身的连接。一个表与其自己进行连接，称为表的自连接。可以把一个表（或视图）看成两个副本，只是在这两个副本后面加上不同的两个别名加以区别，使之在逻辑上成为两张表。这样就和两个不同的表之间的连接处理相同。

【例 3-42】 查询与“张平”在同一个系的所有学生信息。

分析：学生信息表 S 取两个别名，一个是 S1，另一个是 S2。

```
SELECT S1.*
FROM S S1, S S2
WHERE S2.Sname = '张平' AND
      S1.Sdept = S2.Sdept;
```

查询结果为：

Sno	Sname	Ssex	Sage	Sdept
S1	李强	男	19	计算机
S4	张平	女	21	计算机
S6	王小可	男	20	计算机

（2）外连接

在通常的连接操作中，只有满足连接条件的元组才能作为结果输出，但是有时我们想以 S 表为主体列出每个学生的基本情况及其选课情况。若某个学生没有选课，则只输出其基本情况信息，其选课信息为空值即可，这时就需要使用外连接（Outer Join）。

外连接的语法格式为：

```
SELECT <属性或表达式列表>
```

```
FROM  <表1>  LEFT | RIGHT | FULL [OUTER] JOIN <表2>
 ON <连接条件>
 [WHERE <限定条件> ]
```

从命令格式可以看出外连接又分为左连接（LEFT）、右连接（RIGHT）和全连接（FULL）三种，其中 OUTER 可以省略。

外连接与原来我们所了解的等值连接和自然连接不同。原来的连接是只有满足连接条件，相应的结果才会出现在结果表中；而外连接可以使不满足连接条件的元组也出现在结果表中。其中：

- 左连接表示在表 1 的行，不但与表 2 满足连接条件的行进行匹配输出，而且当在表 2 中找不到满足连接条件的行时，则表 1 的行与一个虚拟空行相匹配输出。
- 右连接表示在表 2 的行，不但与表 1 满足连接条件的行进行匹配输出，而且当在表 1 中找不到满足连接条件的行时，则表 2 的行与一个虚拟空行相匹配输出。
- 全连接表示不但表 1 与表 2 满足连接条件的行进行匹配输出，而且两表不匹配的行各自与一个虚拟空行相匹配输出。

【例 3-43】查询所有学生的选课情况（要求包括未选课的学生）。

```
SELECT S.Sname, SC.*
FROM S LEFT JOIN SC
    ON S.Sno=SC.Sno;
```

查询结果为：

Sname	Sno	Cno	Score
李强	S_1	C3	95
李强	S_1	C5	88
李强	S_1	C2	85
王松	S_2	C3	72
李丽	S_3	C4	90
李丽	S_3	C1	69
张平	S_4	C1	84
何晴	S_5	C2	58
王小可	S_6	C3	88
张欢	S_7	NULL	NULL

3.6.7　子查询

前面讨论的一些查询语句，其共同特点是：条件语句由一些简单的关系表达式组成，查询返回值作为输出结果。现在介绍另一类查询，即一个 SELECT 查询语句的查询结果作为另一个查询语句的条件。

在 SQL 中，一个 SELECT…FROM…WHERE 语句称为一个查询块。将一个查询块嵌套在另一个查询块的 WHERE 子句或 HAVING 短语的条件中的查询称为子查询或嵌套查询。包含子查询的语句称为父查询或外部查询。嵌套查询可以将一系列简单查询构成复杂查询，增强查询能力。子查询的嵌套层次最多可达到 255 层，以层层嵌套的方式构造查询充分体现了 SQL“结构化”的特点。

嵌套查询在执行时由里向外处理，每个子查询是在上一级外部查询处理之前完成的，父查询要用到子查询的结果。

1. 带有 IN 谓词的子查询

带有 IN 谓词的子查询是指父查询与子查询之间用 IN 进行连接，用于判断父查询的某个属性列值是否在子查询的结果中。IN 表示某元素值是属于某个集合，而 NOT IN 则表示元素不属于某集合。谓词 IN 是嵌套查询中最经常使用的谓词。

【例 3-44】 查询选修了 C3 课程的学生学号及姓名。

分析：此查询数据涉及 S 表和 SC 表，因此既可以用连接查询也可以用子查询来实现。用子查询其中一种求解方法为：可以首先查询所有选修了 C3 课程的学号 Sno 的值，然后在 S 表中根据 Sno 值求出 Sname 的值。因此，子查询 SQL 语句如下：

```
SELECT Sno, Sname
FROM S
WHERE Sno IN
(    SELECT Sno
     FROM SC
     WHERE Cno='C3'
) ;
```

查询结果为：

Sno	Sname
S1	李强
S2	王松
S6	王小可

此查询也可以用连接查询完成：

```
SELECT S.Sno, Sname
FROM S, SC
WHERE S.Sno=SC.Sno AND Cno='C3';
```

可见，实现同一个查询可以有多种方法，当然不同的方法其执行效率可能会有差别，甚至会差别很大。

对例 3-44 的查询作进一步扩展，要求查询选修了“操作系统”课程的学生的学号及姓名。同样采用子查询来完成，求解思路为：

① 在 C 关系中找出“操作系统”对应的课程号 Cno，结果为 C3；

② 在 SC 关系中找出 Cno 的值为 C3 的学号 Sno 的值，结果为 S1、S2、S6；

③ 在 S 关系中根据 Sno 的值找出对应的 Sname 的值。

完整的 SQL 语句如下：

```
SELECT Sno, Sname
FROM S
```

```
WHERE  Sno IN
(SELECT Sno
FROM  SC
   WHERE  Cno  IN
   ( SELECT Cno
     FROM  C
     WHERE Cname='操作系统')
) ;
```

本查询同样可以用连接查询实现，请读者自己完成。

由以上两个例子可以看出：

① 查询涉及多个关系时，用子查询逐步求解，层次清楚，易于构造，具有结构化程序设计的优点。

② 以上讨论的子查询，都是外层查询依赖于内层查询的结果，而内层查询与外层查询无关。我们把子查询的查询条件不依赖于父查询的这类子查询称为不相关子查询。不相关子查询是最简单的一类子查询。

③ 有些子查询可以用连接运算替代，有些则不能替代。

比如，下面的例 3-45 的查询则不能用连接查询替代。

【例 3-45】 查询没有选修 C3 课程的学生学号及姓名。

```
SELECT Sno, Sname
FROM S
WHERE Sno  NOT  IN
(  SELECT Sno
   FROM SC
   WHERE Cno='C3'
) ;
```

2．带比较运算符的子查询

带比较运算符的子查询是指父查询与子查询之间用比较运算符进行连接。当用户能确切知道内层查询返回的是单值时，可以用>、 <、 =、 >=、<=、!=或<>等比较运算符。

【例 3-46】 查询“计算机”系并且年龄大于所有学生平均年龄的学生的姓名及年龄。

分析：由于所有学生平均年龄的结果是一个确定的值，因此该查询可以用比较运算符来实现。其 SQL 语句如下：

```
SELECT Sname, Sage
FROM  S
WHERE Sage >
( SELECT  AVG(Sage)
  FROM  S
)
  AND Sdept ='计算机' ;
```

查询结果为：

Sname	Sage
张平	21
王小可	20

3. 带有 ANY 或 ALL 谓词的子查询

在带比较运算符的子查询中，当子查询返回多值时，要与 ANY 或 ALL 谓词修饰符配合使用。

- ANY：表示任意一个值，在进行比较运算时，只要子查询中有一行能使结果为真，则结果就为真。
- ALL：表示所有值，在进行比较运算时，子查询中的所有行都使结果为真时，结果才为真。

其语义如表 3-6 所示。

表 3-6 比较运算符与 ANY 或 ALL 谓词配合使用的具体语义

谓　词	说　明
>ANY	大于子查询结果中的某个值
>ALL	大于子查询结果中的所有值
<ANY	小于子查询结果中的某个值
<ALL	小于子查询结果中的所有值
>=ANY	大于等于子查询结果中的某个值
>=ALL	大于等于子查询结果中的所有值
<=ANY	小于等于子查询结果中的某个值
<=ALL	小于等于子查询结果中的所有值
=ANY	等于子查询结果中的某个值，等价于 IN
!=(或<>)ANY	不等于子查询结果中的某个值
!=(或<>)ALL	不等于子查询结果中的任何一个值，等价于 NOT IN

【例 3-47】查询其他系中比计算机系某一学生年龄大的学生姓名和年龄。

分析：首先找出计算机系中所有学生的年龄，构成一个集合（19，21，20），然后处理父查询处，找所有不是计算机系且年龄大于 19 或 20 或 21 的学生。

```
SELECT Sname, Sage
FROM  S
WHERE Sage > ANY
(   SELECT  Sage
    FROM  S
    WHERE Sdept= '计算机' )
AND Sdept <> '计算机' ;          /*父查询中的条件 */
```

查询结果为：

Sname	**Sage**
王松	20
张欢	20

本查询也可以用统计汇总函数来实现。首先用子查询找出计算机系中最小年龄 19，然后在父查询中查所有非计算机系且年龄大于 19 岁的学生姓名及年龄。其 SQL 语句如下：

```
SELECT Sname, Sage
FROM  S
WHERE Sage >
( SELECT  MIN(Sage)
  FROM  S
  WHERE Sdept= '计算机' )
AND Sdept <> '计算机' ;           /*父查询中的条件 */
```

事实上，用统计汇总函数实现子查询通常比直接用 ANY 或 ALL 查询效率要高。ANY 与 ALL 与统计汇总函数的对应关系如图 3-5 所示。

运算符 / 谓词	=	<>或！=	<	<=	>	>=
ANY	IN	—	<MAX	<=MAX	>MIN	>=MIN
ALL	—	NOT IN	<MIN	<=MIN	>MAX	>=MAX

图 3-5　ANY、ALL 谓词与统计汇总函数及 IN 谓词的等价转换关系

4．带有 EXISTS 谓词的子查询

EXISTS 代表存在量词∃。带有 EXISTS 谓词的子查询不返回任何实际数据，只产生逻辑真值 true 或逻辑假值 false。因此，带 EXISTS 谓词的子查询中，其目标列表达式通常都用“*”，因为带 EXISTS 的子查询只返回真值或假值，给出列名无实际意义。

使用存在量词 EXISTS 后，若子查询结果为非空，则父查询的 WHERE 子句返回真值。若子查询结果为空，则父查询的 WHERE 子句返回假值。

与 EXISTS 谓词相对应的是 NOT EXISTS 谓词。使用存在量词 NOT EXISTS 后，若内层查询结果为空，则外层的 WHERE 子句返回真值，否则返回假值。

在这里还是以例 3-44“查询选修了 C3 课程的学生学号及姓名”为例给出用 EXISTS 谓词的求解方法。

分析：查询选修了 C3 课程的学生学号及姓名涉及 S 表和 SC 表，可以在 S 中依次取每个元组的 Sno 值，用此值去检查 SC 表，若 SC 中存在这样的元组，其 Sno 值等于 S.Sno.值，并且其 Cno= 'C3'，则取此 S.Sno、S.Sname 的值送入查询结果中。写成 SQL 语句为：

```
SELECT S.Sno, Sname
FROM S
WHERE EXISTS
( SELECT *
  FROM SC
  WHERE SC.Sno=S.Sno  AND Cno='C3'
);
```

这类查询与前面的不相关子查询有一个明显区别，即子查询的查询条件依赖于外层父查询的某个属性值（在本例中是S表的Sno值），我们称这类查询为相关子查询。

相关子查询的内层查询由于与外层查询有关，因此必须反复求值。

相关子查询的一般处理过程如下：

首先取外层查询中（S）表的第1个元组，根据它与内层查询相关的属性值（Sno值）处理内层查询，若 WHERE 子句返回值为真，则取此元组放入结果表；然后再取（S）表的下一个元组；重复这一过程，直至外层（S）表中的每一行元组全部检查完毕为止。

SQL 中没有提供表示全称量词∀的谓词。但是，总可以把带有全称量词的谓词转换为等价的带有存在量词的谓词。

【例 3-48】 查询选修了全部课程的学生的姓名。

分析：在S表中查找学生，要求这个学生选修了全部课程，换句话说，即在S表中查找这样的学生：在C表中不存在一门课程，这个学生没有选。按照此语义，可写出 SQL 查询语句：

```
SELECT Sname
FROM S
WHERE NOT EXISTS
( SELECT  *
  FROM  C
  WHERE NOT EXISTS
  ( SELECT *
    FROM SC
    WHERE SC.Sno=S.Sno  AND SC.Cno=C.Cno));
```

【例 3-49】 查询所学课程包括学生 S3 所学课程的学生的学号。

分析：这个查询的思路如下。

```
在SC表中查找一个学生（Sno），                 /* 在SC表中查询*/
对于 Sno=S3 所学的每一门课程（Cno），          /* 在SC表中查询*/
该学生都学了 。                               /* 在SC表中存在一个元组*/
```

然后，改成双重否定形式：

```
在SC表中查找一个学生（Sno），
不存在 Sno=S3 学的一门课 （Cno），
该学生没有学 。
```

这样就能很容易地写出 SELECT 语句：

```
SELECT DISTINCT Sno
FROM SC  X
WHERE NOT EXISTS
( SELECT *
  FROM SC  Y
  WHERE  Y.Sno='S3' AND
  NOT EXISTS
  ( SELECT *
    FROM SC  Z
    WHERE  Z.Sno=X.Sno AND
           Z.Cno=Y.Cno));
```

3.6.8　合并查询

合并查询结果就是使用 UNION 操作符将来自不同查询的数据组合起来，形成一个具有综合信息的查询结果。UNION 操作会自动将重复的数据行删除。必须注意的是，参加合并查询结果的各子查询使用的表的结构应该相同，即各子查询的数据数目相同，对应的数据类型要相融。

【例 3-50】从 SC 数据表中查询出学号为 S1 同学的学号和总分，再从 SC 数据表中查询出学号为 S5 的同学的学号和总分，然后将两个查询结果合并成一个结果集。

```
SELECT Sno AS 学分, SUM(Score) AS 总分
FROM SC
WHERE (Sno = 'S1')
GROUP BY Sno
UNION
SELECT Sno AS 学分, SUM(Score) AS 总分
FROM SC
WHERE (Sno = 'S5')
GROUP BY Sno
```

3.6.9　存储查询结果

使用 SELECT...INTO 语句可以将查询结果存储到一个新建的数据库表或临时表中。

【例 3-51】从 SC 数据表中查询出所有同学的学号和总分，并将查询结果存放到一个新的数据表 cal_table 中。

```
SELECT Sno AS 学分, SUM(Score) AS 总分
INTO cal_table
FROM SC
GROUP BY Sno
```

如果在该例中，将 INTO cal_table 改为 INTO #cal_table，则查询的结果被存放到一个临时表中，临时表只存储在内存中，并不存储在数据库中，所以其存在的时间非常短。

3.7　数 据 操 纵

所谓数据操纵是指对数据进行的增加、修改和删除等操作。在 SQL Server 2008 中，数据操纵既可以通过 Management Studio 来操作，也可以利用 SQL 语句来实现。

3.7.1　添加数据

1. 利用 Management Studio 插入表数据

① 启动 SQL Server Management Studio。

② 展开 SQL Server 实例，右击相应的表（比如 S），在弹出的快捷菜单中选择“编辑前 200 行”命令。

③ 在表窗口中，显示出当前表中的数据，单击表格中最后一行，添加数据信息。

2．使用 T-SQL 语句添加数据

插入数据使用语句 INSERT INTO，可分为以下几种情况：

（1）插入一行新记录

插入一行新记录的语法格式为：

```
INSERT INTO <表名>[(<列名 1>[,<列名 2>…])] VALUES(<值>)
```

其中，<表名>是指要插入新记录的表，<列名>是可选项，指定待添加数据的列，VALUES 子句指定待添加数据的具体值。列名的排列顺序不一定要和表定义时的顺序一致，但当指定列名时，VALUES 子句值的排列顺序必须和列名表中的列名排列顺序、个数、数据类型一一对应。

【例 3-52】 在 S 表中插入一条学生记录（学号：S8、姓名：郑冬、年龄：21、性别：女、系别：计算机）。

```
INSERT INTO S(Sno, Sname, Sage, Ssex, Sdept)
VALUES ('S8', '郑冬', 21, '女', '计算机')
```

注意：必须用逗号将各个数据分开，字符型数据要用单引号括起来。如果 INTO 子句中没有指定列名，则新插入的记录必须在每个属性列上均有值，且 VALUES 子句中值的排列顺序要和表中各属性列的排列顺序一致。

（2）插入一行的部分数据值

【例 3-53】 在 SC 表中插入一条选课记录('S8', 'C1')。

```
INSERT INTO SC(Sno, Cno)
VALUES ('S8', 'C1')
```

将 VALUES 子句中的值按照 INTO 子句中指定列名的顺序插入到表中，对于 INTO 子句中没有出现的列，则新插入的记录在这些列上将取 NULL 值。但在表定义时有 NOT NULL 约束的属性列不能取 NULL 值。

（3）插入多行记录

插入多行记录用于表间的复制，即将一个表中的数据抽取数行插入另一表中，可以通过子查询来实现。

SELECT 子查询可以使用前面介绍的所有 SELECT 查询语句，但要保证 SELECT 子查询中选择的列与<列名表>中的列一一对应，且数据类型和长度要一致，但列名不一定要求一致，只要求位置相一致。

【例 3-54】 在基本表 SC 中，把平均成绩大于 80 分的计算机系的学生的学号及平均成绩存入另一个已知的基本表 S_AVG(Sno, AVG_Score)。

```
INSERT INTO S_AVG(Sno, AVG_Score)
```

```
SELECT  Sno, AVG(Score)
FROM SC
WHERE Sno IN
( SELECT Sno
  FROM  S
  WHERE Sdept='计算机')
GROUP BY Sno
HAVING AVG(Score)>80;
```

3.7.2　修改数据

1. 利用 Management Studio 修改表数据

在 SQL Server Management Studio 中，右击相应的表，在弹出的快捷菜单中选择“编辑前 200 行”命令，出现表数据窗口，在该窗口中，选择要更新的行，把光标定位在要修改的数据上面即可修改数据。

2. 使用 T-SQL 语句修改数据

可以使用 UPDATE 语句来修改数据，其语句的一般格式为：

```
UPDATE <表名>
SET <列名 1>=<表达式 1>[,<列名 2>=<表达式 2>]...
[WHERE <条件表达式>];
```

其功能是修改指定表中满足 WHERE 子句条件的元组。其中，SET 子句用于指定修改方法，即用<表达式>的值取代相应的属性列值。如果省略 WHERE 子句，则表示要修改表中的所有元组。

（1）修改一行

【例 3-55】将学号为 S4 的学生年龄改为 20 岁。

```
UPDATE S
SET Sage=20
WHERE Sno='S4';
```

（2）修改多行

【例 3-56】将所有学生的年龄增加 2 岁。

```
UPDATE S
SET Sage= Sage+2;
```

（3）用子查询选择要修改的行

【例 3-57】将所有男生的成绩置为零。

```
UPDATE SC
SET  Score=0
WHERE  '男'=
( SELETE Ssex
  FROM  S
  WHERE  S.Sno = SC.Sno
);
```

注意：UPDATE 语句一次只能操作一个表，因此如果要修改的属性列存在于两个基本表中，为保持数据的一致性，两个表都需要修改，即通过两条 UPDATE 语句进行。

同时，RDBMS 在执行修改语句时会检查修改操作是否破坏表上已定义的完整性约束规则。

（4）用子查询提供要修改的值

【例 3-58】 把所有学生的成绩提高到总平均成绩的 2 倍。

```
UPDATE SC
SET Score =
    (SELECT 2 * AVG(Score) FROM SC)
```

子查询的作用是得到所有学生的平均成绩。

3.7.3 删除数据

1. 利用 Management Studio 删除数据

在 SQL Server Management Studio 中，右击相应的表，在弹出的快捷菜单中选择“编辑前 200 行”命令，出现表数据窗口，在该窗口中，选中某条记录，也可以用鼠标在记录左侧的区域内上、下拖动来选择多个记录。

此时按下【Del】键或【Delete】键，系统会出现提示用户是否要删除记录的对话框，如果单击“是”按钮，则记录被删除。

2. 使用 T-SQL 语句删除数据

删除语句的一般格式为：

```
DELETE
FROM <表名>
[WHERE <条件>] ;
```

DELETE 语句的功能是从指定表中删除满足 WHERE 子句条件的所有元组。DELETE 语句删除的是表中的数据，而不是关于表的定义。

（1）删除一行

【例 3-59】 删除学号为 S8 的学生信息。

```
DELETE
FROM S
WHERE Sno='S8';
```

（2）删除多行

【例 3-60】 删除所有的学生选课记录。

```
DELETE
FROM  SC;
```

(3) 带子查询的删除

子查询同样也可以嵌套在 DELETE 语句中，用以构造执行删除操作的条件。

【例 3-61】 删除所有男生的选课记录。

```
DELETE
FROM SC
WHERE  '男'=
( SELETE Ssex
  FROM SC
  WHERE S.Sno=SC.Sno);
```

3.8 视　　图

视图是从一个或几个基本表（或视图）导出的表，它与基本表不同，是一个虚表。

数据库中只存放视图的定义，而不存放视图对应的数据，这些数据仍存放在原来的基本表中。所以，基本表中的数据发生变化，从视图中查询出的数据也就随之改变。从这个意义上讲，视图是操作基本表的窗口，透过它可以看到数据库中自己感兴趣的数据及其变化。

视图一经定义，就可以和基本表一样可以查询、删除，也可以在一个视图之上再定义新的视图，但对视图的更新（增加、删除、修改）操作则有一定的限制。

3.8.1 创建视图

创建视图与创建数据表一样，在 SQL Server 2008 中可以使用 SQL Server Management Studio 的对象资源管理器和 T-SQL 语句两种方法。

1. 利用 Management Studio 创建视图

① 启动 SQL Server Management Studio，展开指定的数据库（比如 XSCJ），右击“视图”结点，在弹出的快捷菜单中选择“新建视图”命令（见图 3-6），就出现“新建视图”对话框。

② 打开“添加表”对话框，选择相应的表或视图，单击“添加”按钮就可以添加创建视图的基表。重复此操作，可以添加多个基表，如图 3-7 所示。

③ 添加完基表后，将打开“视图设计器”对话框，如图 3-8 所示。在此对话框中共有四个区，从上到下依次为表区、列区、SQL Script 区、数据结果区。在表区就可以看到新添加的基表，在基表每一列的左边有一个复选框，选择相应的复选框，可以指定对应的列在视图中被引用。

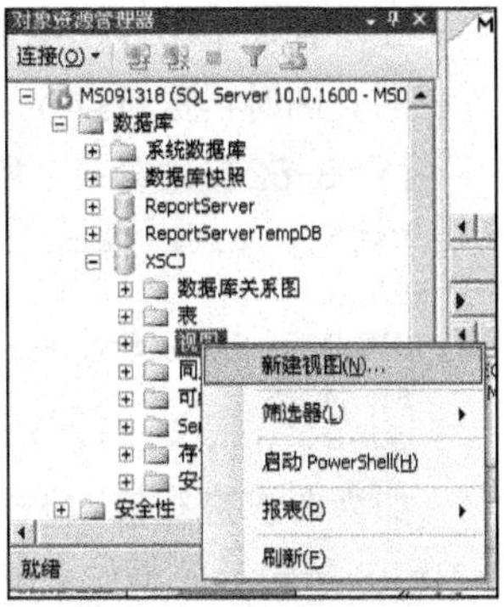

图 3-6　新建视图

④ 在表区和列区中进行相应的设置，会在 SQL Script 区中自动生成对应的 T-SQL 语句。

⑤ 单击工具栏中的 ! 按钮，或者选择“查询设计器”菜单中的“执行 SQL”命令，可以运行并输出视图的结果。

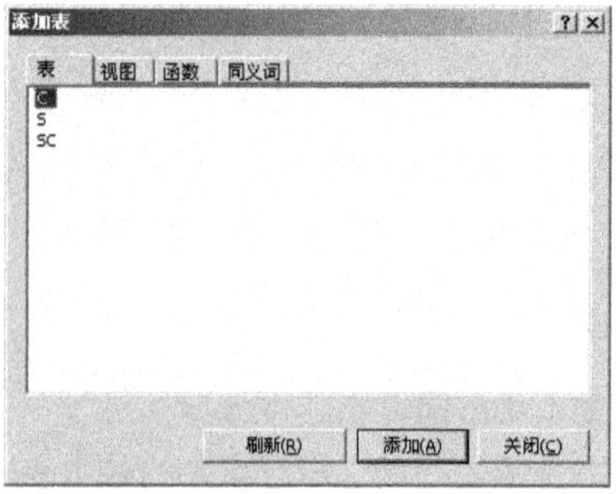

图 3-7 “添加表”对话框

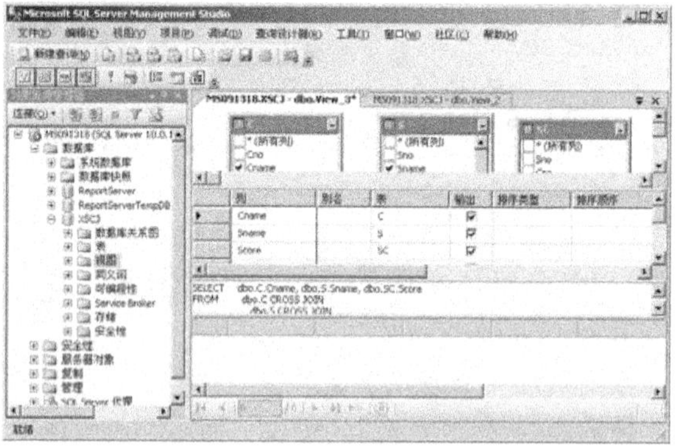

图 3-8 视图设计器

⑥ 单击工具栏上的 按钮，或者选择“文件”菜单中的“保存视图”命令，输入创建的视图名称，单击“确定”按钮即可。

2. 利用 T-SQL 语句创建视图

利用 CREATE VIEW 语句可以创建视图，该命令的基本语法如下：

```
CREAT VIEW <视图名>[(<视图列表>)]
AS <子查询>
```

其中，<视图列表>为可选项，省略时，视图的列名由子查询的结果决定。以下两种情况下，视图列名不可省略：

① 视图由多个表连接得到，在不同的表中存在同名列，则需指定列名。

② 当视图的列名为表达式或库函数的计算结果，而不是单纯的属性名时，则需指明列名。

在子查询中不许使用 ORDER BY 子句和 DISTINCT 短语，如果需要排序，则可在视图定义后，对视图查询时再进行排序。

【例 3-62】 建立一个所有计算机系男生信息的视图，包括学号、姓名、年龄字段。

```
CREATE VIEW Computer_S
AS
SELECT Sno, Sname, Sage
FROM  S
WHERE Sdept= '计算机' AND Ssex='男';
```

如果要求进行修改和插入操作时，仍需保证该视图只有计算机系的男生进行修改，则在上述 WHERE 子句后面再加上 WITH CHECK OPTION 子句。

【例 3-63】创建一学生平均成绩视图 S_AVG。

```
CREATE VIEW S_AVG(SNO, AVG)
AS
SELECT SNO, AVG(SCORE)
   FROM SC
   GROUP BY SNO
```

此视图的列名之一 AVG 为库函数的计算结果，在定义时需指明列名。

3.8.2　查看和修改视图

1. 使用 Management Studio 修改视图

① 启动 SQL Server Management Studio，依次展开“数据库”→“XSCJ”→“视图”结点，右击要修改的视图，在弹出的快捷菜单中选择“设计”命令，出现“视图设计器”对话框。

② 如果需要在视图中删除某个引用表或视图，请在选择表或视图后右击，在弹出的快捷菜单中选择“删除”命令就可将其删除。

③ 如果需要在视图中添加数据表或视图，可在窗口空白处右击，在弹出的快捷菜单中选择“添加表”命令，然后在弹出的选项卡中的表或者视图选项中选择要添加的表或视图即可。

④ 对于每个引用字段，通过选中或取消“输出”列中的复选框来控制该字段是否需要在结果集中显示出来。

⑤ 若需要按照某个字段进行分组，可在选中字段后单击工具栏上的分组按钮。

⑥ 若需要给某字段设置过滤条件，可在相应的“筛选器”单元格中输入所需要的运算符和表达式。

⑦ 设置完毕后，单击工具栏上的“保存”按钮保存所做的修改。

2. 利用 T-SQL 语句修改视图定义

修改视图定义对应的 T-SQL 语句为 ALTER VIEW，语法为：

```
ALTER VIEW <视图名>[(<视图列表>)]
AS <子查询>
```

3. 使用存储过程检查视图

在 SQL Server 中有三个用于了解视图信息的关键存储过程，即 sp_depends、sp_help 和 sp_helptext。

存储过程 sp_depends 返回系统表中存储的任何信息，该系统表指出该对象所依赖的对象。除视图外，这个系统过程可以在任何数据库对象上运行。其语法如下：

```
sp_depends 数据库对象名称
```

系统过程 sp_help 用来返回有关数据库对象的详细信息，如果不针对某一特定对象，则返回数据库中所有对象信息。其语法如下：

```
sp_help 数据库对象名称
```

系统过程 sp_helptext 用来检索视图、触发器和存储过程的文本。其语法如下：

```
sp_helptext 视图或触发器或存储过程
```

3.8.3 删除视图

在创建视图后，如果不再需要该视图，或想清除视图定义以及与之相关联的权限，可以删除该视图。删除视图后，表和视图所基于的数据并不受到影响。

删除视图的方法与删除数据表的方法类似，既可以使用对象资源管理器，也可以使用 T-SQL 语句。

1. 利用 Management Studio 删除视图

① 启动 SQL Server Management Studio。

② 展开 SQL Server 实例，依次展开“数据库”→“视图”，右击所要删除的视图，在弹出的快捷菜单中选择“删除”命令，打开“删除对象”对话框。

③ 在“删除对象”对话框中，显示出删除对象的属性信息，单击“确定”按钮。

2. 利用 T-SQL 语句删除视图

删除视图的语法格式为：

```
DROP VIEW <视图名>
```

例如，删除视图 Computer_S，使用下列语句：

```
DROP VIEW Computer_S
```

删除视图后，只会删除视图在数据库中的定义，而与视图有关的数据表中的数据不会受到任何影响，同时由此视图导出的其他视图依然存在，但已无任何意义。

3.8.4 查询视图

当视图被定义之后，对于视图的查询（SELECT）操作，与基本表一样，没有什么区别，可以像对基本表进行查询一样对视图进行查询。

DBMS 执行对视图的查询时，首先进行有效性检查，检查查询涉及的表、视图等是否在数据库中存在，如果存在，则从数据字典中取出查询涉及的视图的定义，把定义中的子查询和用户对视图的查询结合起来，转换成对基本表的查询，然后再执行这个经过修正的查询。将对视图的查询转换为对基本表的查询。

【例 3-64】在视图 Computer_S 中查询年龄大于 19 岁的学生信息。

```
SELECT *
FROM Computer_S
WHERE Sage>19;
```

由上例可以看出，当对一个基本表进行复杂的查询时，可以先对基本表建立一个视图，然后只需对此视图进行查询，这样就不必再输入复杂的查询语句，而将一个复杂的查询转换成一个简单的查询，从而简化了查询操作。

3.8.5 更新视图

可以通过视图更新基表的数据，更新方式与通过 UPDATE、INSERT 和 DELETE 语句更新表中数据的方式一样。但是，由于视图是一张虚表，所以对视图的更新，最终转换成对基本表的更新。但有时对视图进行 UPDATE、INSERT 和 DELETE 操作时，会有一些限制。甚至有些更新在理论上是不可能的，有些实现起来比较困难。

在 SQL Server 2008 中，通过 Management Studio 更新数据的方法与对数据表的更新方法几乎一致，这里不再赘述。

不过，为防止用户通过视图对数据进行增删改时，无意或故意操作不属于视图范围内的基本表数据，可在定义视图时加上 WITH CHECK OPTION 子句，这样在视图上增删改数据时，DBMS 会进一步检查视图定义中的条件，若不满足条件，则拒绝执行该操作。

【例 3-65】将视图 Computer_S 中所有学生的年龄增加 2 岁。

```
UPDATE  Computer_S
SET  Sage=Sage+2
```

转换后的语句：

```
UPDATE S
SET Sage=Sage+2
WHERE Sdept= '计算机' AND Ssex='男';
```

【例 3-66】向 Computer_S 视图中插入一个新的学生记录：S8，张秋，20 岁。

```
INSERT
INTO Computer_S
VALUES('S8', '张秋', 20);
```

转换为对基本表的更新：

```
INSERT
INTO   S (Sno, Sname,  Sage, Ssex, Sdept)
VALUES('S8', '张秋', 20, '男', '计算机' );
```

由于视图中的数据不是存放在视图中，即视图没有相应的存储空间，对视图的一切操作最终都要转换成对基本表的操作，这样看来使操作更加复杂，那么为什么还要使用视图呢?

使用视图有如下几个优点：

① 利于数据保密。对不同的用户定义不同的视图，使用户只能看到与自己有关的数据。例如对学生表创建了计算机系视图，本系教师只能使用此视图，而无法访问其他系学生的数据。

② 简化查询操作。为复杂的查询建立一个视图，用户不必输入复杂的查询语句，只需针对此视图做简单的查询即可。

③ 保证数据的逻辑独立性。对于视图的操作，比如查询，只依赖于视图的定义。当构成视图的基本表要修改时，只需修改视图定义中的子查询部分，而基于视图的查询不用改变。这就是第 1 章介绍过的外模式与模式之间的独立性，即数据的逻辑独立性。

3.9 数据控制

数据库中的数据由多个用户共享，为保证数据库的安全，SQL 提供数据控制语句 (Data Control Language，DCL)对数据库进行统一的控制管理。

3.9.1 权限与角色

1. 权限

在 SQL 系统中，有两个安全机制，一种是视图机制，当用户通过视图访问数据库时，不能访问此视图外的数据，它提供了一定的安全性。而主要的安全机制是权限机制。权限机制的基本思想是给用户授予不同类型的权限，在必要时，可以收回授权，使用户能够进行的数据库操作以及所操作的数据限定在指定的范围内，禁止用户超越权限对数据库进行非法的操作，从而保证数据库的安全性。

在数据库中，权限可分为系统权限和对象权限。

系统权限是指数据库用户能够对数据库系统进行某种特定的操作的权力，它可由数据库管理员授予其他用户，如创建一个基本表（CREATE TABLE）。

对象权限是指数据库用户在指定的数据库对象上进行某种特定的操作的权力。对象权限由创建基本表、视图等数据库对象的用户授予其他用户，如查询(SELECT)、插入(INSERT)、修改(UPDATE)和删除（DELETE）等操作。

2. 角色

角色是多种权限的集合，可以把角色授予用户或其他角色。当要为某一用户同时授予或收回多项权限时，可以把这些权限定义为一个角色，对此角色进行操作。这样就避免了许多重复性的工作，简化了管理数据库用户权限的工作。

3.9.2 系统权限与角色的授予与收回

1. 系统权限与角色的授予

SQL 使用 GRANT 语句为用户授予系统权限，其语法格式为：

```
GRANT <系统权限>|<角色> [,<系统权限>|<角色>]…
TO <用户名>|<角色>|PUBLIC[,<用户名>|<角色>]…
[WITH ADMIN OPTION]
```

其语义为：将指定的系统权限授予指定的用户或角色。其中，PUBLIC 代表数据库中的全部用户。WITH ADMIN OPTION 为可选项，指定后则允许被授权的用户将指定的系统特权或角色再授予其他用户或角色。

【例 3-67】为用户 ZHANGSAN 授予 CREATE TABLE 的系统权限。

```
GRANT CREATE TABLE
TO ZHANGSAN
```

2. 系统权限与角色的收回

数据库管理员可以使用 REVOKE 语句收回系统权限，其语法格式为：

```
REVOKE <系统权限>|<角色> [,<系统权限>|<角色>]…
FROM <用户名>|<角色>|PUBLIC[,<用户名>|<角色>]…
```

【例 3-68】收回用户 ZHANGSAN 所拥有的 CREATE TABLE 的系统权限。

```
REVOKE CREATE TABLE
FROM ZHANGSAN
```

3.9.3　对象权限与角色的授予与收回

1. 对象权限与角色的授予

数据库管理员拥有系统权限，而作为数据库的普通用户，只对自己创建的基本表、视图等数据库对象拥有对象权限。如果要共享其他的数据库对象，则必须授予普通用户一定的对象权限。同系统权限的授予方法类似，SQL 使用 GRANT 语句为用户授予对象权限，其语法格式为：

```
GRANT ALL|<对象权限>[(列名[,列名]…)][,<对象权限>]…
ON <对象名>
TO <用户名>|<角色>|PUBLIC[,<用户名>|<角色>]…
[WITH GRANT OPTION]
```

其语义为：将指定的操作对象的对象权限授予指定的用户或角色。其中，ALL 代表所有的对象权限。列名用于指定要授权的数据库对象的一列或多列。如果不指定列名，被授权的用户将在数据库对象的所有列上均拥有指定的特权。实际上，只有当授予 INSERT、UPDATE 权限时才需指定列名。ON 子句用于指定要授予对象权限的数据库对象名，可以是基本表名、视图名等。WITH ADMIN OPTION 为可选项，指定后则允许被授权的用户将权限再授予其他用户或角色。

【例 3-69】将对 S 表和 C 表的所有对象权限授予 USER1 和 USER2。

```
GRANT ALL
ON S,C
TO USER1,USER2
```

【例 3-70】将对 C 表的查询权限授予所有用户。

```
GRANT SELECT
ON C
TO PUBLIC
```

2. 对象权限与角色的收回

所有授予出去的权力在必要时都可以由数据库管理员和授权者收回，收回对象权限仍然使用

REVOKE 语句，其语法格式为：

```
REVOKE <对象权限>|<角色> [,<对象权限>|<角色>]…
FROM <用户名>|<角色>|PUBLIC[,<用户名>|<角色>]…
```

【例 3-71】 收回用户 USER1 对 C 表的查询权限。

```
REVOKE SELECT
ON C
FROM USER1
```

小　　结

SQL 是关系数据库的标准语言，已广泛应用在商用系统中。SQL 主要由数据定义、数据操纵、数据查询和数据控制等四个部分组成。

SQL 的数据定义部分包括基本表、视图、索引的创建和撤销。

SQL 的数据查询部分是 SQL 语句的实现，SQL 的数据查询功能是最丰富而复杂的，是本章的重点部分，主要讲述了单表查询、连接查询、嵌套查询以及集合查询。

SQL 的数据更新包括插入、删除和修改等三种操作。

视图是关系数据库系统中的一个重要概念，这是因为合理使用视图具有许多优点，是非常有必要的。

习　　题

1. SQL 有什么特点?
2. 叙述使用 SQL 实现各种关系运算的方法。
3. 设有图书登记表 BOOK，具有属性：BNO（图书编号）、BC（图书类别）、BNA（书名）、AU（著者）、PUB（出版社）。按下列要求用 SQL 进行设计：

   （1）建立图书登记表。

   （2）按图书编号 BNO 建立 Book 表的索引 BNO_idx。

   （3）按出版社统计其出版图书总数。

   （4）删除索引 BNO_idx。
4. 设有一个 SPJ 数据库，包括 S、P、J、SPJ 四个关系模式，分别为：

```
S(SNO, SNAME, STATUS, CITY);
P(PNO, PNAME, COLOR, WEIGHT);
J(JNO, JNAME, CITY);
SPJ(SNO, PNO, JNO, QTY);
```

   其中：

供应商表 S 由供应商代码（SNO）、供应商姓名（SNAME）、供应商状态（STATUS）、供应商所在城市（CITY）组成；

零件表 P 由零件代码（PNO）、零件名（PNAME）、颜色（COLOR）、重量（WEIGHT）组成；

工程项目表 J 由工程项目代码（JNO）、工程项目名（JNAME）、所在城市（CITY）组成；

供应情况表 SPJ 由供应商代码（SNO）、零件代码（PNO）、工程项目代码（JNO）、供应数量（QTY）组成。

请完成以下操作：

（1）为每个关系建立相应的表结构，添加若干记录。

（2）完成如下查询：

① 找出所有供应商的姓名和地址、电话。

② 找出所有零件的名称、规格、产地。

③ 找出使用供应商代码为 S2 供应零件的工程号。

④ 找出工程代码为 J2 的工程使用的所有零件名称、数量。

⑤ 找出产地为上海的所有零件代码和规格。

⑥ 找出使用上海产的零件的工程名称。

⑦ 找出没有使用天津产的零件的工程号。

⑧ 求没有使用天津产的红色零件的工程号。

⑨ 求为工程 J1 和 J2 提供零件的供应商代号。

⑩ 找出使用供应商 S2 供应的全部零件的工程号。

（3）完成如下更新操作：

① 把全部红色零件的颜色改成蓝色；

② 由 S1 供给 J4 的零件 P6 改为由 S3 供应，请作必要的修改。

③ 从供应商关系中删除 S2 的记录，并从供应零件关系中删除相应的记录。

④ 请将（S2, J6, P4, 200）插入供应零件关系。

⑤ 将工程 J2 的预算改为 30 万元。

⑥ 删除工程 J5 订购的 S4 零件。

⑦ 定义一个视图，完成下列查询：找出工程代码为 J2 的工程使用的所有零件名称、数量。

5. 什么是基本表?什么是视图?两者的区别和联系是什么?

6. 试述视图的优点。

7. 今有两个关系模式：

职工（职工号，姓名，年龄，职务，工资，部门号）
部门（部门号，名称，经理名，地址，电话号）

请用 SQL 的 GRANT 和 REVOKE 语句（加上视图机制）完成以下授权定义或存取控制功能：

（1）用户张三对两个表有 SELECT 权力；

（2）用户李四对两个表有 INSERT 和 DELETE 权力；

（3）每个职工只对自己的记录有 SELECT 权力；

（4）用户王五对职工表有 SELECT 权力，对工资字段具有更新权力；

（5）用户李强具有修改这两个表的结构的权力；

（6）用户王松具有对两个表所有权力（读、插、改、删数据），并具有给其他用户授权的权力。

第4章 关系数据库理论

学习目标

- 掌握规范化理论的研究动机及其在数据库设计中的作用；
- 掌握函数依赖的有关概念，第一范式、第二范式、第三范式和BC范式的定义；
- 重点掌握关系模式规范化的方法和关系模式分解的方法。

前面已经讲述了关系数据库、关系模型的基本概念以及关系数据库的标准语言。如何使用关系模型设计关系数据库，也就是面对一个现实问题，如何选择一个比较好的关系模式的集合，其中每个关系又应该由哪些属性组成，这属于数据库设计的问题，确切地讲是数据库逻辑设计的问题。有关数据库设计的全过程将在第6章详细讨论，本章讲述关系数据库规范化理论，这是数据库逻辑设计的理论依据。

4.1 规范化问题的提出

4.1.1 规范化理论的主要内容

关系数据库的规范化理论最早是由关系数据库的创始人E.F.Codd提出的，后经许多专家学者对关系数据库理论作了深入的研究和发展，形成了一整套有关关系数据库设计的理论。在该理论出现以前，层次和网状数据库的设计只是遵循其模型本身固有的原则，而无具体的理论依据可言，因而带有盲目性，可能在以后的运行和使用中发生许多预想不到的问题。

在关系数据库系统中，关系模型包括一组关系模式，并且各个关系不是完全孤立的。如何设计一个合适的关系数据库系统，关键是关系数据库模式的设计，一个好的关系数据库模式应该包括多少关系模式，而每一个关系模式又应该包括哪些属性，又如何将这些相互关联的关系模式组建成一个适合的关系模型，这些工作决定了整个系统运行的效率，也是系统成败的关键所在，所以必须在关系数据库的规范化理论的指导下逐步完成。

关系数据库的规范化理论主要包括三个方面的内容：函数依赖、范式（Normal Form）和模式设计。其中，函数依赖起着核心的作用，是模式分解和模式设计的基础，范式是模式分解的标准。

4.1.2 不合理的关系模式存在的存储异常问题

数据库的逻辑设计为什么要遵循一定的规范化理论？什么是好的关系模式？某些不好的关系模式可能导致哪些问题？下面通过例子对这些问题进行分析。

【例 4-1】要求设计教学管理数据库，其关系模式 SCD 如下：

```
SCD(SNo,SN,Age,Dept,MN,CNo,Score)
```

其中，SNo 表示学生学号，SN 表示学生姓名，Age 表示学生年龄，Dept 表示学生所在的系别，MN 表示系主任姓名，CNo 表示课程号，Score 表示成绩。

根据实际情况，这些数据有如下语义规定：

① 一个系有若干个学生，但一个学生只属于一个系；

② 一个系只有一名系主任，但一个系主任可以同时兼几个系的系主任；

③ 一个学生可以选修多门功课，每门课程可被若干学生选修；

④ 每个学生学习的一门课程有一个成绩。

在此关系模式中填入一部分具体的数据，则可得到 SCD 关系模式的实例，即一个教学管理数据库，如图 4-1 所示。

SNo	SN	Age	Dept	MN	CNo	Score
S1	李强	19	计算机	刘伟	C2	85
S1	李强	19	计算机	刘伟	C3	95
S1	李强	19	计算机	刘伟	C5	88
S2	王松	20	通信工程	王平	C3	72
S3	李丽	18	电子	张诚	C1	69
S3	李丽	18	电子	张诚	C4	90
S4	张平	21	计算机	刘伟	C1	84
S5	何晴	19	通信工程	王平	C2	58
S6	王小可	20	计算机	刘伟	C3	88

图 4-1 关系 SCD

根据上述的语义规定并分析以上关系中的数据可以看出，(SNo，CNo)属性的组合能唯一标识一个元组，所以(SNo，CNo)是该关系模式的主关系键。但在进行数据库的操作时，会出现以下几方面的问题：

① 数据冗余：每个系名和系主任的名字存储的次数等于该系的学生人数乘以每个学生选修的课程门数，同时学生的姓名、年龄也都要重复存储多次，数据的冗余度很大，浪费了存储空间。

② 插入异常：如果某个新系没有招生，尚无学生时，则系名和系主任的信息无法插入到数据库中。因为在这个关系模式中，(SNo，CNo)是主关系键。根据关系的实体完整性约束，主关系键的值不能为空，而这时没有学生，SNo 和 CNo 均无值，因此不能进行插入操作。另外，当某个学生尚未选课，即 CNo 未知时，实体完整性约束还规定，主关系键的值不能部分为空，同样也不能进行插入操作。

③ 删除异常：当某系学生全部毕业而没有招生时，要删除全部学生的记录，这时系名、系主任也随之删除，而现实中这个系依然存在，但在数据库中却无法找到该系的信息。另外，如果某个学生不再选修 C1 课程，本应该只删去 C1，但 C1 是主关系键的一部分，为保证实体完整性，必须将整个元组一起删掉，这样，有关该学生的其他信息也随之丢失。

④ 更新异常：如果某学生改名，则该学生的所有记录都要逐一修改 SN 的值；又如，某系更换系主任，则属于该系的学生记录都要修改 MN 的内容，稍有不慎，就有可能漏改某些记录，这就会造成数据的不一致性，破坏了数据的完整性。

由于存在以上问题，我们说 SCD 是一个不好的关系模式。产生上述问题的原因，直观地说，是因为关系中“包罗万象”，内容太复杂了。通过进一步分析可见，产生上述问题的根本原因是属性间存在着数据依赖关系。

那么，怎样才能得到一个好的关系模式呢？我们把关系模式 SCD 分解为学生关系 S(SNo，SN，Age，Dept)、选课关系 SC(SNo，CNo，Score)和系关系 D(Dept，MN)三个结构简单的关系模式，如图 4-2 所示。

S

SNo	SN	Age	Dept
S1	李强	19	计算机
S2	王松	20	通信工程
S3	李丽	18	电子
S4	张平	21	计算机
S5	何晴	19	通信工程
S6	王小可	20	计算机

SC

SNo	CNo	Score
S1	C2	85
S1	C3	95
S1	C5	88
S2	C3	72
S3	C1	69
S3	C4	90
S4	C1	84
S5	C2	58
S6	C3	88

D

Dept	MN
计算机	刘伟
通信工程	王平
电子	张诚

图 4-2　分解后的关系模式

在以上三个关系模式中，实现了信息的某种程度的分离，S 中存储学生的基本信息，与所选课程及系主任无关；D 中存储系的有关信息，与学生无关；SC 中存储学生选课的信息，而与学生及系的有关信息无关。与 SCD 相比，分解为三个关系模式后，数据的冗余度明显降低。当新插入一个系时，只要在关系 D 中添加一条记录即可。当某个学生尚未选课时，只要在关系 S 中添加一条学生记录即可，而与选课关系无关，这就避免了插入异常。当一个系的学生全部毕业时，只需在 S 中删除该系的全部学生记录，而关系 D 中有关该系的信息仍然保留，从而不会引起删除异常。同时，由于数据冗余度的降低，数据没有重复存储，也不会引起更新异常。

经过上述分析，我们说分解后的关系模式是一个好的关系数据库模式。从而得出结论，一个好的关系模式应该具备以下四个条件：

① 尽可能少的数据冗余；

② 没有插入异常；

③ 没有删除异常；

④ 没有更新异常。

但要注意，一个好的关系模式并不是在任何情况下都是最优的，比如查询某个学生选修课程名及所在系的系主任时，要通过连接，而连接所需要的系统开销非常大，因此要以实际设计的目标出发进行设计。

按照一定的规范设计关系模式，将结构复杂的关系分解成结构简单的关系，从而把不好的关系数据库模式转变为好的关系数据库模式，这就是关系的规范化。规范化又可以根据不同的要求而分成若干级别。我们要设计的关系模式中的各属性是相互依赖、相互制约的，这样才构成了一个结构严谨的整体。因此，在设计关系模式时，必须从语义上分析这些依赖关系。数据库模式的好坏和关系中各属性间的依赖关系有关。我们先讨论属性间的依赖关系，然后再讨论关系规范化理论。

4.2 函数依赖

4.2.1 函数依赖的定义

关系模式中的各属性之间相互依赖、相互制约的联系称为数据依赖。数据依赖一般分为函数依赖、多值依赖和连接依赖。其中，函数依赖是最重要的数据依赖，本书重点讲解函数依赖并对多值依赖进行简要介绍。

函数依赖（Functional Dependency，FD）是关系模式中属性之间的一种逻辑依赖关系。例如，在上一节介绍的关系模式 SCD 中，SNo 与 SN、Age、Dept 之间都有一种依赖关系。由于一个 SNo 只对应一个学生，而一个学生只能属于一个系，所以当 SNo 的值确定之后，SN、Age、Dept 的值也随之被唯一地确定了。这类似于变量之间的单值函数关系。设单值函数 $Y=F(X)$，自变量 X 的值可以决定一个唯一的函数值 Y。在此，我们说 SNo 决定函数（SN，Age，Dept），或者说（SN，Age，Dept）函数依赖于 SNo。

定义 4.1 设关系模式 $R(U, F)$，U 是属性全集，F 是 U 上的函数依赖集，X 和 Y 是 U 的子集，如果对于 $R(U)$ 的任意一个可能的关系 r，对于 X 的每一个具体值，Y 都有唯一的具体值与之对应，则称 X 决定函数 Y，或 Y 函数依赖于 X，记作 $X \rightarrow Y$。我们称 X 为决定因素，Y 为依赖因素。当 Y 不函数依赖于 X 时，记作：$X \nrightarrow Y$。当 $X \rightarrow Y$ 且 $Y \rightarrow X$ 时，则记作：$X \leftrightarrow Y$。

对于关系模式 SCD

```
U={SNo,SN,Age,Dept,MN,CNo,Score}
F={SNo→SN,SNo→Age,SNo→Dept,(SNo,CNo)→Score}
```

一个 SNo 有多个 Score 的值与其对应，因此 Score 不能唯一地确定，即 Score 不函数依赖于 SNo，所以有 SNo $\nrightarrow$ Score，同样有 SNo $\nrightarrow$ CNo。

但是 Score 可以被（SNo，CNo）唯一地确定，所以可表示为 (SNo，CNo)→Score。

有关函数依赖有以下几点需要说明：

① 定义 4.1 中，"如果对于 $R(U)$ 的任意一个可能的关系 r，对于 X 的每一个具体值，Y 都有唯一的具体值与之对应"，其含义是，对于 r 的任意两个元组 t_1 和 t_2，只要 $t_1[X]=t_2[X]$，就有 $t_1[Y]=t_2[Y]$。

② 平凡的函数依赖与非平凡的函数依赖。

当属性集 Y 是属性集 X 的子集（即 $Y \subseteq X$）时，则必然存在着函数依赖 $X \rightarrow Y$，这种类型的函数依赖称为平凡的函数依赖。如果 Y 不是 X 的子集，则称 $X \rightarrow Y$ 为非平凡的函数依赖。平凡的函数依赖并没有实际意义，若不特别声明，我们讨论的都是非平凡的函数依赖，非平凡的函数依赖才和"真正的"完整性约束条件相关。

③ 函数依赖不是关系模式 R 的某个或某些关系实例的约束条件，而是关系模式 R 之下一切可能的关系实例都要满足的约束条件。因此，可以通过 R 的某个特定关系去确定哪些函数依赖不成立，而不能只看到 R 的一个特定关系就推断哪些函数依赖对于 R 是成立的。

④ 函数依赖是语义范畴的概念。

我们只能根据语义来确定一个函数依赖，而不能按照其形式化定义来证明一个函数依赖是否成立，因为函数依赖实际上是对现实世界中事物性质之间相关性的一种断言。例如，对于关系模式 S，当学生不存在重名的情况下，可以得到：

```
SN→Age
SN→Dept
```

这种函数依赖关系，必须是在没有重名的学生条件下才成立，否则就不存在函数依赖。所以，函数依赖反映了一种语义完整性约束。

⑤ 函数依赖与属性之间的联系类型有关。

- 在一个关系模式中，如果属性 X 与 Y 有 1:1 联系时，则存在函数依赖 $X \rightarrow Y$、$Y \rightarrow X$，即 $X \leftrightarrow Y$。例如，当学生无重名时 SNo ↔ SN。

- 如果属性 X 与 Y 有 m:1 的联系，则只存在函数依赖 $X \to Y$。例如，SNo 与 Age、Dept 之间均为 m:1 联系，所以有 SNo→Age，SNo→Dept。
- 如果属性 X 与 Y 有 m:n 的联系，则 X 与 Y 之间不存在任何函数依赖关系。例如，一个学生可以选修多门课程，一门课程又可以为多个学生选修，所以 SNo 与 CNo 之间不存在函数依赖关系。

由于函数依赖与属性之间的联系类型有关，所以在确定属性间的函数依赖关系时，可以从分析属性间的联系类型入手，便可确定属性间的函数依赖。

⑥ 函数依赖关系的存在与时间无关。

因为函数依赖是指关系中的所有元组应该满足的约束条件，而不是指关系中某个或某些元组所满足的约束条件。当关系中的元组增加、删除或更新后都不能破坏这种函数依赖。因此，必须根据语义来确定属性之间的函数依赖，而不能单凭某一时刻关系中的实际数据值来判断。例如，对于关系模式 S，假设没有给出无重名的学生这种语义规定，则即使当前关系中没有重名的记录，也只能存在函数依赖 SNo→SN，而不能存在函数依赖 SN→SNo，因为如果新增加一个重名的学生，函数依赖 SN→SNo 必然不成立。所以，函数依赖关系的存在与时间无关，而只与数据之间的语义规定有关。

4.2.2 完全函数依赖与部分函数依赖

定义 4.2 设有关系模式 $R(U)$，U 是属性全集，X 和 Y 是 U 的子集，如果 $X \to Y$，并且对于 X 的任何一个真子集 X'，都有 $X' \nrightarrow Y$，则称 Y 对 X 完全函数依赖（Full Functional Dependency），记作 $X \xrightarrow{f} Y$。如果对 X 的某个真子集 X'，有 $X' \to Y$，则称 Y 对 X 部分函数依赖（Partial Functional Dependency），记作 $X \xrightarrow{p} Y$。

例如，在关系模式 SCD 中，因为 SNo$\nrightarrow$Score，且 CNo$\nrightarrow$Score，所以有(SNo，CNo)$\xrightarrow{f}$Score。而 SNo→Age，所以(SNo，CNo)$\xrightarrow{p}$Age。

由定义 4.2 可知，只有当决定因素是组合属性时，讨论部分函数依赖才有意义，当决定因素是单属性时，只能是完全函数依赖。例如，在关系模式 S(SNo，SN，Age，Dept)中，决定因素为单属性 SNo，有 SNo→(SN，Age，Dept)，不存在部分函数依赖。

4.2.3 传递函数依赖

定义 4.3 设有关系模式 $R(U)$，U 是属性全集，X、Y、Z 是 U 的子集，若 $X \to Y$，但 $Y \nrightarrow X$，而 $Y \to Z$（$Y \not\subseteq X$，$Z \not\subseteq Y$），则称 Z 对 X 传递函数依赖（Transitive Functional Dependency），记作 $X \xrightarrow{t} Z$。如果 $Y \to X$，则 $X \leftrightarrow Y$，这时称 Z 对 X 直接函数依赖，而不是传递函数依赖。

例如，在关系模式 SCD 中，SNo→Dept，但 Dept↛SNo，而 Dept→MN，则有 SNo$\xrightarrow{t}$MN。当学生不存在重名的情况下，有 SNo→SN、SN→Sno、SNo↔SN、SN→Dept，这时 Dept 对 SNo 是直接函数依赖，而不是传递函数依赖。

综上所述，函数依赖分为完全函数依赖、部分函数依赖和传递函数依赖三类，它们是规范化理论的依据和规范化程度的准则。下面将以这些概念为基础，进行数据库的规范化设计。

4.3　关系模式的范式

通过前面的学习可以看出，在关系模式的分解中，函数依赖起着重要的作用，那么分解以后模式的好坏，用什么标准衡量？这个标准就是模式的范式（Normal Forms，NF）。

关系模式规范化的基本思想是消除关系模式中的数据冗余，消除数据依赖中不合适的部分，解决数据插入、删除时发生的异常现象。这就要求关系模式要满足一定的条件。我们把关系模式规范化过程中为不同程度的规范化要求设立的不同标准称为范式。由于规范化的程度不同，就产生了不同的范式。

范式的概念最早由 E.F.Codd 提出。从 1971 年起，Codd 相继提出了关系的三级规范化形式，即第一范式（1NF）、第二范式（2NF）、第三范式（3NF）。1974 年，Codd 和 Boyce 共同提出了一个新的范式的概念，即 Boyce-Codd 范式，简称 BC 范式（BCNF）。1976 年，Fagin 提出了第四范式（4NF），后来又有人定义了第五范式（5NF）。至此，在关系数据库规范中建立了一系列范式：1NF、2NF、3NF、BCNF、4NF、5NF。

各个范式之间的联系可以表示为：5NF ⊂ 4NF ⊂ BCNF ⊂ 3NF ⊂ 2NF ⊂ 1NF，如图 4-3 所示。

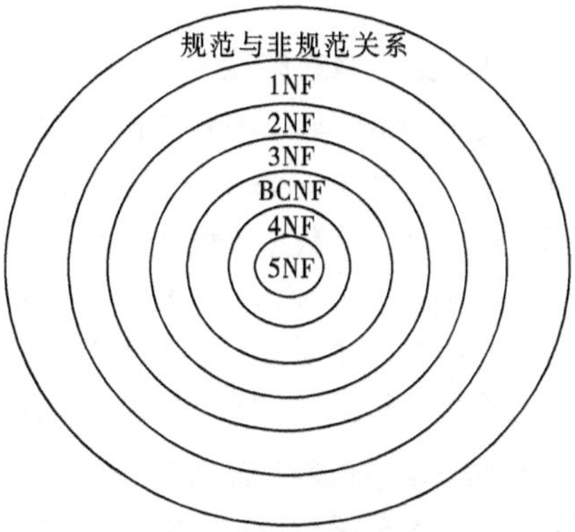

图 4-3　各种范式之间的关系

4.3.1　第一范式

第一范式（First Normal Form）是最基本的规范形式，即关系中每个属性都是不可再分的简单项。

定义 4.4　如果关系模式 R 所有的属性均为简单属性，即每个属性都是不可再分的，则称 R 属于第一范式，简称 1NF，记作 $R \in 1NF$。

把满足 1NF 的关系称为规范化关系。在关系数据库系统中只讨论规范化的关系，凡是非规范化的关系模式必须转化成规范化的关系。因此，1NF 是关系模式应具备的最起码的条件。在非规范化的关系中去掉组合项就能转化成规范化的关系。每个规范化的关系都属于 1NF，这也是它之所以称为“第一”的原因。

然而，一个关系模式仅仅属于第一范式是不适用的。在 4.1 节中给出的关系模式 SCD 属于第一范式，但它具有大量的数据冗余，具有插入异常、删除异常和更新异常等弊端。为什么会存在这种问题？让我们分析一下 SCD 中的函数依赖关系，其关系键是（SNo，CNo）的属性组合，所以有：

$(SNo, CNo) \xrightarrow{f} Score$

$SNo \to SN$, $(SNo, CNo) \xrightarrow{p} SN$

$SNo \to Age$, $(SNo, CNo) \xrightarrow{p} Age$

$SNo \to Dept$, $(SNo, CNo) \xrightarrow{p} Dept$

$Dept \to MN$, $SNo \xrightarrow{t} MN$

我们可以用函数依赖图表示以上函数依赖关系，如图 4–4 所示。

由此可见，在 SCD 中，既存在完全函数依赖，又存在部分函数依赖和传递函数依赖。这种情况往往在数据库中是不允许的，也正是由于关系中存在着复杂的函数依赖，才导致数据操作中出现了种种弊端。克服这些弊端的方法是用投影运算将关系分解，去掉过于复杂的函数依赖关系，向更高一级的范式进行转换。

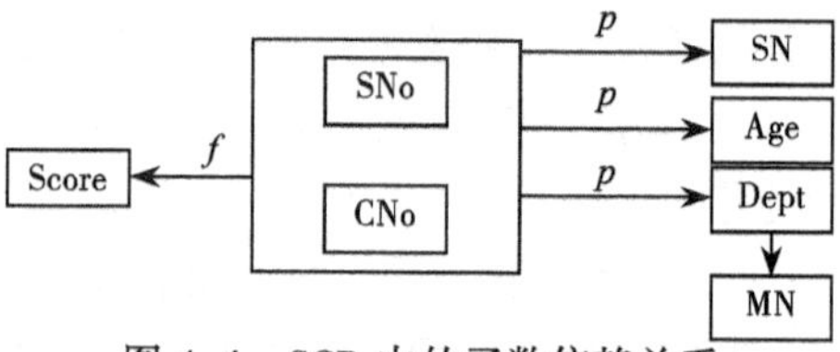

图 4–4　SCD 中的函数依赖关系

4.3.2　第二范式

1. 第二范式的定义

定义 4.5　如果关系模式 $R \in 1NF$，且每个非主属性都完全函数依赖于 R 的主关系键，则称 R 属于第二范式（Second Normal Form），简称 2NF，记作 $R \in 2NF$。如果数据库模式中每个关系模式都是 2NF，则这个数据库模式称为 2NF 的数据库模式。

在关系模式 SCD 中，SNo、CNo 为主属性，Age、Dept、SN、MN、Score 均为非主属性，经上述分析，存在非主属性对主关系键的部分函数依赖，所以 $SCD \notin 2NF$。而如图 4–2 所示的由 SCD 分解的三个关系模式 S、D、SC 中，S 的关系键为 SNo；D 的关系键为 Dept，它们都是单属性，不可能存在部分函数依赖。而对于 SC，$(SNo, CNo) \xrightarrow{f} Score$。所以 SCD 分解后，消除了非主属性对主关系键的部分函数依赖，S、D、SC 均属于 2NF。

又如在 2.2.4 节中，讲述全码的概念时给出的关系模式 TCS（T，C，S），一个教师可以讲授多门课程，一门课程可以被多个教师讲授；同样一个学生可以选听多门课程，一门课程可以为多个学生选听，(T，C，S)三个属性的组合是关系键，T、C、S 都是主属性，而没有非主属性，所以也就不可能存在非主属性对主关系键的部分函数依赖，因此 $TCS \in 2NF$。

经以上分析，可以得到两个结论：

① 从 1NF 关系中消除非主属性对主关系键的部分函数依赖，则可得到 2NF 关系。

② 如果 R 的关系键为单属性，或 R 的全体属性均为主属性，则 $R \in 2NF$。

2. 2NF 规范化

2NF 规范化是指把 1NF 关系模式通过投影分解，转换成 2NF 关系模式的集合。

分解时遵循的基本原则就是“一事一地”，让一个关系只描述一个实体或者实体间的联系。如果多于一个实体或联系，则进行投影分解。

下面以关系模式 SCD 为例，来说明 2NF 规范化的过程。

【例 4-2】 将 SCD(SNo，SN，Age，Dept，MN，CNo，Score)规范为 2NF。

由 SNo→SN、SNo→Age、SNo→Dept、(SNo，CNo)$\xrightarrow{f}$Score，可以判断，关系 SCD 至少描述了两个实体，一个为学生实体，属性有 SNo、SN、Age、Dept、MN；另一个是学生与课程的联系（选课），属性有 SNo、CNo 和 Score。根据分解的原则，可以将 SCD 分解成如下两个关系，如图 4-5 所示。

SD(SNo，SN，Age，Dept，MN)描述学生实体；SC(SNo，CNo，Score)描述学生与课程的联系。

SD

SNo	SN	Age	Dept	MN
S1	李强	19	计算机	刘伟
S2	王松	20	通信工程	王平
S3	李丽	18	电子	张诚
S4	张平	21	计算机	刘伟
S5	何晴	19	通信工程	王平
S6	王小可	20	计算机	刘伟

SC

SNo	CNo	Score
S1	C2	85
S1	C3	95
S1	C5	88
S2	C3	72
S3	C1	69
S3	C4	90
S4	C1	84
S5	C2	58
S6	C3	88

图 4-5　关系 SD 和 SC

对于分解后的两个关系 SD 和 SC，主键分别为 SNo 和（SNo，CNo），非主属性对主键完全函数依赖。因此，SD∈2NF，SC∈2NF，而且前面已经讨论，SCD 的这种分解不会丢失任何信息，具有无损连接性。

分解后，SD 和 SC 的函数依赖分别如图 4-6 和图 4-7 所示。

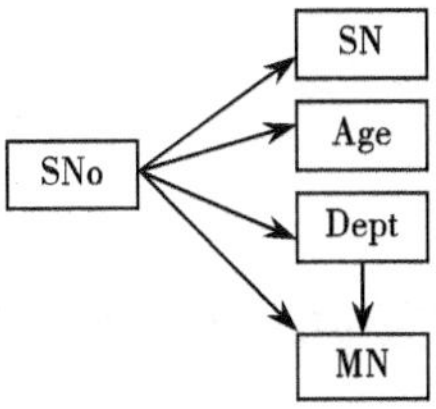

图 4-6　SD 中的函数依赖关系

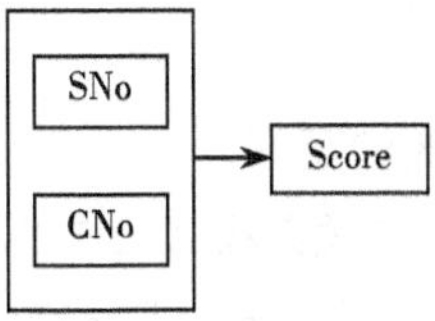

图 4-7　SC 中的函数依赖关系

1NF 的关系模式经过投影分解转换成 2NF 后，消除了一些数据冗余。分析图 4-5 中 SD 和 SC 中的数据可以看出，它们存储的冗余度比关系模式 SCD 有了较大幅度的降低。学生的姓名、年龄不需要重复存储多次。这样便可在一定程度上避免数据更新所造成的数据不一致的问题。由于把学生的基本信息与选课信息分开存储，则学生基本信息因没有选课而不能插入的问题得到了解决，插入异常现象得到了部分改善。同样，如果某个学生不再选修 C1 课程，只在选课关系 SC 中删去该学生选修 C1 的记录即可，而 SD 中有关该学生的其他信息不会受到任何影响，也解决了部分删除异常问题。因此，可以说关系模式 SD 和 SC 在性能上比 SCD 有了显著提高。

下面对 2NF 规范化作形式化的描述。

设有关系模式 $R(X, Y, Z)$，$R\in$1NF，但 $R\notin$ 2NF，其中，X 是主属性，Y、Z 是非主属性，且存在部分函数依赖，$X\xrightarrow{p}Y$。设 X 可表示为 X_1、X_2，其中 $X_1\xrightarrow{f}Y$。则 $R(X, Y, Z)$ 可以分解为 $R[X_1, Y]$和 $R[X, Z]$。因为 $X_1\xrightarrow{f}Y$，所以 $R(X, Y, Z)=R[X_1, Y]*R[X_1, X_2, Z]=R[X_1, Y]*R[X, Z]$，即 R 等于其投影 $R[X_1, Y]$和$[X, Z]$在 X_1上的自然连接，R 的分解具有无损连接性。

由于 $X_1\xrightarrow{f}Y$，因此 $R[X_1, Y]\in$2NF。若 $R[X, Z]\notin$ 2NF，可以按照上述方法继续进行投影分解，直到将 $R[X, Z]$分解为属于 2NF 关系的集合，且这种分解必定是有限的。

3．2NF 的缺点

2NF 的关系模式解决了 1NF 中存在的一些问题，2NF 规范化的程度比 1NF 前进了一步，但 2NF 的关系模式在进行数据操作时，仍然存在着下面一些问题。

① 数据冗余：例如，每个系名和系主任的名字存储的次数等于该系的学生人数。

② 插入异常：例如，当一个新系没有招生时，有关该系的信息无法插入。

③ 删除异常：例如，某系学生全部毕业而没有招生时，删除全部学生的记录也随之删除了该系的有关信息。

④ 更新异常：例如，更换系主任时，仍需改动较多的学生记录。

之所以存在这些问题，是由于在 SCD 中存在着非主属性对主键的传递函数依赖。分析 SCD 中的函数依赖关系，SNo→SN、SNo→Age、SNo→Dept、Dept→MN、SNo $\xrightarrow{t}$ MN，非主属性 MN 对主键 SNo 传递函数依赖。为此，对关系模式 SCD 还需进一步简化，消除这种传递函数依赖，这样就得到了 3NF。

4.3.3 第三范式

1．第三范式的定义

定义 4.6 如果关系模式 $R\in$2NF，且每个非主属性都不传递函数依赖于 R 的主关系键，则称 R 属于第三范式（Third Normal Form），简称 3NF，记作 $R\in$3NF。

例如，前面由关系模式 SCD 分解而得到的 SD(SNo，SN，Age，Dept，MN)和 SC(SNo，CNo，Score)

都属于 2NF。在 SC 中，主关系键为（SNo，CNo），非主属性为 Score，函数依赖为(SNo，CNo)→Score，非主属性 Score 不传递函数依赖于主关系键（SNo，CNo），因此 SC∈3NF。

但在 SD 中，主关系键为 SNo，非主属性 Dept、MN 与主关系键 SNo 间存在着函数依赖 SNo→Dept 和 Dept→MN，即 SNo$\xrightarrow{t}$MN。可见，非主属性 MN 与主关系键 SNo 间存在着传递函数依赖，所以 SD∉3NF。对于 SD，应该进一步进行分解，使其转换成 3NF。

2. 3NF 规范化

3NF 规范化是指把 2NF 的关系模式通过投影分解转换成 3NF 关系模式的集合。

3NF 规范化时遵循的原则与 2NF 相同，即“一事一地”，让一个关系只描述一个实体或者实体间的联系。

下面以 2NF 的关系模式 SD 为例，来说明 3NF 规范化的过程。

【例 4-3】将 SD(SNo，SN，Age，Dept，MN)规范到 3NF。

分析 SD 的属性组成，可以判断，关系 SD 实际上描述了两个实体，一个为学生实体，属性有 SNo，SN，Age，Dept；另一个是系的实体，其属性有 Dept 和 MN。根据分解的原则，可以将 SD 分解成如下两个关系，如图 4-8 所示。

S(SNo，SN，Age，Dept)描述学生实体；D(Dept，MN)描述系的实体。

S

SNo	SN	Age	Dept
S1	李强	19	计算机
S2	王松	20	通信工程
S3	李丽	18	电子
S4	张平	21	计算机
S5	何晴	19	通信工程
S6	王小可	20	计算机

D

Dept	MN
计算机	刘伟
通信工程	王平
电子	张诚

图 4-8 关系 S 和 D

对于分解后的两个关系 S 和 D，主键分别为 SNo 和 Dept，不存在非主属性对主键的传递函数依赖。因此，S∈3NF，D∈3NF。

分解后，S 和 D 的函数依赖分别如图 4-9 和图 4-10 所示。

由以上两图可以看出，关系模式 SD 由 2NF 分解为 3NF 后，函数依赖关系变得更加简单，既没有非主属性对键的部分函数依赖，也没有非主属性对键的传递函数依赖，解决了 2NF 中存在的四个问题，因此，分解后的关系模式 SD 具有以下特点：

① 数据冗余降低了。例如，系主任的名字存储的次数与该系的学生人数无关，只在关系 D 中存储一次。

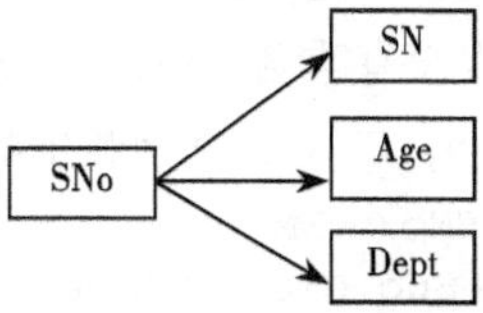

图 4-9 S 中的函数依赖关系

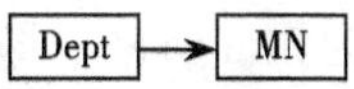

图 4-10 D 中的函数依赖关系

② 不存在插入异常。例如，当一个新系没有学生时，该系的信息可以直接插入到关系 D 中，而与学生关系 S 无关。

③ 不存在删除异常。例如，当要删除某系的全部学生而仍然保留该系的有关信息时，可以只删除学生关系 S 中的相关学生记录，而不影响系关系 D 中的数据。

④ 不存在更新异常。例如，更换系主任时，只需修改关系 D 中一个相应元组的 MN 属性值，从而不会出现数据不一致的现象。

SCD 规范到 3NF 后，所存在的异常现象已经全部消失。但是，3NF 只限制了非主属性对键的依赖关系，而没有限制主属性对键的依赖关系。如果发生了这种依赖，仍有可能存在数据冗余、插入异常、删除异常和修改异常。这时，则需对 3NF 进一步规范化，消除主属性对键的依赖关系，为了解决这种问题，Boyce 与 Codd 共同提出了一个新范式的定义，这就是 Boyce-Codd 范式，通常简称 BCNF 或 BC 范式，它弥补了 3NF 的不足。

4.3.4 BC 范式

1. BC 范式的定义

定义 4.7 如果关系模式 $R \in 1NF$，且所有的函数依赖 $X \to Y$（$Y \not\subseteq X$），决定因素 X 包含了 R 的一个候选键，则称 R 属于 BC 范式（Boyce-Codd Normal Form），记作 $R \in BCNF$。如果数据库中每个关系模式都属于 BCNF，则称为 BCNF 的数据库模式。

BCNF 具有如下性质：

① 满足 BCNF 的关系将消除任何属性（主属性或非主属性）对键的部分函数依赖和传递函数依赖。也就是说，如果 $R \in BCNF$，则 R 也是 3NF。

证明： 采用反证法。设 R 不是 3NF，则必然存在如下条件的函数依赖，$X \to Y$（$Y \nrightarrow X$）、$Y \to Z$，其中 X 是键属性，Y 是任意属性组，Z 是非主属性，$Z \not\subseteq Y$，这样 $Y \to Z$ 函数依赖的决定因素 Y 不包含候选键，这与 BCNF 范式的定义相矛盾，所以如果 $R \in BCNF$，则 R 也是 3NF。

② 如果 $R \in 3NF$，则 R 不一定是 BCNF，现举例说明。

【例 4-4】 设有关系模式 SNC（SNo，SN，CNo，Score），其中 SNo 代表学号，SN 代表学生姓名并假设没有重名，CNo 代表课程号，Score 代表成绩。可以判定，SNC 有两个候选键（SNo，CNo）和（SN，CNo），其函数依赖如下：

SNo ↔ SN
(SNo, CNo) → Score
(SN, CNo) → Score

唯一的非主属性 Score 对键不存在部分函数依赖，也不存在传递函数依赖，所以 SNC∈3NF。但是，因为 SNo ↔ SN，即决定因素 SNo 或 SN 不包含候选键，从另一个角度说，存在着主属性对键的部分函数依赖：（SNo，CNo）$\xrightarrow{p}$ SN、（SN，CNo）$\xrightarrow{p}$ SNo，所以 SNC 不是 BCNF。正是存在着这种主属性对键的部分函数依赖关系，造成了关系 SNC 中存在着较大的数据冗余，学生姓名的存储次数等于该学生所选的课程数，从而会引起修改异常。比如，当要更改某个学生的姓名时，则必须搜索出该姓名的每个学生记录，并对其姓名逐一修改，这样容易造成数据不一致的问题。解决这一问题的办法仍然是通过投影分解进一步提高 SNC 的范式等级，将 SNC 规范到 BCNF。

2. BCNF 规范化

【例 4-5】将 SNC(SNo，SN，CNo，Score)规范到 BCNF。

SNC 产生数据冗余的原因是因为在这个关系中存在两个实体，一个为学生实体，属性有 SNo、SN；另一个是选课实体，属性有 SNo、CNo 和 Score。根据分解的原则，可以将 SNC 分解成如下两个关系：

- S1(SNo，SN)：描述学生实体；
- S2(SNo，CNo，Score)：描述学生与课程的联系。

图 4-11　S1 中的函数依赖关系

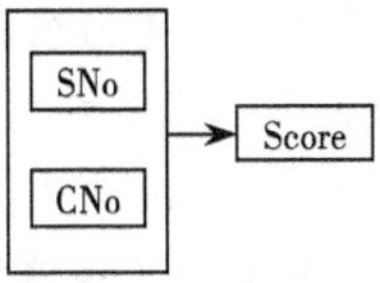

图 4-12　S2 中的函数依赖关系

对于 S1，有两个候选键 SNo 和 SN；对于 S2，主键为（SNo，CNo）。在这两个关系中，无论主属性还是非主属性都不存在对键的部分依赖和传递依赖，S1∈BCNF，S2∈BCNF。

分解后，S1 和 S2 的函数依赖分别如图 4-11 和图 4-12 所示。

关系 SNC 转换成 BCNF 后，数据冗余度明显降低。学生的姓名只在关系 S1 中存储一次，学生要改名时，只需改动一条学生记录中的相应的 SN 值即可，从而不会发生修改异常。

下面再举一个有关 BCNF 规范化的实例。

【例 4-6】设有关系模式 TCS(T，C，S)，T 表示教师，C 表示课程，S 表示学生。语义假设是，每一位教师只讲授一门课程；每门课程由多个教师讲授；某一学生选定某门课程，就对应于一个确定的教师。

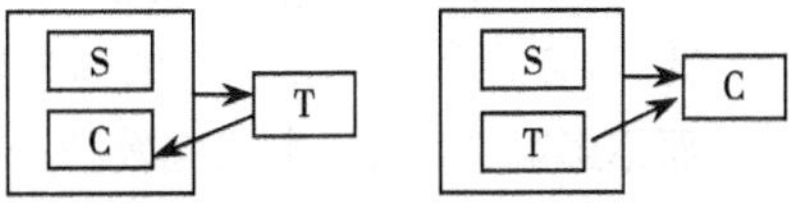

图 4-13　TCS 中的函数依赖关系

根据语义假设，TCS 的函数依赖是：F={(S，C)→T，(S，T)→C，T→C}。函数依赖图如图 4-13 所示。

对于 TCS，（S，C）和（S，T）都是候选键，TCS 中不存在非主属性，也就不可能存在非主属性对键的部分函数依赖或传递函数依赖，所以 TCS∈3NF。但从 TCS 的一个关系实例（见图 4-14）分析，仍存在一些问题。

T	C	S
T1	C1	S1
T1	C1	S2
T2	C1	S3
T2	C1	S4
T3	C2	S2
T4	C2	S2
T4	C3	S2

图 4-14　关系 TCS

① 数据冗余：虽然每个教师只开一门课，但每个选修该教师该门课程的学生元组都要记录这一信息。

② 插入异常：某门课程本学期不开设，自然就没有学生选修。因为主属性不能为空，教师上该门课程的信息就无法插入。同样原因，学生刚入校，尚未选课，有关信息也不能输入。

③ 删除异常：如果选修某门课程的学生全部毕业，删除学生记录的同时随之也删除了教师开设该门课程的信息。

④ 更新异常：当某个教师开设的某门课程改名后，所有选修该教师该门课程的学生元组都要进行修改，如果漏改某个数据，则破坏了数据的完整性。

出现上述问题的原因在于主属性部分函数依赖于候选键，(S，T)$\xrightarrow{p}$C，因此，关系模式还需要继续分解，转换成更高一级的范式 BCNF，以消除数据库操作中的异常现象。

将关系模式 TCS 分解为两个关系模式 TC(T，C)和 ST(S，T)，消除函数依赖(S，T)$\xrightarrow{p}$C。其中，TC 的键为 T，ST 的键为（S，T），ST∈BCNF，TC∈BCNF。这两个关系模式的函数依赖关系分别如图 4–15 和图 4–16 所示。

图 4–15　TC 中的函数依赖关系

图 4–16　ST 中的函数依赖关系

关系模式 TCS 规范到 BCNF 后，使原来存在的四个异常问题得到解决，即：

① 数据冗余降低了。每个教师开设课程的信息只在 TC 关系中存储一次。

② 不存在插入异常。所开课程尚未有学生选修的教师信息可以直接存储在关系 TC 中，而尚未选修课程的学生可以存储在关系 ST 中。

③ 不存在删除异常。如果选修某门课程的学生全部毕业，可以只删除关系 ST 中的相关学生记录，而不影响关系 TC 中相应教师开设该门课程的信息。

④ 不存在更新异常。当某个教师开设的某门课程改名后，只需修改关系 TC 中的一个相应元组即可，不会破坏数据的完整性。

如果一个关系数据库中所有关系模式都属于 3NF，则已在很大程度上消除了插入异常和删除异常，但由于可能存在主属性对候选键的部分函数依赖和传递函数依赖，因此关系模式的分解仍不够彻底。

如果一个关系数据库中所有关系模式都属于 BCNF，那么在函数依赖的范畴内，已经实现了模式的彻底分解，消除了产生插入异常和删除异常的根源，而且数据冗余也减少到极小程度。

4.3.5　多值依赖与第四范式

前面所介绍的规范化都是建立在函数依赖的基础上，函数依赖表示的是关系模式中属性间的一对一或一对多的联系，但它并不能表示属性间的多对多的关系，因而某些关系模式虽然已经规范到

BCNF，仍然存在一些弊端。本节主要讨论属性间的多对多的联系即多值依赖问题，以及在多值依赖范畴内定义的第四范式。

1．多值依赖的定义

一个关系属于 BCNF 范式，是否就已经很完美了？为此，先看一个例子。

假设学校中一门课程可由多名教师讲授，教学中他们使用相同的一套参考书，这样就可用如图 4–17 所示的非规范化的关系来表示课程 C、教师 T 和参考书 B 间的关系。

如果把图 4–17 中的关系 CTB 转化成规范化的关系，如图 4–18 所示。

课程 C	教师 T	参考书 B
数据库原理	吴胜利 陈　晨	数据库原理与应用 数据库系统 SQL Server 2008
数据结构	王　平 张京生	算法与数据结构 数据结构教程

图 4–17　关系 CTB

课程 C	教师 T	参考书 B
数据库原理	吴胜利	数据库原理与应用
数据库原理	吴胜利	数据库系统
数据库原理	吴胜利	SQL Server 2008
数据库原理	陈　晨	数据库原理与应用
数据库原理	陈　晨	数据库系统
数据库原理	陈　晨	SQL Server 2008
数据结构	王　平	算法与数据结构
数据结构	王　平	数据结构教程
数据结构	张京生	算法与数据结构
数据结构	张京生	数据结构教程

图 4–18　规范后的关系 CTB

由此可以看出，规范后的关系模式 CTB 的键是（C，T，B），即全码，因而 CTB 属于 BCNF 范式。但是，进一步分析可以看出，CTB 还存在着如下弊端：

① 数据冗余大。课程、教师和参考书都被多次存储。

② 插入异常。若增加一名教授“数据结构”的教师“李静”时，由于这个教师也使用相同的一套参考书，所以需要添加两个元组，即：（数据结构，李静，算法与数据结构）和（数据结构，李静，数据结构教程）。

③ 删除异常。若要删除某一门课的一本参考书，则与该参考书有关的元组都要删除，例如，

删除“数据库原理”课程的“数据库系统”，则需要删除（数据库原理，吴胜利，数据库系统）和（数据库原理，陈晨，数据库系统）两个元组。

产生以上弊端的原因主要有以下两方面：

① 对于关系 CTB 中 C 的一个具体值来说，有多个 T 值与其相对应；同样，C 与 B 间也存在着类似的联系。

② 对于关系 CTB 中的一个确定的 C 值，与其所对应的一组 T 值与 B 值无关。例如，与“数据库原理”课程对应的一组教师与此课程的参考书毫无关系。

从以上两个方面可以看出，C 与 T 间的联系显然不是函数依赖，在此称之为多值依赖（Multivalue Dependence，MVD）。

定义 4.8 设有关系模式 $R(U)$，U 是属性全集，X、Y、Z 是属性集 U 的子集，且 $Z=U-X-Y$，如果对于 R 的任一关系，对于 X 的一个确定值，存在 Y 的一组值与之对应，且 Y 的这组值仅仅决定于 X 的值而与 Z 值无关，此时称 Y 多值依赖于 X，或 X 多值决定 Y，记作 $X\to\to Y$。

在多值依赖中，若 $X\to\to Y$ 且 $Z=U-X-Y\neq\varnothing$，则称 $X\to\to Y$ 是非平凡的多值依赖，否则称为平凡的多值依赖。

例如，在关系模式 CTB 中，对于某一 C、B 属性值组合（数据库原理，数据库系统）来说，有一组 T 值｛吴胜利，陈晨｝，这组值仅仅决定于课程 C 上的值（数据库原理）。也就是说，对于另一个 C、B 属性值组合（数据库原理，SQL Server 2000），它对应的一组 T 值仍是｛吴胜利，陈晨｝，尽管这时参考书 B 的值已经改变了。因此，T 多值依赖于 C，即 C→→T。

下面给出多值依赖的形式。

设有关系模式 $R(U)$，U 是属性全集，X、Y、Z 是属性集 U 的子集，且 $Z=U-X-Y$，r 是关系模式 R 的任一关系，t、s 是 r 的任意两个元组，如果 $t[X]=s[X]$，必有 r 的两个元组 u、v 存在，使得：

$s[X]=t[X]=u[X]=v[X]$

$u[Y]=t[Y]$ 且 $u[Z]=s[Z]$

$v[Y]=s[Y]$ 且 $v[Z]=t[Z]$

则称 X 多值决定 Y 或 Y 多值依赖于 X。

2. 多值依赖与函数依赖间的区别

① 在关系模式 R 中，函数依赖 $X\to Y$ 的有效性仅仅决定于 X、Y 这两个属性集，不涉及第三个属性集，而在多值依赖中，$X\to\to Y$ 在属性集 U（$U=X+Y+Z$）上是否成立，不仅要检查属性集 X、Y 上的值，而且要检查属性集 U 的其余属性 Z 上的值。因此，如果 $X\to\to Y$ 在属性集 W（$W\subset U$）上成立，而在属性集 U 上不一定成立，则多值依赖的有效性与属性集的范围有关。

如果在 $R(U)$ 上有 X→→Y 在属性集 W（$W\subset U$）上成立，则称 $X\to\to Y$ 为 $R(U)$ 的嵌入型多值依赖。

② 如果在关系模式 R 上存在函数依赖 $X\to Y$，则任何 $Y'\subset Y$ 均有 $X\to Y'$ 成立，而多值依赖 $X\to\to Y$ 在 R 上成立，但不能断言对于任何 $Y'\subset Y$ 有 $X\to\to Y'$ 成立。

3. 多值依赖公理及其推论

设有关系模式 $R(U)$，U 是属性全集，X、Y、Z、W 是属性集 U 的子集。

（1）多值依赖公理

① 增广律：如果 $X\to\to Y$，$V\subseteq W\subseteq U$，则 $WX\to\to VY$。

② 传递律：如果 $X\to\to Y$，$Y\to\to Z$，则 $X\to\to Z-Y$。

③ 补余律：如果 $X\to\to Y$，则 $X\to\to U-X-Y$。

（2）函数依赖公理与多值依赖混合公理

① 复制规则：从 FD 导出 MVD，如果 $X\to Y$，则 $X\to\to Y$。

② 接合规则：从 MVD 导出 FD，如果 $X\to\to Y$，$Z\subseteq Y$，且存在 $W\subseteq U$ 有 $W\cap Y=\varnothing$，$W\to Z$，则 $X\to Z$。

（3）多值依赖推论

① 合并律：如果 $X\to\to Y$，$X\to\to Z$，则 $X\to\to YZ$。

② 伪传递律：如果 $X\to\to Y$，$WY\to\to Z$，则 $XW\to\to(Z-W-Y)$。

③ 分解律：如果 $X\to\to Y$，$X\to\to Z$，则 $X\to\to(Y\cap Z)$，$X\to\to(Y-Z)$，$X\to\to(Z-Y)$。这说明，如果两个相交的属性子集均多值依赖于另一个属性子集，则这两个属性子集因相交而分割成的三部分也都多值依赖于该属性子集。

④ 混合伪传递律：如果 $X\to\to Y$，$XY\to\to Z$，则 $X\to\to(Z-Y)$。

4. 第四范式（4NF）定义

前面我们曾分析了关系 CTB 虽然属于 BCNF，但还存在着数据冗余、插入异常和删除异常的弊端，究其原因就是 CTB 中存在非平凡的多值依赖，而决定因素不是关键字。因而必须将 CTB 继续分解，如果分解成两个关系模式 $CTB_1(C, T)$ 和 $CTB_2(C, B)$，则它们的冗余度会明显下降。从多值依赖的定义分析 CTB_1 和 CTB_2，它们的属性间各有一个多值依赖 $C\to\to T$，$C\to\to B$，都是平凡的多值依赖。因此，含有多值依赖的关系模式中，减少数据冗余和操作异常的常用方法是将关系模式分解为仅有平凡的多值依赖的关系模式。

定义 4.9 设有一关系模式 $R(U)$，U 是其属性全集，X、Y 是 U 的子集，D 是 R 上的数据依赖集。如果对于任一多值依赖 $X\to\to Y$，此多值依赖是平凡的，或者 X 包含了 R 的一个候选关键字，则称 R 是第四范式的关系模式，记为 $R\in 4NF$。

由此定义可知：关系模式 CTB 分解后产生的 $CTB_1(C, T)$ 和 $CTB_2(C, B)$ 中，因为 $C\to\to T$，$C\to\to B$ 均是平凡的多值依赖，所以 CTB_1 和 CTB_2 都是 4NF。

经过上面的分析可以得知：一个 BCNF 的关系模式不一定是 4NF，而 4NF 的关系模式必定是 BCNF 的关系模式，即 4NF 是 BCNF 的推广。

5. 第四范式（4NF）的分解

把一个关系模式分解为 4NF 的方法与分解为 BCNF 的方法类似，就是当把一个关系模式利用投影的方法消去非平凡且非函数依赖的多值依赖，并具有无损连接性。

【例 4-7】设有关系模式 $R(A, B, C, E, F, G)$，数据依赖集 $D=\{A\to\to BGC, B\to AC, C\to G\}$，将 R 分解为 4NF。

解：利用 $A\to\to BGC$，可将 R 分解为 $R=\{ABCG, AEF\}$。

利用 $B\to AC$，进一步分解得：$R=\{ABC, BG, AEF\}$。

由此得到的三个关系模式（ABC）、（BG）和（AEF）都属于 4NF，但此分解丢失了函数依赖 $C\to G$。若最后一次分解利用函数依赖 $C\to G$ 来做，则 $R=\{ABC, CG, AEF\}$，由此得到的三个关系模式（ABC）、（CG）和（AEF）都是属于 4NF 的关系模式，且保持了所有的数据依赖。这说明，4NF 的分解结果不是唯一的，结果与选择数据依赖的次序有关。任何一个关系模式都可无损分解成一组等价的 4NF 关系模式，但这种分解不一定具有保持函数依赖性。

数据依赖和多值依赖是两种最重要的数据依赖。如果只考虑函数依赖，则属于 BCNF 的关系模式的规范化程度已经是最高的了。如果考虑多值依赖，则属于 4NF 的关系模式化程度是最高的。事实上，数据依赖中除函数依赖和多值依赖之外，还有其他数据依赖。函数依赖是多值依赖的一种特殊情况，而多值依赖实际上又是连接依赖的一种特殊情况。但连接依赖不像函数依赖和多值依赖那样可由语义直接导出，而是在关系的连接运算时才反映出来。存在连接依赖的关系模式仍可能遇到数据冗余及插入、修改、删除异常的问题。如果消除了属于 4NF 的关系模式中存在的连接依赖，则可以进一步达到 5NF 的关系模式。

4.4 关系模式的规范化

到目前为止，规范化理论已经提出了六类范式（有关 5NF 的内容本书不再详细介绍）。范式级别可以逐级，而升高规范化的过程就是逐步消除关系模式中不合适的数据依赖的过程，使模型中的各个关系模式达到某种程度的分离。一个低一级范式的关系模式，通过模式分解转化为若干个高一级范式的关系模式的集合，这种分解过程叫做关系模式的规范化（Normalization）。

一个关系只要其分量都是不可分的数据项，就可称它为规范化的关系，但这只是最基本的规范化。规范化的目的就是使结构合理，消除存储异常，使数据冗余尽量小，便于插入、删除和更新。

规范化的基本原则就是遵循“一事一地”的原则，即一个关系只描述一个实体或者实体间的联系。若多于一个实体，就把它“分离”出来。因此，所谓规范化，实质上是概念的单一化，即一个关系表示一个实体。

小　结

本章首先由关系模式的存储异常问题引出了函数依赖的概念，其中包括完全函数依赖、部分函数依赖和传递函数依赖，这些概念是规范化理论的依据和规范化程度的准则。规范化就是对原关系进行投影，消除决定属性不是候选键的任何函数依赖。一个关系只要其分量都是不可分的数据项，就可称作规范化的关系，也称作 1NF。消除 1NF 关系中非主属性对键的部分函数依赖，得到 2NF；消除 2NF 关系中非主属性对键的传递函数依赖，得到 3NF；消除 3NF 关系中主属性对键的部分函数依赖和传递函数依赖，便可得到一组 BCNF 关系。在规范化过程中，可逐渐消除存储异常，使数据冗余尽量小，便于插入、删除和更新。规范化的基本原则就是遵循概念单一化“一事一地”的原则，即一个关系只描述一个实体或者实体间的联系。

习　题

1. 解释下列术语的含义：函数依赖、平凡函数依赖、非平凡函数依赖、部分函数依赖、完全函数依赖、传递函数依赖、范式。
2. 给出 2NF、3NF、BCNF 的形式化定义，并说明它们之间的区别和联系。
3. 什么叫关系模式分解？为什么要有关系模式分解？模式分解要遵守什么准则？
4. 试证明全键的关系必是 3NF，也必是 BCNF。
5. 设有关系模式 $R(A, B, C, D)$，函数依赖 $F=\{A\to C, C\to A, B\to AC, D\to AC, BD\to A\}$

   （1）求出 R 的所有候选键。

   （2）求出 F 的最小函数依赖集（即基本的函数依赖集，不是导出的函数依赖）。

   （3）根据函数依赖关系，确定关系模式 R 属于第几范式。

   （4）将 R 分解为 3NF，并保持无损连接性和函数依赖性。
6. 关系模式 $R(A, B, C, D, E)$，函数依赖 $F=\{A\to D, E\to D, D\to B, BC\to D, CD\to A\}$。

   （1）求 R 的候选键。

   （2）根据函数依赖关系，确定关系模式 R 属于第几范式。

   （3）将 R 分解为 3NF，并保持无损连接性。
7. 设有关系模式 $SC(S, C, G)$，函数依赖集为 $F=\{SC\to G\}$。请确定 SC 的范式等级，并证明。
8. 设有关系模式 $R(A, B, C, D, E, F)$，函数依赖集 $F=\{A\to BC, BC\to A, BC, D\to EF, E\to C\}$。试问：关系模式 R 是否为 BCNF 范式，并证明结论。
9. 设有关系 R，如图 4-19 所示。试问 R 属于第几范式？如何规范化为 3NF？写出规范化的步骤。

职工号	职工名	年龄	性别	单位号	单位名
E1	ZHAO	20	F	D3	CCC
E2	QIAN	25	M	D1	AAA
E3	SUN	38	M	D3	CCC
E4	LI	25	F	D3	CCC

图 4-19　关系 *R*

10. 要建立关于系、学生、班级、研究会等信息的一个关系数据库。规定：一个系有若干专业、每个专业每年只招一个班，每个班有若干学生，一个系的学生住在同一个宿舍区。每个学生可参加若干研究会，每个研究会有若干学生。

    描述学生的属性有：学号、姓名、出生年月、系名、班号、宿舍区。

    描述班级的属性有：班号、专业名、系名、人数、入校年份。

    描述系的属性有：系号、系名、系办公室地点、人数。

    描述研究会的属性有：研究会名、成立年份、地点、人数。

    学生参加某研究会，有一个入会年份。

    试给出上述数据库的关系模式；写出每个关系的最小依赖集；指出是否存在传递函数依赖；对于函数依赖左部是多属性的情况，讨论其函数依赖是完全函数依赖还是部分函数依赖，指出各关系的候选键、外部关系键。

第5章 数据库安全保护

学习目标

- 了解数据库安全性控制的一般方法;
- 掌握 SQL Server 的数据安全控制机制;
- 了解数据库完整性控制的含义及方法;
- 掌握 SQL Server 数据完整性控制的方法;
- 理解并发控制及封锁的基本原理;
- 了解数据库恢复的原理及实现技术。

DBMS 对数据库的安全保护功能是通过四方面来实现的，即安全性控制、完整性控制、并发性控制和数据库备份及恢复。本章将从这四方面来介绍数据库的安全保护功能，重点要求读者熟悉它们的含义及实现这些安全保护功能的方法，并结合 SQL Server 2008 加深四部分内容的理解，并掌握其操作技能。

5.1 数据库的安全性

5.1.1 数据库安全性的含义

数据库的安全性是指保护数据库以防止非法所造成数据库泄露、更改或破坏。

数据库的应用日益普遍，它存储着单位、组织、企业和个人的大量信息。这些信息对各部门单位很重要，成为单位资产的一部分。不同的应用部门，其安全性要求不同。银行、商店等单位的数据库中存放着重要的经济信息，必须尽可能保障其安全性；国家、军事机关等部门的数据库中存放着绝密信息，严禁泄露，这些部门数据库安全性极为重要。数据库管理系统必须提供可靠的保护措施，确保数据库的安全性。

安全性问题并非数据库系统所独有，所有计算机系统都有这个问题。而且数据库的安全性与计算机系统的安全性，包括计算机硬件、操作系统、网络系统等的安全性，是紧密联系、相互支持的。在数据库系统中，由于数据集中和资源共享，数据安全更为重要，共享不是无条件访问数据，而是在一定安全机制下，只能允许某些人对某些数据做某些操作。

这里讨论的是数据库本身的安全性问题，主要考虑安全保护的策略，尤其是控制访问的策略。

5.1.2 安全性控制的一般方法

在计算机系统中，安全措施是一级一级层层设置的，安全控制模型如图 5-1 所示。

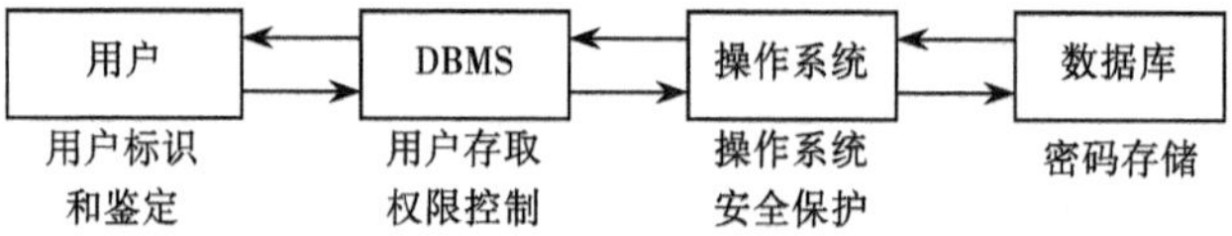

图 5-1　安全控制模型

根据图 5-1 所示的安全模型，当用户进入计算机系统时，系统首先根据输入的用户标识进行身份的鉴定，只有合法的用户才允许进入系统。对已进入系统的用户，DBMS 还要进行存取控制，只允许用户进行合法的操作。DBMS 是建立在操作系统之上的，安全的操作系统是数据库安全的前提。操作系统应能保证数据库中的数据必须由 DBMS 访问，而不允许用户越过 DBMS，直接通过操作系统访问。数据最后可以通过密码的形式存储到数据库中。有关操作系统的安全措施为其他课程的内容，本书只讨论与数据库有关的用户标识和鉴定、用户存取权限控制、定义视图、数据加密和审计几类安全性措施。

1. 用户标识和鉴定

数据库系统是不允许一个未经授权的用户对数据库进行操作的。用户标识和鉴定是系统提供的最外层的安全保护措施，其方法是由系统提供一定的方式让用户标识自己的名字或身份，系统内部记录着所有合法用户的标识，每次用户要求进入系统时，由系统进行核实，通过鉴定后才提供机器的使用权。

2. 用户存取权限控制

数据库安全性所关心的主要是 DBMS 的存取控制机制，数据库安全最重要的一点就是确保只授权给有资格的用户访问数据库的权限，保证用户只能存取他有权存取的数据。所谓用户权限是指不同的用户对于不同的数据对象允许执行的操作权限，它由两部分组成：数据对象和操作类型。定义一个用户的存取权限就是要定义这个用户可以在哪些数据对象上进行哪些类型的操作。

存取控制机制主要包括两部分：

（1）定义并登记用户权限

定义用户权限，并将用户权限登记到数据字典中。系统必须提供适当的语言定义用户权限，这些定义经过编译后存放在数据字典中，被称作安全规则或授权规则。

（2）合法权限检查

每当用户发出存取数据库的操作请求后（请求一般应包括操作类型、操作对象和操作用户等信息），DBMS 查找数据字典，根据安全规则进行合法权限检查，若用户的操作请求超出了定义的权限，系统将拒绝执行此操作。

用户权限定义和权限检查机制一起组成了 DBMS 的安全子系统。

一般来说，DBMS 提供有两种访问控制方法来控制数据的访问，即自主性访问控制和强制性访问控制。自主性访问控制是通过控制用户访问权限，即授权的方式进行的。强制性访问控制是基于数据分级实现的。下面分别介绍这两种方法。

（1）自主性访问控制

自主性访问控制（Discretionary Access Control，DAC）是通过授权实现的。在数据库系统中，定义用户存取权限称为授权。大型数据库管理系统几乎都支持自主性访问控制，目前的 SQL 标准也对自主性访问控制提供支持，这主要通过 SQL 的 GRANT 语句和 REVOKE 语句来实现。在 SQL 中提供了 GRANT 语句向用户授予操作权限，用 REVOKE 命令回收（或撤销）权限。具体命令的使用可参见 3.9 节数据控制的内容。

（2）强制性访问控制

强制性访问控制（Mandatory Access Control，MAC）是通过数据分级的方法实现的。这一方法将每一数据目标（文件、记录等）赋予一定的密级（Classification Level），例如密级可以分为：绝密级（Top Secret，TS）、机密级（Secret，S）、秘密级（Confidential，C）和一般级（Unclassified，U）。对用户也赋予类似的许可级别。每级比其下级限制更多，即绝密＞机密＞秘密＞一般。

在 MAC 中，DBMS 所管理的全部实体被分为主体和客体两大类。

主体是系统中的活动实体，既包括 DBMS 所管理的实际用户，也包括代表用户的各进程。客体是系统中受主体操纵的被动实体，包括文件、基本表、索引、视图等。对于主体和客体，DBMS 为它们每个实例（值）指派一个许可级别。

强制性访问控制本质上具有分层的特点，通常具有静态的、严格的分层结构，与现实世界的层次管理也相吻合。这种强制存取控制特别适合层次严明的军事部门、政府部门、金融部门等的数据管理。

3. 定义视图

为不同的用户定义不同的视图，可以限制各个用户的访问范围。通过视图机制把要保密的数据对无权存取这些数据的用户隐藏起来，从而自动地对数据提供一定程度的安全保护。例如，如果限定 User1 只能对计算机系的学生进行操作，一种方法是通过授权机制对 User1 授权，另一种简单的方法就是定义一个“计算机系”的视图。但视图机制的安全保护功能太不精细，往往不能达到应用系统的要求，其主要功能在于提供了数据库的逻辑独立性。在实际应用中，通常将视图机制与授权机制结合起来使用，首先用视图机制屏蔽一部分保密数据，然后在视图上再进一步定义存取权限。

4. 数据加密

前面介绍的几种数据库安全措施，都是防止从数据库系统窃取保密数据，不能防止通过不正常渠道非法访问数据。例如，偷取存储数据的磁盘，或在通信线路上窃取数据。为了防止这些窃密活动，比较好的办法是对数据加密。

数据加密（Data Encryption）是防止数据库中数据在存储和传输中失窃的有效手段。加密的基本思想是根据一定的算法将原始数据（术语为明文，Plain Text）加密成为不可直接识别的格式（术语为密文，Cipher Text），数据以密文的形式存储和传输。

加密方法有两种，一种是替换方法，该方法使用密钥（Encryption Key）将明文中的每一个字符转换为密文中的字符。另一种是转换方法，该方法将明文中的字符按不同的顺序重新排列。通常将这两种方法结合起来使用，就可以达到相当高的安全程度。例如，美国 1977 年制定的官方加密标准——数据加密标准（Data Encryption Standard，DES）就是使用这种算法的例子。关于加密的有关技术问题，本书不再详细介绍，感兴趣的读者可参阅相关知识的书籍。

5. 审计（Audit）

前面介绍的各种数据库安全性措施，都可将用户操作限制在规定的安全范围内，但实际上任何系统的安全性措施都不是绝对可靠的，窃密者总有办法打破这些控制。对于某些高度敏感的保密数据，必须以审计作为预防手段。审计功能是一种监视措施，它跟踪记录有关数据的访问活动。

审计追踪把用户对数据库的所有操作自动记录下来，存放在一个特殊文件中，即审计日志(Audit Log）中。记录的内容一般包括：操作类型（如修改、查询等）、操作终端标识与操作者标识、操作日期和时间、操作所涉及的相关数据（如基本表、视图、记录、属性等）、数据的前象和后象等。利用这些信息，可以重现导致数据库现有状况的一系列事件，以进一步找出非法存取数据的人、时间和内容等。

使用审计功能会大大增加系统的开销，所以 DBMS 通常将其作为可选特征，提供相应的操作语句可灵活地打开或关闭审计功能。例如，可使用如下 SQL 语句打开对表 S 的审计功能，对表 S 的每次成功的查询、增加、删除和修改操作都作审计追踪：

```
AUDIT SELECT,INSERT,DELETE,UPDATE
ON S WHENEVER SUCCESSFUL
```

要关闭对表 S 的审计功能可以使用如下语句：

```
NO AUDIT ALL ON S
```

5.1.3 SQL Server 2008 的数据安全性机制

SQL Server 2008 的安全模型分为三层结构，分别为服务器安全管理、数据库安全管理和数据库对象的访问权限管理。

第一层是 SQL Server 服务器级别的安全性，这一级别的安全性建立在控制服务器登录账号和密码的基础上，即必须具有正确的服务器登录账号和密码才能连接到 SQL Server 服务器。

第二层安全性是数据库级别的安全性，用户提供正确的服务器登录账号和密码通过第一层的 SQL Server 服务器的安全性检查之后，将接受第二层的安全性检查，即是否具有访问某个数据库的权利。

第三层安全性是数据库对象级别的安全性，用户通过了前两层的安全性验证之后，在对具体的数据库对象（表、视图、存储过程等）进行操作时，将接受权限检查，即用户要想访问数据库里的对象时，必须事先被赋予相应的访问权限，否则系统将拒绝访问。

5.1.4 SQL Server 2008 的身份验证模式

SQL Server 2008 提供两种身份验证模式：Windows 身份验证模式和混合身份验证模式（SQL Server 和 Windows 身份验证模式）。

1．Windows 身份验证模式

在该验证模式下，SQL Server 2008 使用 Windows 操作系统来对登录的账号进行身份验证，支持 Windows 操作系统的密码策略和锁写策略，账号和密码保存在 Windows 操作系统的账户数据库中，是一个系统文件。SQL Server 2008 服务器自身不再负责身份验证。因此，在该种验证模式下，SQL Server 2008 客户机只要能够访问 Windows 服务器，就可以访问 SQL Server 2008 服务器，用户不必同时登录网络和 SQL Server 2008 服务器。SQL Server 2008 服务器把身份验证的工作交给 Windows 系统来完成，特点是“登录一次”，所以这种验证模式也称为“受信连接”。

2．混合身份验证模式

混合身份验证模式允许以 SQL Server 身份验证模式或者 Windows 身份验证模式来进行验证。如果一个用户使用的是 TCP/IP Sockets 进行登录验证，则将使用 SQL Server 身份验证模式；如果用户使用命名管道，则登录时将使用 Windows 身份验证模式。这种身份验证模式能更好地适应用户的各种环境。但是对于 Windows 9x 系列的操作系统，只能使用 SQL Server 身份验证模式。

在该种身份验证模式下，当客户机使用用户账号和密码连接数据库服务器时，SQL Server 2008 首先在数据库中查询是否有相同账号和密码的账号，若有则接受连接。若数据库中没有相应的账号和密码，SQL Server 2008 会向 Windows 操作系统请求验证客户机的身份。SQL Server 2008 和 Windows

操作系统都没有通过客户机的身份验证请求后则拒绝连接。

在SQL Server身份验证模式下，账号和密码保存在master数据库的syslogins数据表中。SQL Server将用户登录使用的账号和密码到该表中进行比较匹配。

由此可以看出：验证模式的选择通常与网络验证的模型和客户与服务器间的通信协议有关。如果网络主要是 Windows 网，则用户登录到 Windows 时已经得到了确认，因此，使用 Windows 验证模式将减轻系统的工作负担。但是，如果网络主要是Novell网或者对等网，则使用SPX协议和SQL Server验证模式将是很方便的。因为在这种情况下，只需创建 SQL Server 登录账户，而不用创建 Windows 账户。另外，在 Internet 环境中，无法采用 Windows 身份验证机制。

3. 设置身份验证模式

安装 SQL Server 2008 时，安装程序会提示用户选择服务器身份验证模式，然后根据用户的选择将服务器设置为 Windows 身份验证模式或 SQL Server 和 Windows 身份验证模式。在使用过程中，可以根据需要来重新设置服务器的身份验证模式。具体操作过程如下：

① 在 SQL Server Management Studio 的“对象资源管理器”中，右击服务器，在弹出的快捷菜单中选择“属性”命令。

② 在“安全性”选项的“服务器身份验证”下，选择新的服务器身份验证模式，再单击“确定”按钮。

③ 重新启动 SQL Server，使设置生效。

5.1.5 SQL Server 2008 的登录账号和服务器角色

在 SQL Server 中，账号有两种：一种是登录服务器的登录账号（Login Name），另外一种是使用数据库的用户账号（User Name）。登录账号是指能登录到 SQL Server 的账号，它属于服务器的层面，本身并不能让用户访问服务器中的数据库，而登录者要使用服务器中的数据库时，必须要有用户账号。就如同公司门口先刷卡进入（登录服务器），然后再拿钥匙打开自己的办公室（进入数据库）一样。

1. 创建登录账号

具体操作步骤如下：

① 在“对象资源管理器”中，展开“安全性”结点，然后右击“登录名”，在弹出的快捷菜单中选择“新建登录名”命令。

② 在“登录名-新建”对话框中，选择“常规”选项，如图 5-2 所示。

③ 在“登录名”文本框中输入要创建的登录账号的名称，如“hl”，选中“SQL Server 身份验证”单选按钮，并输入密码，然后在“默认数据库”选项组中，选择数据库下拉列表中的某个数据

库，如 XSCJ，表示该登录账号默认登录到 XSCJ 数据库中。

④ 在“登录名-新建”对话框中，选择“服务器角色”选项，这里可以选择将该登录账号添加到某个服务器角色中成为其成员，并自动具有该服务器角色的权限。其中，public 角色自动选中，并且不能删除。

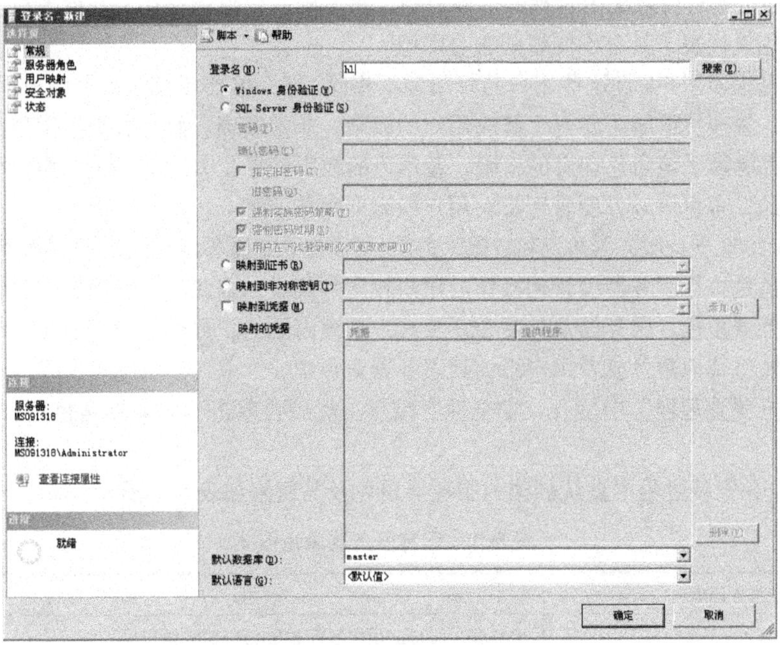

图 5-2　新建登录名对话框

⑤ 设置完所有需要设置的选项之后，单击“确定”按钮即可创建登录账号。

2. 修改登录账号

修改登录账号的过程和创建登录账号的过程类似，在“对象资源管理器”中，展开“安全性”结点下面的“登录名”结点，然后右击要修改的登录名，在弹出的快捷菜单中选择“属性”命令，即可打开“登录属性”对话框，然后就可以对该登录账号进行修改。其中各选项的含义和“登录名-新建”对话框中的选项含义相同，这里不再赘述。

3. 删除登录账号

在“对象资源管理器”中，展开“安全性”结点下面的“登录名”结点，然后右击要删除的登录名，在弹出的快捷菜单中选择“删除”命令，在出现的“删除登录”对话框中单击“确定”按钮即可删除该登录账号。

此外，也可以利用 Drop Login 语句删除登录账号，具体的语法格式如下：

```
Drop Login login_name
```

参数 login_name 用来指定要删除的登录名。

例如，删除登录账号 test1 的语句为：

```
Drop Login test1
```

4. SQL Server 的服务器角色

角色（Role）是对权限集中管理的一种机制，将不同的权限组合在一起就形成了一种角色。因此，不同的角色就代表了具有不同权限集合的组。

如果系统有很多用户，且这些用户的权限各不相同，那么单独授权给每个用户不便于集中管理，当权限变化时，管理员可能需要逐个修改用户的权限，非常烦琐。而当若干个用户都被赋予同一个角色时，它们都继承了该角色拥有的权限，若角色的权限变更了，这些相关的用户权限都会发生相应的变更。因此，角色可以方便管理员对用户权限的集中管理。

SQL Server 2008 支持服务器角色和数据库角色。下面先介绍服务器角色，数据库角色放在后面讲解。

服务器角色是执行服务器级管理操作的用户权限的集合，因此，一般指定需要管理服务器的登录账号属于服务器角色。服务器角色是 SQL Server 系统内置的，数据库管理员（DBA）不能创建服务器角色，只能将其他角色或者用户添加到服务器角色中。

在“对象资源管理器”中展开“安全性”结点，然后再单击“服务器角色”，即可看到这九种服务器角色 。

SQL Server 在安装过程中默认创建的服务器角色及其权限如表 5-1 所示。

表 5-1 固定服务器角色描述

固定服务器角色	描述
Bulkadmin	允许非 sysadmin 用户运行 BULK INSERT 语句
Dbcreator	创建、更改、删除和还原任何数据库
Diskadmin	管理磁盘文件
Processadmin	终止 SQL Server 实例中运行的进程
Securityadmin	管理登录名及其属性
Serveradmin	更改服务器范围的配置选项和关闭服务器
Setupadmin	添加和删除链接的服务器，并且也可以执行某些系统存储过程
Sysadmin	在服务器中执行任何活动
Public	每个 SQL Server 登录账号都属于 public 服务器角色

只有 public 角色的权限可以根据需要修改，而且对 public 角色设置的权限，所有的登录账号都会自动继承。

查看和设置 public 角色的权限的步骤如下：

① 右击 public 角色，在弹出的快捷菜单中选择“属性”命令。

② 在“服务器角色属性”对话框的“权限”页中，可以查看当前 public 角色的权限并进行修改。

5.1.6　SQL Server 2008 的数据库用户账号和数据库角色

1. 数据库的用户账号

登录名、数据库用户名是 SQL Server 中两个容易混淆的概念。登录名是访问 SQL Server 的通行证。每个登录名的定义存放在 master 数据库的表 syslogins（登录名是服务器级的）中。登录名本身并不能让用户访问服务器中的数据库资源。要访问具体数据库中的资源，还必须有该数据库的用户名。新的登录创建以后，才能创建数据库用户，数据库用户在特定的数据库内创建，必须和某个登录名相关联。数据库用户的定义信息存放在与其相关的数据库的 sysusers 表（用户名是数据库级的）中的，这个表包含了该数据库的所有用户对象以及和它们相对应的登录名的标识。用户名设有密码和它相关联，大多数情况下，用户名和登录名使用相同的名称，数据库用户名主要用于数据库权限的控制。

在 SQL Server 中，登录账户和数据库用户是 SQL Server 进行权限管理的两种不同的对象。一个登录账户可以与服务器上的所有数据库进行关联，而数据库用户是一个登录账户在某数据库中的映射，也即一个登录账户可以映射到不同的数据库，产生多个数据库用户（但一个登录账户在一个数据库至多只能映射一个数据库用户），一个数据库用户只能映射到一个登录账户。允许数据库为每个用户对象分配不同的权限，这一特性为在组内分配权限提供了最大的自由度与可控性。

2. 创建数据库的用户账号

可以通过以下两种方法创建数据库用户账号。一种是利用"对象资源管理器"创建数据库用户，另外一种是利用 T-SQL 语句创建。下面介绍利用"对象资源管理器"创建数据库用户。

利用对象资源管理器创建数据库用户的具体步骤如下：

① 打开"对象资源管理器"，展开需要创建数据库用户的数据库结点如 XSCJ，找到"安全性"结点并将其展开。

② 在"用户"结点上右击，在弹出的快捷菜单中选择"新建用户"命令。

③ 这时将打开"数据库用户-新建"对话框。在"常规"选项中对如下内容进行设置。

- 用户名：输入要创建的数据库用户名。
- 登录名：输入与该数据库用户对应的登录账号，也可以通过右边的按钮进行选择。
- 证书名称：输入与该数据库用户对应的证书名称。
- 密钥名称：输入与该数据库用户对应的密钥名称。
- 无登录名：指定不应将该数据库用户映射到现有登录名，可以作为 guest 连接到数据库。
- 默认架构：输入或选择该数据库用户所属的架构。
- 在"此用户拥有的架构"列表中可以查看和设置该用户拥有的架构。
- 在"数据库角色成员身份"列表中，可以为该数据库用户选择数据库角色。

④ 还可以对"安全对象"和"扩展属性"中的选项进行设置。

⑤ 单击"确定"按钮，即可创建数据库用户。

3. 查看或修改数据库用户账号

在 Management Studio 中查看或修数据库用户的操作方法如下：

① 启动 Management Studio，分别展开“服务器”、“数据库”、“SXCJ”、“安全性”、“用户”结点，在“用户”文件夹下能看到该数据库的已有用户。

② 右击某个要操作的用户，在系统弹出的快捷菜单中选择“属性”命令。

③ 在打开的数据库用户属性对话框中可以查看或修改用户的权限信息，如“常规”中的“拥有架构”、“角色成员”，“安全对象”中的具体权限设置及“扩展属性”等。

④ 设置完成后，单击“确定”按钮，则成功修改数据库用户。

4. 删除数据库用户账号

在 Management Studio 中查看或修改数据库用户的操作方法如下：

① 启动 Management Studio，分别展开“服务器”、“数据库”、“SXCJ”、“安全性”、“用户”结点，在“用户”文件夹下能看到该数据库的已有用户。

② 右击某个要删除的用户，在系统弹出的快捷菜单中选择“删除”命令，打开“删除对象”对话框。

③ 在打开的“删除对象”对话框中选定要删除的账号，然后单击“确定”按钮，则成功删除数据库用户。

用 DROP USER 语句也可以删除数据库用户账号，语法格式为：

```
DROP USER user_name
```

参数 user_name 指定在此数据库中用于识别该用户的名称。

注意：不能删除 guest 用户，但可在除 master 或 tempdb 之外的任何数据库中执行 REVOKE CONNECT FROM GUEST 来撤销它的 CONNECT 权限，从而禁用 guest 用户。

5. 数据库角色

SQL Server 在每个数据库中都提供了 10 个固定的数据库角色。与服务器角色不同的是，数据库角色权限的作用域仅限在特定的数据库内。在“对象资源管理器”中展开相应数据库下的“安全性”结点，然后再单击“数据库角色”，即可看到这 10 个数据库角色。

10 个固定数据库角色的权限定义如下：

- db_accessadmin：其固定数据库角色的成员可以为 Windows 登录账号、Windows 组和 SQL Server 登录账号添加或删除数据库访问权限。
- db_backupoperator：其固定数据库角色的成员可以备份数据库。
- db_datareader：其固定数据库角色的成员可以从所有用户表中读取所有数据。
- db_datawriter：其固定数据库角色的成员可以在所有用户表中添加、删除或更改数据。
- db_ddladmin：其固定数据库角色的成员可以在数据库中运行任何数据定义语言（DDL）命令。
- db_denydatareader：其固定数据库角色的成员不能读取数据库内用户表中的任何数据。

- db_denydatawriter：其固定数据库角色的成员不能添加、修改或删除数据库内用户表中的任何数据。
- db_owner：其固定数据库角色的成员可以执行数据库的所有活动，在数据库中拥有全部权限。
- db_securityadmin：其固定数据库角色的成员可以修改角色成员身份和管理权限。
- public：每个数据库用户都属于 public 数据库角色。如果未向某个用户授予或拒绝特定权限时，该用户将继承授予该对象的 public 角色的权限。

只有 public 角色的权限可以根据需要修改，而且对 public 角色设置的权限，当前数据库中所有的用户都会自动继承。查看和设置 public 角色的权限的步骤如下：

① 右击 public 角色，在弹出的快捷菜单中选择“属性”命令。

② 在“数据库角色属性”对话框的“安全对象”选项中，可以查看当前 public 角色的权限并进行修改。

6．创建新的数据库角色

与服务器角色不同的是，除了系统提供的固定的数据库角色之外，用户还可以新建数据库角色。因为数据库角色是针对具体的数据库而言的，作用域为数据库范围，因此数据库角色的创建需要在特定的数据库下。

在 Management Studio 中创建数据库角色的具体步骤如下：

① 打开“对象资源管理器”，展开需要创建数据库角色的数据库结点，找到“安全性”结点，展开。

② 展开“角色”结点，在“数据库角色”结点上右击，在弹出的快捷菜单中选择“新建数据库角色”命令。

③ 这时将打开“数据库角色-新建”对话框。主要有以下几个选项：

- 角色名称：输入要创建的数据库角色名称。
- 所有者：输入该数据库角色的所有者，也可以通过右边的按钮打开对话框进行选择。
- 在“此角色拥有的架构”列表中，选择此角色拥有的架构。
- 利用“添加”按钮可以向该数据库角色中添加成员，添加的成员将自动获得该数据库角色的权限。
- 利用“删除”按钮可以从该数据库角色中删除成员。

可以对“安全对象”和“扩展属性”页中的相关选项进行设置。

④ 单击“确定”按钮，即可创建新的数据库角色。

也可以通过 CREATE ROLE 在当前数据库中创建新数据库角色。

语法格式为：

```
CREATE ROLE role_name [AUTHORIZATION owner_name]
```

参数：

- role_name：待创建角色的名称；

- AUTHORIZATION owner_name：将拥有新角色的数据库用户或角色。如果未指定用户，则执行 CREATE ROLE 的用户将拥有该角色。

角色是数据库级别的安全对象。创建角色后，使用 GRANT、DENY 和 REVOKE 配置角色的数据库级别权限。若要为数据库角色添加成员，请使用 sp_addrolemember 存储过程。在 sys.database_role_members 和 sys.database_principals 目录视图中可以查看数据库角色。

7. 删除数据库角色

在 Management Studio 中删除数据库角色的步骤为：

① 打开“对象资源管理器”，展开需要创建数据库角色的数据库结点，找到“安全性”结点，展开。

② 展开“角色”、“数据库角色”结点，在某自定义数据库角色上右击，在弹出的快捷菜单中选择“删除”命令，启动“删除对象”来删除数据库角色。

但要注意：角色必须为空时才能删除。

也可以通过 DROP ROLE 语句从数据库删除角色。语法格式为：

```
DROP ROLE role_name
```

注意： 无法从数据库删除拥有安全对象的角色。若要删除拥有安全对象的数据库角色，必须首先转移这些安全对象的所有权，或从数据库删除它们。无法从数据库删除拥有成员的角色。若要删除有成员的角色，必须首先删除角色的成员。不能使用 DROP ROLE 删除固定数据库角色。

8. 应用程序角色

应用程序角色是一个数据库主体，它使应用程序能够用其自身的、类似用户的特权来运行。使用应用程序角色，可以只允许通过特定应用程序连接的用户访问特定数据。与数据库角色不同的是，应用程序角色默认情况下不包含任何成员，而且是非活动的，使用时需要激活。应用程序角色可以使用两种身份验证模式。应用程序角色可使用 sp_setapprole 激活，但此过程需要应用程序角色名和密码。因为应用程序角色是数据库级主体，所以它们只能通过其他数据库中为 guest 授予的权限来访问这些数据库。因此，其他数据库中的应用程序角色将无法访问任何已禁用 guest 的数据库。

那么如何连接应用程序角色呢？应用程序角色切换安全上下文的过程包括下列步骤：

① 创建应用程序角色；

② 对该应用程序角色分配权限；

③ 用户执行客户端应用程序；

④ 客户端应用程序作为用户连接到 SQL Server；

⑤ 应用程序用一个只有它才知道的密码执行 sp_setapprole 存储过程；

⑥ 如果应用程序角色名称和密码都有效，将激活应用程序角色。此时，连接将失去用户权限，

而获得应用程序角色权限。通过应用程序角色获得的权限在连接期间始终有效。

在 SQL Server 的早期版本中，用户若要在激活应用程序角色后重新获取其原始安全上下文，唯一的方法就是断开 SQL Server 连接，然后再重新连接。在 SQL Server 2008 中，sp_setapprole 提供了一个新选项，它可以在激活应用程序之前创建一个包含上下文信息的 Cookie。sp_unsetapprole 可以使用此 Cookie 将会话恢复到其原始上下文。

9．应用程序角色创建与删除

在 Management Studio 中创建与删除应用程序角色的具体步骤如下：

① 在“对象资源管理器”窗口中，依次展开 “数据库”、“某具体数据库”、“安全性”，“角色”结点。

② 右击“应用程序角色”，在弹出的快捷菜单中选择“新建应用程序角色”命令，出现“应用程序角色-新建”对话框。

③ 在“常规”选项卡右边指定角色名称、默认架构、密码、确认密码、角色拥有的架构等信息后，单击“确定”按钮即可。当然，在创建应用程序角色的同时，可以指定“安全对象”、“扩展属性”选项卡中的属性。

④ 右击已有某应用程序角色，选择“删除”命令，能实现角色的删除操作。

10．用户和角色的权限问题

用户是否具有对数据库存取的权力，要看其权限设置而定；但是，它还要受其角色的权限的限制。

（1）用户权限继承角色的权限

数据库角色中可以包含许多用户，用户对数据库对象的存取权限也继承自该角色。假设用户 User1 属于角色 Role1，角色 Role1 已经取得了对表 Table1 的 SELECT 权限，则用户 User1 也自动取得对表 Table1 的 SELECT 权限。如果 Role1 对 Table1 没有 INSERT 权限，而 User1 取得了对表 Table1 的 INSERT 权限，则 User1 最终也取得对表 Table1 的 INSERT 权限。但是拒绝是优先的，只要 Role1 和 User1 中的之一有拒绝权限，则该权限就是拒绝的。

（2）用户分属不同角色

如果一个用户分属于不同的数据库角色，如用户 User1 既属于角色 Role1，又属于角色 Role2，则用户 User1 的权限基本上是以 Role1 和 Role2 的并集为准。但是只要有一个拒绝，则用户 User1 的权限就是拒绝的。

5.2　完整性控制

5.2.1　数据库完整性的含义

数据库完整性是指数据库中数据的正确性和相容性，数据库通过应用完整性规则防止不合语义的数据进入数据库。例如，学生的学号一定是唯一的；学生的年龄必须是整数，取值范围为 14 ~ 40；学生的性别只能是男或女等都是完整性的范畴。

数据的完整性和数据的安全性是两个不同的概念。

数据的完整性是防止数据库中存在不符合语义的数据，也就是防止数据库中存在不正确的数据。数据的安全性是保护数据库防止恶意的破坏和非法的存取。安全性措施的防范对象是非法用户和非法操作，完整性措施的防范对象是不合语义的数据。当然，完整性和安全性是密切相关的。

数据完整性对各种应用及各种规模的数据库都是非常重要的，它是保证数据库提供正确数据的有力手段，所以数据库管理系统应该具备保证数据完整性的强有力机制。

5.2.2 完整性规则的组成

为了实现完整性控制，数据库管理员应向 DBMS 提出一组完整性规则，来检查数据库中的数据，看其是否满足语义约束。这些语义约束构成了数据库的完整性规则，这组规则作为 DBMS 控制数据完整性的依据。它定义了何时检查、检查什么、查出错误怎样处理等事项。具体地说，完整性规则主要由以下三部分构成。

① 触发条件：规定系统什么时候使用规则来检查数据。

② 约束条件：规定系统检查用户发出的操作请求违背了什么样的完整性约束条件。

③ 违约响应：规定系统如果发现用户发出的操作请求违背了完整性约束条件，应该采取一定的动作来保证数据的完整性，即违约时要做的事情。

完整性规则从执行时间上可分为立即执行约束（Immediate Constraints）和延迟执行约束（Deferred Constraints）。

立即执行约束是指在执行用户事务过程中，某一条语句执行完成后，系统立即对此数据进行完整性约束条件检查。延迟执行约束是指在整个事务执行结束后，再对约束条件进行完整性检查，结果正确后才能提交。

如果发现用户操作请求违背了立即执行约束，则可以拒绝该操作，以保护数据的完整性。如果发现用户操作请求违背了延迟执行约束，而又不知道是哪个事务的操作破坏了完整性，则只能拒绝整个事务，把数据库恢复到该事务执行前的状态。

一条完整性规则可以用一个五元组（D，O，A，C，P）来形式化地表示。其中：

- D（Data）：代表约束作用的数据对象，可以是关系、元组和列三种对象；
- O（Operation）：代表触发完整性检查的数据库操作，即当用户发出什么操作请求时需要检查该完整性规则，是立即执行还是延迟执行；
- A（Assertion）：代表数据对象必须满足的语义约束，这是规则的主体；
- C（Condition）：代表选择 A 作用的数据对象值的谓词；

- P（Procedure）：代表违反完整性规则时触发执行的操作过程。

例如，对于“学号(SNo)不能为空”的这条完整性约束中，D、O、A、C、P 的含义分别如下：

- D：约束作用的数据对象为 SNo 属性；
- O：当用户插入或修改数据时需要检查该完整性规则；
- A：SNo 不能为空；
- C：A 可作用于所有记录的 SNo 属性；
- P：拒绝执行用户请求。

关系模型的完整性包括实体完整性、参照完整性和用户定义完整性。对于违反实体完整性和用户定义完整性规则的操作一般都是采用拒绝执行的方式进行处理。而对于违反参照完整性的操作，并不都是拒绝执行，一般在接受这个操作的同时，执行一些附加的操作，以保证数据库的状态仍然是正确的。例如，在删除被参照关系中的元组时，应该将参照关系中所有的外码值与被参照关系中要删除元组主码值相对应的元组一起删除。例如，要删除 S 关系中 SNo='S1'的元组，而 SC 关系中又有三个 SNo='S1'的元组。这时根据应用环境的语义，当一个学生毕业或退学后，他的个人记录将从 S 关系中删除，选课记录也应随之从 SC 表中删除，应该将 SC 关系中三个 SNo='S1'的元组一起删除。

这些完整性规则都由 DBMS 提供的语句进行描述，经过编译后存放在数据字典中。一旦进入系统，就开始执行该组规则。其主要优点是违约由系统来处理，而不是由用户处理。另外，规则集中在数据字典中，而不是散布在各应用程序之中，易于从整体上理解和修改，效率较高。

数据库系统的整个完整性控制都是围绕着完整性约束条件进行的，从这个角度来看，完整性约束条件是完整性控制机制的核心。

5.2.3　完整性约束条件的分类

1．值的约束和结构的约束

完整性约束从约束条件使用的对象分为值的约束和结构的约束。

值的约束即对数据类型、数据格式、取值范围和空值等进行规定。

① 对数据类型的约束，包括数据的类型、长度、单位和精度等。例如，规定学生姓名的数据类型应为字符型，长度为 8。

② 对数据格式的约束。例如，规定出生日期的数据格式为 YY.MM.DD。

③ 对取值范围的约束。例如，月份的取值范围为 1 ~ 12，日期的取值范围为 1 ~ 31。

④ 对空值的约束。空值表示未定义或未知的值，它与零值和空格不同。有的列允许有空值，有的则不允许。例如，在 SC 关系中，学号和课程号不可以为空值，但成绩可以为空值。

结构的约束即对数据之间联系的约束。数据库中同一关系的不同属性之间，应满足一定的约束条件，同时，不同关系的属性之间也有联系，也应满足一定的约束条件。常见的结构约束有如下四种：

① 函数依赖约束：说明了同一关系中不同属性之间应满足的约束条件。例如，2NF、3NF、BCNF这些不同的范式应满足不同的约束条件。大部分函数依赖约束都是隐含在关系模式结构中的，特别是对于规范化程度较高的关系模式，都是由关系模式来保持函数依赖。

② 实体完整性约束：说明了关系键的属性列必须唯一，其值不能为空或部分为空。

③ 参照完整性约束：说明了不同关系的属性之间的约束条件，即外部键的值应能够在参照关系的主键值中找到或取空值。

④ 统计约束：规定某个属性值与一个关系多个元组的统计值之间必须满足某种约束条件。

例如，规定系主任的奖金不得高于该系的平均奖金的40%，不得低于该系的平均奖金的20%。这里该系平均奖金的值就是一个统计计算值。

其中，实体完整性约束和参照完整性约束是关系模型的两个极其重要的约束，被称为关系的两个不变性。统计约束实现起来开销很大。

2. 静态约束和动态约束

完整性约束从约束对象的状态分为静态约束和动态约束。

① 静态约束：指对数据库每一个确定状态所应满足的约束条件，是反映数据库状态合理性的约束，这是最重要的一类完整性约束。上面介绍的值的约束和结构的约束均属于静态约束。

② 动态约束：指数据库从一种状态转变为另一种状态时，新旧值之间所应满足的约束条件，动态约束反映的是数据库状态变迁的约束。例如，学生年龄在更改时只能增长，职工工资在调整时不得低于其原来的工资等。

5.2.4 数据完整性的实施

在 SQL Server 中，数据完整性可以通过下列两种形式来实施：

（1）声明式数据完整性

声明式数据完整性是将数据所需符合的条件融入到对象的定义中，这样 SQL Server 会自动确保数据符合事先制定的条件。这是实施数据完整性的首选。

声明式数据完整性的特点如下：

① 通过针对表和字段定义声明的约束，可使声明式数据完整性成为数据定义的一部分。

② 使用约束、默认值与规则实施声明式数据完整性。

（2）程序化数据完整性

如果所需符合的条件以及该条件的实施均通过所编写的程序代码完成，则这种形式的数据完整性称为程序化数据完整性。

程序化数据完整性的特点如下：

① 程序化数据完整性可以通过相关的程序语言及工具在客户端或服务器端实施。

② SQL Server 可以使用存储过程或触发器实施程序化数据完整性。

综上所述，实施数据完整性的方法有五种：约束（Constraint）、默认值（Default）、规则（Rule）、存储过程（Stored Procedure）、触发器（Trigger）。

有关存储过程和触发器的内容参见 7.2 和 7.3 节。

5.2.5 规则

规则就是数据库对存储在表中的列或用户自定义数据类型中的值的规定和限制。规则是单独存储的独立的数据库对象。规则与其作用的表或用户自定义数据类型是相互独立的，即表或用户自定义对象的删除、修改不会对与之相连的规则产生影响。规则和约束可以同时使用，表的列可以有一个规则及多个 CHECK 约束。规则与 CHECK 约束很相似。相比之下，在 ALTER TABLE 或 CREATE TABLE 命令中使用的 CHECK 约束是更标准的限制列值的方法，但 CHECK 约束不能直接作用于用户自定义数据类型。

1. 创建规则

用 CREATE RULE 命令创建规则。

CREATE RULE 命令用于在当前数据库中创建规则，其语法如下：

```
CREATE RULE rule_name AS condition_expression
```

其中，rule_name 是规则的名称，condition_expression 子句是规则的定义，它可以是用于 WHERE 条件子句中的任何表达式，可包含算术运算符、关系运算符和谓词（如 IN、LIKE、BETWEEN 等）。

注意： condition_expression 子句中的表达式必须以字符@开头。

【例 5-1】 创建学生年龄规则。

```
CREATE RULE age_rule
AS @Sage >= 18 and @Sage <= 50
```

2. 规则的绑定与松绑

创建规则后，规则仅仅是一个存在于数据库中的对象，并未发生作用。需要将规则与数据库表或用户自定义对象联系起来，才能达到创建规则的目的。联系的方法称为“绑定”。所谓绑定就是指定规则作用于哪个表的哪一列或哪个用户自定义数据类型。表的一列或一个用户自定义数据类型只能与一个规则相绑定，而一个规则可以绑定多个对象，这正是规则的魅力所在。解除规则与对象的绑定称为“松绑”。

（1）用存储过程 sp_bindrule 绑定规则

存储过程 sp_bindrule 可以将一个规则绑定到表的一列或一个用户自定义数据类型上。其语法如下：

```
sp_bindrule [@rulename =] 'rule',   [@objname =] 'object_name'  [,
'futureonly']
```

各参数说明如下：

① [@rulename =] 'rule'指定规则名称。

② [@objname =] 'object_name'指定规则绑定的对象。

③ 'futureonly'选项仅在绑定规则到用户自定义数据类型上时才可以使用。当指定此选项时，只有以后使用此用户自定义数据类型的列会应用新规则，而当前已经使用此数据类型的列则不受影响。

【例 5-2】 绑定规则 age_rule 到 S 表的字段 Sage。

```
EXEC sp_bindrule 'age_rule', 'S.Sage'
```

注意： 规则对已经输入表中的数据不起作用。

规则所指定的数据类型必须与所绑定的对象的数据类型一致，且规则不能绑定一个数据类型为 TEXT、IMAGE 或 TIMESTAMP 的列。

与表的列绑定的规则优先于与用户自定义数据类型绑定的规则。因此，如果表的列的数据类型与规则 A 绑定，同时列又与规则 B 绑定，则以规则 B 为列的规则。

可以直接用一个新的规则来绑定列或用户自定义数据类型，而不需要先将其原来绑定的规则解除，系统会自动将旧规则覆盖。

（2）用存储过程 sp_unbindrule 解除规则的绑定

存储过程 sp_unbindrule 可解除规则与列或用户自定义数据类型的绑定，其语法如下：

```
sp_unbindrule [@objname =] 'object_name'[,'futureonly']
```

其中，'futureonly'选项同绑定时一样，仅用于用户自定义数据类型，它指定现有的用此用户自定义数据类型定义的列仍然保持与此规则的绑定。如果不指定此项，所有由此用户自定义数据类型定义的列也将随之解除与此规则的绑定。

【例 5-3】 解除已绑定到 S 表的字段 Sage 的规则 age_rule。

```
EXEC sp_unbindrule 'S.Sage'
```

3. 删除规则

使用 DROP RULE 命令可以删除当前数据库中的一个或多个规则。其语法如下：

```
DROP RULE {rule_name} [,...n]
```

注意： 在删除一个规则前必须先将与其绑定的对象解除绑定。

【例 5-4】 删除 age_rule 规则。

```
DROP RULE age_rule
```

5.2.6 默认

所谓默认值，就是用户在向表中添加数据时，如果没有明确地给出一个值，这时 SQL Server 所自动使用的值。默认值可以是常量、内置函数或数学表达式。此处的默认对象与用 ALTER TABLE 或 CREATE TABLE 命令操作表时使用 DEFAULT 选项指定的默认功能相似，但默认对象可以用于多个列或用户自定义数据类型，它的管理与应用同规则有许多相似之处。表的一列或一个用户自定义数据类型只能与一个默认绑定。

1. 创建默认

CREATE DEFAULT 命令用于在当前数据库中创建默认，其语法如下：

```
CREATE DEFAULT default_name AS constant_expression
```

其中，default_name 是要创建的默认的名称，constant_expression 子句是默认的定义，该子句可以是数学表达式或函数，也可以包含表的列名或其他数据库对象。

【例 5-5】创建出生日期默认 Age_defa。

```
CREATE DEFAULT Age_defa AS 20
```

2. 默认的绑定与松绑

创建默认后，它仅仅是一个存在于数据库中的对象，并未发生作用。默认同规则一样，需要将它与数据库表或用户自定义对象绑定。

（1）用存储过程 sp_bindefault 绑定默认

存储过程 sp_bindefault 可以将一个默认绑定到表的一个列或一个用户自定义数据类型上。其语法如下：

```
sp_bindefault [@defname =] 'default',    [@objname =] 'object_name'  [,
'futureonly']
```

其中，'futureonly'选项仅在将默认对象绑定到用户自定义数据类型上时才可以使用。当指定此选项时，只有以后使用此用户自定义数据类型的列会应用新的默认对象，而当前已经使用此数据类型的列则不受影响。

【例 5-6】绑定默认 Age_defa 到数据表 S 的 Sage 列上。

```
EXEC sp_bindefault Age_defa 'S.Sage'
```

这样，当用户在输入记录数据时，如果未提供字段 Birthday 的值，系统将自动默认其值为 20。

（2）用存储过程 sp_unbindefault 解除默认的绑定

存储过程 sp_unbindefault 可以解除默认与表的列或用户自定义数据类型的绑定，其语法如下：

```
sp_unbindefault [@objname =] 'object_name' [,'futureonly']
```

其中，'futureonly'选项同绑定时一样，仅用于用户自定义数据类型。它指定现有的用此用户自定义数据类型定义的列仍然保持与此默认的绑定。如果不指定此项，所有由此用户自定义数据类型定义的列也将随之解除与此默认对象的绑定。

【例 5-7】解除默认 Age 与表 S 的 Sage 列的绑定。

```
EXEC sp_unbindefault 'S.Sage'
```

注意：如果列同时绑定了一个规则和一个默认对象，那么默认对象应该符合规则的规定。不能绑定默认对象到一个用 CREATE TABLE 或 ALTER TABLE 命令创建或修改表时用 DEFAULT 选项指定了的默认的列上。

3. 删除默认对象

使用 DROP DEFAULT 命令可以删除当前数据库中的一个或多个默认对象，其语法如下：

```
DROP DEFAULT {default_name} [,...n]
```

【例 5-8】删除学生年龄默认对象 Age_defa。

```
DROP DEFAULT Age_defa
```

注意：在删除一个默认对象前必须先将与其绑定的对象解除绑定。

5.3 并发控制与封锁

5.3.1 数据库并发性的含义

上一节讨论的完整性是保证各个事务本身能得到正确的数据，只考虑一个用户使用数据库的情况，但实际上数据库中有许多用户。每个用户在存取数据库中的数据时，可能是串行执行，即每个时刻只有一个用户程序运行，也可能是多个用户并行地存取数据库。数据库的最大特点之一就是数据资源是共享的，串行执行意味着一个用户在运行程序时，其他用户程序必须等到这个用户程序结束才能对数据库进行存取。这样，如果一个用户程序涉及大量数据的输入、输出交换，则数据库系统的大部分时间将处于闲置状态。因此，为了充分利用数据库资源，很多时候数据库用户都是对数据库系统并行存取数据，这样就会发生多个用户并发存取同一数据块的情况。如果对并发操作不加控制可能会产生不正确的数据，破坏数据的完整性，并发控制就是解决这类问题，以保持数据库中数据的一致性，即在任何一个时刻数据库都将以相同的形式给用户提供数据。

5.3.2 事务

1. 事务的定义

在上一节中就曾提到过事务的概念，DBMS 的并发控制也是以事务为基本单位进行的。那么到底什么是事务？

事务是数据库系统中执行的一个工作单位，它是由用户定义的一组操作序列。一个事务可以是一组 SQL 语句、一条 SQL 语句或整个程序，一个应用程序可以包括多个事务。

事务的开始与结束可以由用户显式控制。如果用户没有显式地定义事务，则由 DBMS 按照默认规定自动划分事务。在 SQL 中，定义事务的语句有三条：

```
BEGIN TRANSACTION
COMMIT
ROLLBACK
```

其中，BEGIN TRANSACTION 表示事务的开始；COMMIT 表示事务的提交，即将事务中所有对数据库的更新写回到磁盘上的物理数据库中，此时事务正常结束；ROLLBACK 表示事务的回滚，即在事务运行的过程中发生了某种故障，事务不能继续执行，系统将事务中对数据库的所有已完成的更新操作全部撤销，再回滚到事务开始时的状态。

2. 事务的特征

事务是由有限的数据库操作序列组成，但并不是任意的数据库操作序列都能称为事务。为了保护数据的完整性，一般要求事务具有以下四个特征：

（1）原子性（Atomicity）

一个事务是一个不可分割的工作单位，事务在执行时，应该遵守“要么不做，要么全做”（Nothing or All）的原则，即不允许完成部分的事务。即使因为故障而使事务未能完成，它执行的部分结果也要被取消。

（2）一致性（Consistency）

事务对数据库的作用是数据库从一个一致状态转变到另一个一致状态。所谓数据库的一致状态是指数据库中的数据满足完整性约束。例如，在银行中，“从账号 A 转移资金额 R 到账号 B”是一个典型的事务，这个事务包括两个操作，从账号 A 中减去资金额 R 和在账号 B 中增加资金额 R，如果只执行其中一个操作，则数据库处于不一致状态，账务会出现问题。也就是说，两个操作要么全做，要么全不做，否则就不能成为事务。可见事务的一致性与原子性是密切相关的。

（3）隔离性（Isolation）

如果多个事务并发地执行，应像各个事务独立执行一样，一个事务的执行不能被其他事务干扰。即一个事务内部的操作及使用的数据对并发的其他事务是隔离的。并发控制就是为了保证事务间的隔离性。

（4）持久性（Durability）

持久性指一个事务一旦提交，它对数据库中数据的改变就应该是持久的，即使数据库因故障而受到破坏，DBMS 也应该能够恢复。

事务上述四个性质的英文术语的第一个字母为 A、C、I、D，因此，这四个性质又称为事务的 ACID 准则。下面是一个事务的例子，即从账号 A 转移资金额 R 到账号 B：

```
BEGIN TRANSACTION
  READ A
  A←A-R
```

```
IF A<0              /* A 款不足*/
THEN
    BEGIN
        DISPLAY "A款不足"
          ROLLBACK
    END
ELSE                /* 拨款 */
    BEGIN
        B←B+R
        DISPLAY "拨款完成"
        COMMIT
    END
```

这是对一个简单事务的完整描述。该事务有两个出口：当 A 账号的款项不足时，事务以 ROLLBACK（撤销）命令结束，即撤销该事务的影响；另一个出口是以 COMMIT（提交）命令结束，完成从账号 A 到账号 B 的拨款。在 COMMIT 之前，即在数据库修改过程中，数据可能是不一致的，事务本身也可能被撤销。只有在 COMMIT 之后，事务对数据库所产生的变化才对其他事务开放，这就可以避免其他事务访问不一致或不存在的数据。

5.3.3 并发操作与数据的不一致性

当同一数据库系统中有多个事务并发执行时，如果不加以适当控制，可能产生数据的不一致性。

【例 5-9】并发取款操作。假设存款余额 R=1000 元，甲事务 T_1取走存款 100 元，乙事务 T_2取走存款 200 元，如果正常操作，即甲事务 T_1执行完毕再执行乙事务 T_2，存款余额更新后应该是 700 元。但是如果按照如下顺序操作，则会有不同的结果：

① 甲事务 T_1读取存款余额 R=1 000 元；

② 乙事务 T_2读取存款余额 R=1 000 元；

③ 甲事务 T_1取走存款 100 元，修改存款余额 $R=R-100=900$，把 R=900 写回到数据库；

④ 乙事务 T_2取走存款 200 元，修改存款余额 $R=R-200=800$，把 R=800 写回到数据库；

结果两个事务共取走存款 300 元，而数据库中的存款却只少了 200 元。得到这种错误的结果是由甲乙两个事务并发操作引起的，数据库的并发操作导致的数据库不一致性主要有以下三种：

1. 丢失更新（Lost Update）

当两个事务 T_1和 T_2读入同一数据，并发执行修改操作时，T_2把 T_1或 T_1把 T_2的修改结果覆盖掉，造成了数据的丢失更新问题，导致数据的不一致。

仍以例 5-14 中的操作为例进行分析。在表 5-2 中，数据库中 R 的初值是 1000，事务 T_1包含三个操作：读入 R 初值（FIND R）；计算存款余额（$R=R-100$）；更新 R（UPDATE R）。事务 T_2也包含三个操作：FIND R；计算（$R=R-200$）；UPDATE R。如果事务 T_1和 T_2顺序执行，则更新后，R 的值是 700。但如果 T_1 和 T_2 按照表 5-2 所示并发执行，R 的值是 800，则得到错误的结果，原因在于在 $t7$ 时刻丢失了 T_1 对数据库的更新操作。因此，这个并发操作不正确。

表 5-2　丢失更新问题

时间	事务 T_1	数据库中 R 的值	事务 T_2
t_0		1000	
t_1	FIND R		
t_2			FIND R
t_3	$R=R-100$		
t_4			$R=R-200$
t_5	UPDATE R		
t_6		900	UPDATE R
t_7		800	

2．污读（Dirty Read）

事务 T_1 更新了数据 R，事务 T_2 读取了更新后的数据 R，事务 T_1 由于某种原因被撤销，修改无效，数据 R 恢复原值。事务 T_2 得到的数据与数据库的内容不一致，这种情况称为"污读"。在表 5-3 中，事务 T_1 把 R 的值改为 900，但此时尚未做 COMMIT 操作，事务 T_2 将修改过的值 900 读出来，之后事务 T_1 执行 ROLLBACK 操作，R 的值恢复为 1000，而事务 T_2 仍在使用已被撤销了的 R 值 900。原因在于，在 t_4 时刻事务 T_2 读取了 T_1 未提交的更新操作结果，这种值是不稳定的，在事务 T_1 结束前随时可能执行 ROLLBACK 操作。对于这些未提交的随后又被撤销的更新数据称为"脏数据"。例如，这里事务 T_2 在 t_2 时刻读取的就是"脏数据"。

表 5-3　污读问题

时间	事务 T_1	数据库中 R 的值	事务 T_2
t_0		1000	
t_1	FIND R		
t_2	$R=R-100$		
t_3	UPDATE R		
t_4		900	FIND R
t_5	ROLLBACK		
t_6		1000	

3．不可重读（Unrepeatable Read）

事务 T_1 读取了数据 R，事务 T_2 读取并更新了数据 R，当事务 T_1 再读取数据 R 以进行核对时，得到的两次读取值不一致，这种情况称为"不可重读"。

在表 5-4 中，在 t_1 时刻，事务 T_1 读取 R 的值为 1000，但事务 T_2 在 t_4 时刻将 R 的值更新为 800。所以，T_1 所使用的值已经与开始读取的值不一致了。

产生上述三类数据不一致性的主要原因就是并发操作破坏了事务的隔离性。

并发控制就是要求 DBMS 提供并发控制功能以正确的方式高度并发事务，避免并发事务之间的相互干扰造成数据的不一致性，保证数据库的完整性。

表 5-4　不可重读问题

时间	事务 T_1	数据库中 R 的值	事务 T_2
t_0		1000	
t_1	FIND R		
t_2			FIND R
t_3			R=R-200
t_4			UPDATE R
t_5		800	

5.3.4　封锁

实现并发控制的方法主要有两种：封锁（Lock）技术和时标（Timestamp）技术。这里只介绍封锁技术。

1. 封锁类型（Lock Type）

所谓封锁就是当一个事务在对某个数据对象（可以是数据项、记录、数据集、以至整个数据库）进行操作之前，必须获得相应的锁，以保证数据操作的正确性和一致性。

封锁是目前 DBMS 普遍采用的并发控制方法，基本的封锁类型有两种：排它锁（Exclusive Locks，简称 X 锁）和共享锁（Share Locks,简称 S 锁）。

（1）排它锁

排它锁又称写锁，简称为 X 锁，其采用的原理是禁止并发操作。当事务 *T* 对某个数据对象 A 实现 X 封锁后，其他事务要等 *T* 解除 X 封锁以后，才能对 A 进行封锁。这就保证了其他事务在 *T* 释放 A 上的锁之前，不能再对 A 进行操作。

（2）共享锁

共享锁又称读锁，其采用的原理是允许其他用户对同一数据对象进行读取，但不能对该数据对象进行修改。当事务 *T* 对某个数据对象 A 实现 S 封锁后，其他事务只能对 A 加 S 锁，而不能加 X 锁，直到 *T* 释放 A 上的 S 锁。这就保证了其他事务在 *T* 释放 A 上的 S 锁之前，只能读取 A，而不能再对 A 作任何修改。

2. 封锁协议（Lock Protocol）

封锁可以保证合理地进行并发控制，保证数据的一致性。实际上，锁是一个控制块，其中包括被加锁记录的标识符及持有锁的事务的标识符等。在封锁时，要考虑一定的封锁规则，例如，何时开始封锁、封锁多长时间、何时释放等，这些封锁规则称为封锁协议。对封锁方式规定不同的规则，就形成了各种不同的封锁协议。封锁协议在不同程度上对正确控制并发操作提供了一定的保证。上面讲述过的并发操作所带来的丢失更新、污读和不可重读等数据不一致性问题，可以通过三级封锁协议在不同程度上给予解决，下面介绍三级封锁协议。

（1）一级封锁协议

一级封锁协议的内容是：事务 T 在修改数据对象之前必须对其加 X 锁，直到事务结束。具体地说，就是任何企图更新记录 R 的事务必须先执行 XLOCK R（即对记录 R 进行 X 封锁）操作，以获得对该记录进行寻址的能力并对它取得 X 封锁。如果未获准“X 封锁”，那么这个事务进入等待状态，一直到获准“X 封锁”，该事务才继续做下去。该事务规定事务在更新记录 R 时必须获得排它性封锁，使得两个同时要求更新 R 的并行事务之一必须在一个事务更新操作执行完成之后才能获得 X 封锁，这样就避免了两个事务读到同一个 R 值而先后更新时所发生的丢失更新问题。

利用一级封锁协议可以解决表 5-2 中的数据丢失更新问题，如表 5-5 所示。事务 T_1 先对 R 进行 X 封锁（XLOCK），事务 T_2 执行 XLOCK R 操作，未获准“X 封锁”，则进入等待状态，直到事务 T_1 更新 R 值以后，解除 X 封锁操作（UNLOCK X）。此后，事务 T_2 再执行 XLOCK R 操作，获准“X 封锁”，并对 R 值进行更新（此时 R 已是事务 T_1 更新过的值，R=900）。这样，就能得出正确的结果。

一级封锁协议只有修改数据时才进行加锁，如果只是读取数据则并不加锁，所以它不能防止污读和重读数据。

表 5-5　无丢失更新问题

时间	事务 T_1	数据库中 R 的值	事务 T_2
t_0	XLOCK R	1000	
t_1	FIND R		
t_2			XLOCK R
t_3	R=R-100		WAIT
t_4	UPDATE R		WAIT
t_5	UNLOCK X	900	WAIT
t_6			XLOCK R
t_7			R=R-200
t_8			UPDATE R
t_9		700	UNLOCK X

（2）二级封锁协议

二级封锁协议的内容是：在一级封锁协议的基础上，另外加上事务 T 在读取数据 R 之前必须先对其加 S 锁，读完后释放 S 锁。所以，二级封锁协议不但可以解决更新时所发生的数据丢失问题，还可以进一步防止“污读”。

利用二级封锁协议可以解决表 5-3 中的数据“污读”问题，如表 5-6 所示。事务 T_1 先对 R 进行 X 封锁（XLOCK），把 R 的值改为 900，但尚未提交。这时事务 T_2 请求对数据 R 加 S 锁，因为 T_1 已对 R 加了 X 锁，T_2 只能等待，直到事务 T_1 释放 X 锁。之后，事务 T_1 因某种原因被撤销，数据 R 恢复原值 1000，并释放 R 上的 X 锁。事务 T_2 可对数据 R 加 S 锁，读取 R=1000，得到了正确的结果，从而避免了事务 T_2 读取“脏数据”。

表 5-6 无污读问题

时间	事务 T1	数据库中 R 的值	事务 T2
t_0	XLOCK R	1000	
t_1	FIND R		
t_2	R=R-100		
t_3	UPDATE R		
t_4		900	SLOCK R
t_5	ROLLBACK		WAIT
t_6	UNLOCK R	1000	SLOCK R
t_7			FIND R
t_8			UNLOCK S

二级封锁协议在读取数据之后，立即释放 S 锁，所以它仍然不能防止“重读”数据。

（3）三级封锁协议

三级封锁协议的内容是：在一级封锁协议的基础上，另外加上事务 T 在读取数据 R 之前必须先对其加 S 锁，读完后并不释放 S 锁，而直到事务 T 结束才释放。所以，三级封锁协议除了可以防止更新丢失问题和污读数据外，还可进一步防止不可重读数据，彻底解决了并发操作所带来的三个不一致性问题。

利用三级封锁协议可以解决表 5-4 中的不可重读问题，如表 5-7 所示。在表 5-7 中，事务 $T1$ 读取 R 的值之前先对其加 S 锁，这样其他事务只能对 R 加 S 锁，而不能加 X 锁，即其他事务只能读取 R，而不能对 R 进行修改。所以，当事务 T_2 在 t_3 时刻申请对 R 加 X 锁时被拒绝，使其无法执行修改操作，只能等待事务 T_1 释放 R 上的 S 锁，这时事务 T_1 再读取数据 R 进行核对时，得到的值仍是 1000，与开始所读取的数据是一致的，即可重读。在事务 T_1 释放 S 锁后，事务 T_2 可以对 R 加 X 锁，进行更新操作，这样便保证了数据的一致性。

表 5-7　可重读问题

时间	事务 T_1	数据库中 R 的值	事务 T_2
t_0		1000	
t_1	SLOCK R		
t_2	FIND R		
t_3			XLOCK R
t_4	COMMIT		WAIT
t_5	UNLOCK S		WAIT
t_6			XLOCK R
t_7			FIND R
t_8			R=R-200
t_9			UPDATE R
t_{10}			UNLOCK X

3. 封锁粒度（Lock Granularity）

封锁粒度指封锁的单位。根据对数据的不同处理，封锁的对象可以是这样一些逻辑单元：字段、记录、表、数据库等，封锁的数据对象的大小叫封锁粒度。封锁粒度与系统的并发度和并发控制的开销密切相关。封锁粒度越小，系统中能够被封锁的对象就越多，并发度越高，但封锁机构复杂，系统开销也就越大。相反，封锁粒度越大，系统中能够被封锁的对象就越少，并发度越低，封锁机构越简单，相应系统开销也就越小。因此，在实际应用中，选择封锁粒度时应同时考虑封锁机构和并发度两个因素，对系统开销与并发度进行权衡，以求得最优的效果。

4. 死锁和活锁

封锁技术可有效解决并行操作的一致性问题，但也可产生新的问题，即活锁和死锁问题。

（1）活锁（Livelock）

当某个事务请求对某一数据进行排它性封锁时，由于其他事务对该数据的操作而使这个事务处于永久等待状态，这种状态称为活锁。

例如，事务 T_1 在对数据 R 封锁后，事务 T_2 又请求封锁 R，于是 T_2 等待。T_3 也请求封锁 R。当 T_1 释放了 R 上的封锁后首先批准了 T_3 的请求，T_2 继续等待。然后，又有 T_4 请求封锁 R，T_3 释放了 R 上的封锁后又批准了 T_4 的请求……T_2 可能永远处于等待状态，从而发生了活锁，如表 5-8 所示。

表 5-8　活锁

时间	事务 T_1	事务 T_2	事务 T_3	事务 T_4
t_0	LOCK R			
t_1		LOCK R		

续表

时间	事务 T_1	事务 T_2	事务 T_3	事务 T_4
t_2		WAIT	LOCK R	
t_3	UNLOCK	WAIT	WAIT	LOCK R
t_4		WAIT	LOCK R	WAIT
t_5		WAIT		WAIT
t_6		WAIT	UNLOCK	WAIT
t_7		WAIT		LOCK R
t_8		WAIT		

避免活锁的简单方法是采用先来先服务的策略，按照请求封锁的次序对事务排队，一旦记录上的锁释放，就使申请队列中的第一个事务获得锁。有关活锁的问题我们不再详细讨论，因为活锁的问题较为常见，这里主要讨论有关死锁的问题。

（2）死锁（Deadlock）

在同时处于等待状态的两个或多个事务中，其中的每一个在它能够进行之前，都等待着某个数据，而这个数据已被它们中的某个事务所封锁，这种状态称为死锁。

例如，事务 T_1 在对数据 R_1 封锁后，又要求对数据 R_2 封锁，而事务 T_2 已获得对数据 R_2 的封锁，又要求对数据 R_1 封锁，这样两个事务由于都不能得到封锁而处于等待状态，发生了死锁，如表 5-9 所示。

表 5-9 死锁

时 间	事务 T_1	事务 T_2	时 间	事务 T_1	事务 T_2
t_0	LOCK R_1		t_4	WAIT	
t_1		LOCK R_2	t_5	WAIT	LOCK R_1
t_2			t_6	WAIT	WAIT
t_3	LOCK R_2		t_7	WAIT	WAIT

① 死锁产生的条件。发生死锁的必要条件有以下四个：

- 互斥条件：一个数据对象一次只能被一个事务所使用，即对数据的封锁采用排它式。
- 不可抢占条件：一个数据对象只能被占有它的事务所释放，而不能被别的事务强行抢占。
- 部分分配条件：一个事务已经封锁分给它的数据对象，但仍然要求封锁其他数据。
- 循环等待条件：允许等待其他事务释放数据对象，系统处于加锁请求相互等待的状态。

② 死锁的预防。死锁一旦发生，系统效率将会大大下降，因而要尽量避免死锁的发生。在操作系统的多道程序运行中，由于多个进程的并行执行需要分别占用不同资源，所以也会发生死锁。

要想预防死锁的产生，就得改变形成死锁的条件。同操作系统预防死锁的方法类似，在数据库环境下，预防死锁常用的方法有以下两种：

- 一次加锁法：一次加锁法是每个事物必须将所有要使用的数据对象全部依次加锁，并要求加锁成功，只要一个加锁不成功，表示本次加锁失败，则应该立即释放所有加锁成功的数据对象，然后重新开始加锁。

一次加锁法虽然可以有效地预防死锁的发生，但也存在一些问题。首先，对某一事务所要使用的全部数据一次性加锁，扩大了封锁的范围，从而降低了系统的并发度。其次，数据库中的数据是不断变化的，原来不要求封锁的数据，在执行过程中可能会变成封锁对象，所以很难事先精确地确定每个事务所要封锁的数据对象，这样只能再开始扩大封锁范围，将可能要封锁的数据全部加锁，这就进一步降低了并发度，影响了系统的运行效率。

- 顺序加锁法：顺序加锁法是预先对所有可加锁的数据对象规定一个加锁顺序，每个事务都需要按此顺序加锁，在释放时，按逆序进行。

例如，对于表 5-9 发生的死锁，我们可以规定封锁顺序为 R_1、R_2，事务 T_1和 T_2都需要按此顺序加锁。T_1先封锁 R_1，再封锁 R_2。当 T_2再请求封锁 R_1时，因为 T_1已经对 R_1加锁，T_2只能等待。待 T_1释放 R_1后，T_2再封锁 R_1，则不会发生死锁。

顺序加锁法同一次加锁法一样，也存在一些问题。因为事务的封锁请求可以随着事务的执行而动态地决定，所以很难事先确定封锁对象，从而更难确定封锁顺序。即使确定了封锁顺序，随着数据操作的不断变化，维护这些数据的封锁顺序也需要很大的系统开销。

在数据库系统中，可加锁的目标集合不但很大，而且是动态变化的；可加锁的目标常常不是按名寻址，而是按内容寻址，预防死锁常要付出很高的代价，因而上述两种在操作系统中广泛使用的预防死锁的方法并不太适合数据库的特点。一般情况下，在数据库系统中，可以允许发生死锁，在死锁发生后可以自动诊断并解除死锁。

③ 死锁的诊断与解除。数据库系统中诊断死锁的方法与操作系统类似。可以利用事务信赖图的形式来测试系统中是否存在死锁。例如，在图 5-3 中，事务 T_1需要数据 R，但 R 已经被事务 T_2封锁，那么从 T_1到 T_2画一个箭头。如果在事务依赖图中沿着箭头方向存在一个循环，那么死锁的条件就形成了，系统就会出现死锁。

图 5-3　事务依赖图

如果已经发现死锁，DBA 从依赖相同资源的事务中抽出某个事务作为牺牲品，将它撤销，解除它的所有封锁，释放此事务占用的所有数据资源，分配给其他事务，使其他事务得以继续运行下去，这样就有可能消除死锁。在解除死锁的过程中，抽取牺牲事务的标准是根据系统状态及其应用的实际情况来确定的，通常采用的方法之一是选择一个处理死锁代价最小的事务，将其撤销。当然，对于撤销的事务所执行的数据更新操作必须加以恢复。

5.4 数据库的恢复

5.4.1 数据库恢复的含义

数据库恢复是指 DBMS 必须具备把数据库从错误状态恢复到某一已知的正确状态（亦称为一致状态或者完整状态）的功能。

虽然数据库系统中已采取一定的措施，来防止数据库的安全性和完整性的破坏，保证并发事务的正确执行，但数据库中的数据仍然无法保证绝对不遭受破坏，比如计算机系统中硬件的故障、软件的错误、操作员的失误、恶意的破坏等都有可能发生，这些故障的发生影响数据库数据的正确性，甚至可能破坏数据库，使数据库中的数据全部或部分丢失。

因此，系统必须具有检测故障并把数据从错误状态中恢复到某一正确状态的功能，这就是数据库的恢复。恢复子系统是数据库管理系统的一个重要组成部分，而且还相当庞大，常常占整个系统代码的 10%以上，是衡量系统性能优劣的重要指标。

5.4.2 数据库恢复的原理及其实现技术

数据库恢复的基本原理十分简单，就是数据的冗余。数据库中任何一部分被破坏的或不正确的数据都可以利用存储在系统其他地方的冗余数据来修复。

因此，恢复机制的两个关键问题是：第一，如何建立冗余数据；第二，如何利用这些冗余数据实施数据库恢复。

生成冗余数据最常用的技术是数据转储和登记日志文件，在实际应用中，这两种方法常常结合起来一起使用。

1. 数据转储

数据转储是指定期地将整个数据库复制到多个存储设备如磁带、磁盘上保存起来的过程，它是数据库恢复中采用的基本手段。

转储的数据文本称为后备副本或后援副本，当数据库遭到破坏后就可利用后备副本把数据库有效地加以恢复。

当数据库遭到破坏后可以将后备副本重新装入，但重装后备副本只能将数据库恢复到转储时的状态，要想恢复到故障发生时的状态，必须重新运行自转储以后的所有更新事务。

在图 5-4 中，系统在 T_a 时刻停止运行事务进行数据库转储，在 T_b时刻转储完毕，得到 T_b时刻数据库一致性副本。系统运行到 T_f时刻发生的故障。为恢复数据库，首先由 DBA 重装数据库后备副本，将数据库恢复到 T_b时刻的状态，然后重新运行自 $T_b \sim T_f$时刻的所有更新事务，这样就把数据库恢复到故障发生前的一致状态。

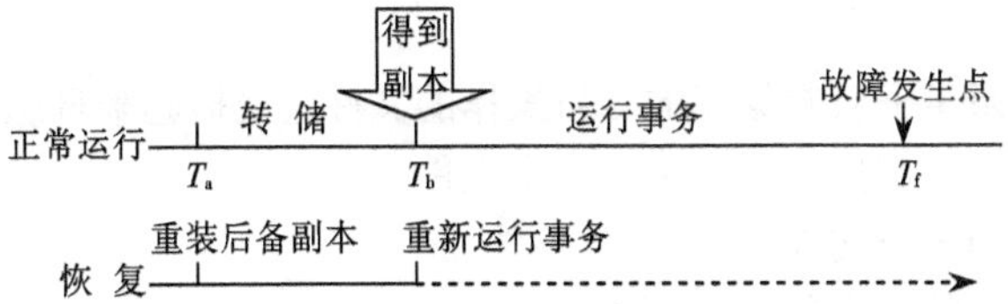

图 5-4　转储与恢复

转储是十分耗费时间和资源的，不能频繁进行。DBA 应该根据数据库使用情况确定一个适当的转储周期。转储周期可以是几小时、几天，也可以是几周、几个月。

2．数据转储分类

按照转储时的状态转储可分为静态转储和动态转储。

静态转储是在系统中无运行事务时进行的转储操作。即转储操作开始的时刻，数据库处于一致性状态，而转储期间不允许对数据库有任何存取、修改活动。显然，静态转储得到的一定是一个数据一致性的副本。

静态转储虽然简单，但转储必须等待正运行的用户事务结束才能进行。同样，新的事务必须等待转储结束才能执行。显然，这会降低数据库的可用性。

动态转储是指转储期间允许对数据库进行存取或修改，即转储和用户事务可以并发执行。

动态转储可以克服静态转储的缺点，它不用等待正在运行的用户事务结束，也不会影响新事务的运行。但转储结束时后备副本上的数据并不能保证正确有效。例如，在转储期间的某个时刻 T_c，系统把数据 A=200 转储到磁带上，而在下一时刻 T_d，某一事务将 A 改为 300，转储结束后，后备副本上的 A 已是过时的数据。

为此，必须把转储期间各事务对数据库的修改活动登记下来，建立日志文件。这样，后备副本加上日志文件就能把数据库恢复到某一时刻的正确状态。

按照转储方式，转储还可以分为海量转储和增量转储。

海量转储指每次转储全部数据库。

增量转储则指每次只转储上一次转储后更新过的数据。

从恢复角度看，一般来说，用海量转储得到的后备副本进行恢复会更方便些。但如果数据量很大，事务处理又十分频繁，则增量转储方式更实用、更有效。

数据转储的这两种方式，分别可以在两种状态下进行，因此数据转储方法可以分为四类：动态海量转储、动态增量转储、静态海量转储和静态增量转储，如表 5-10 所示。

表 5-10　数据转储分类

转储方式＼转储状态	动态转储	静态转储
海量转储	动态海量转储	静态海量转储
增量转储	动态增量转储	静态增量转储

3. 日志文件

日志文件是用来记录事务对数据库的更新操作的文件。概括起来日志文件主要有两种格式：以记录为单位的日志文件和以数据块为单位的日志文件。

（1）以记录为单位的日志文件

日志文件中需要登记的内容包括：

- 各个事务的开始（BEGIN TRANSACTION）标记；
- 各个事务的结束（COMMIT 或 ROLLBACK）标记；
- 各个事务的所有更新操作。

这里每个事务开始的标记、每个事务的结束标记和每个更新操作均作为日志文件中的一个日志记录（Log Record）。

（2）以数据块为单位的日志文件

- 事务标识（标明是哪个事务）；
- 操作的类型（插入、删除或修改）；
- 操作对象（记录内部标识）；
- 更新前数据的旧值（对插入操作而言，此项为空值）；
- 更新后数据的新值（对删除操作而言，此项为空值）。

以数据块为单位的日志文件，日志记录的内容包括事务标识和被更新的数据块。由于将更新前的整个块和更新后的整个块都放入日志文件中，操作的类型和操作对象等信息就不必放入日志记录中。

4. 日志文件的作用

日志文件在数据库恢复中起着非常重要的作用，可以用来进行事务故障恢复和系统故障恢复，并协助后备副本进行介质故障恢复。具体的作用如下：

① 事务故障恢复和系统故障恢复必须用日志文件。

② 在动态转储方式中必须建立日志文件，后备副本和日志文件综合起来才能有效地恢复数据库。

③ 在静态转储方式中，也可以建立日志文件。当数据库毁坏后可重新装入后备副本把数据库恢复到转储结束时刻的正确状态，然后利用日志文件，把已完成的事务进行重做处理，对故障发生时尚未完成的事务进行撤销处理。这样，不必重新运行那些已完成的事务程序就可把数据库恢复到故障前某一时刻的正确状态，如图 5-5 所示。

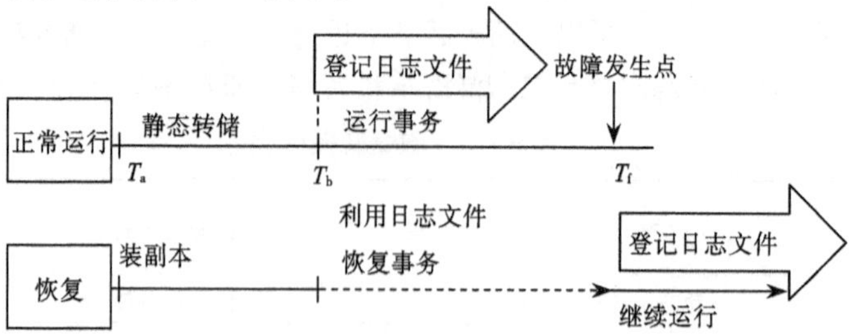

图 5-5　利用日志文件恢复

5. 登记日志文件（Logging）

为保证数据库是可恢复的，登记日志文件时必须遵循两条原则：

① 登记的次序严格按并发事务执行的时间次序；

② 必须先写日志文件，后写数据库。

把对数据的修改写到数据库中和把表示这个修改的日志记录写到日志文件中是两个不同的操作。有可能在这两个操作之间发生故障，即这两个写操作只完成了一个。如果先写了数据库修改，而在运行记录中没有登记下这个修改，则以后就无法恢复这个修改。如果先写日志，但没有修改数据库，按日志文件恢复时只不过是多执行一次不必要的 UNDO 操作，并不会影响数据库的正确性。所以为了安全，一定要先写日志文件，即首先把日志记录写到日志文件中，然后再进行数据库的修改，这就是“先写日志文件”的原则。

5.4.3　数据库的故障和恢复的策略

数据库系统在运行中发生故障后，有些事务尚未完成就被迫中断，这些未完成事务对数据库所做的修改有一部分已写入物理数据库。这时数据库就处于一种不正确的状态，或者说是不一致的状态，这时可利用日志文件和数据库转储的后备副本将数据库恢复到故障前的某个一致性状态。数据库运行过程中可能出现各种各样的故障，这些故障可分为以下三类：事务故障、系统故障和介质故障。根据故障类型的不同，应该采取不同的恢复策略。

1. 事务故障及其恢复

事务故障表示由非预期的、不正常的程序结束所造成的故障。造成程序非正常结束的原因包括输入数据错误、运算溢出、违反存储保护和并行事务发生死锁等。

发生事务故障时，被迫中断的事务可能已对数据库进行了修改，为了消除该事务对数据库的影响，要利用日志文件中所记载的信息，强行回滚（ROLLBACK）该事务，将数据库恢复到修改前的初始状态。为此，要检查日志文件中由这些事务所引起变化的记录，取消这些没有完成的事务所做的一切改变。这类恢复操作称为事务撤销（UNDO），具体做法如下：

① 反向扫描日志文件，查找该事务的更新操作。

② 对该事务的更新操作执行反操作，即对已经插入的新记录进行删除操作，对已删除的记录进行插入操作，对修改的数据恢复旧值，用旧值代替新值。这样由后向前逐个扫描该事务已做的所有更新操作，并做同样处理，直到扫描到此事务的开始标记，则事务故障恢复完毕。

因此，一个事务是一个工作单位，也是一个恢复单位。事务越短，越便于对它进行撤销操作。如果一个应用程序运行时间较长，则应该把该应用程序分成多个事务，用明确的 COMMIT 语句结束各个事务。

2. 系统故障及其恢复

系统故障是指系统在运行过程中，由于某种原因，造成系统停止运转，致使所有正在运行的事务都以非正常方式终止，要求系统重新启动。引起系统故障的原因可能有：硬件错误（如 CPU 故障）、操作系统或 DBMS 代码错误、突然断电等。这时，内存中数据库缓冲区的内容全部丢失，存储在外部存储设备上的数据库并未破坏，但内容不可靠了。

系统故障发生后，对数据库的影响有两种情况：一种情况是一些未完成事务对数据库的更新已写入数据库，这样在系统重新启动后，要强行撤销（UNDO）所有未完成的事务，清除这些事务对数据库所做的修改。这些未完成事务在日志文件中只有 BEGIN TRANSCATION 标记，而无 COMMIT 标记。另一种情况是有些已提交的事务对数据库的更新结果还保留在缓冲区中，尚未写到磁盘上的物理数据库中，这也使数据库处于不一致状态，因此应将这些事务已提交的结果重新写入数据库。这类恢复操作称为事务的重做（REDO）。这种已提交事务在日志文件中既有 BEGIN TRANSCATION 标记，也有 COMMIT 标记。

因此，系统故障的恢复要完成两方面的工作，既要撤销所有未完成的事务，还需要重做所有已提交的事务，这样才能将数据库真正恢复到一致的状态。具体做法如下：

① 正向扫描日志文件，查找尚未提交的事务，将其事务标识记入撤销队列。同时查找已经提交的事务，将其事务标识记入重做队列。

② 对撤销队列中的各个事务进行撤销处理。方法同事务故障中所介绍的撤销方法相同。

③ 对重做队列中的各个事务进行重做处理。进行重做处理的方法是：正向扫描日志文件，按照日志文件中所登记的操作内容重新执行操作，使数据库恢复到最近某个可用状态。

3. 介质故障及其恢复

介质故障是指系统在运行过程中，由于辅助存储器介质受到破坏，使存储在外存中的数据部分丢失或全部丢失。这类故障比事务故障和系统故障发生的可能性要小，但这是最严重的一种故障，破坏性很大，磁盘上的物理数据和日志文件可能被破坏。解决此问题需要装入发生介质故障前最新的数据库后备副本，然后利用日志文件重做该副本所运行的所有事务。具体方法如下：

① 装入最新的数据库后备副本，使数据库恢复到最近一次转储的可用状态。

② 装入最新的日志文件副本，根据日志文件中的内容重做已完成的事务。装入方法如下：首先正向扫描日志文件，找出发生故障前已提交的事务，将其记入重做队列。再对重做队列中的各个事务进行重做处理，方法是：正向扫描日志文件，对每个重做事务重新执行登记操作，即将日志文件中数据已更新后的值写入数据库。

通过以上对三类故障的分析，可以看出故障发生后对数据库的影响有两种可能性：

① 数据库没有被破坏，但数据可能处于不一致状态。这是由事务故障和系统故障引起的，这种情况在恢复时，不需要重装入数据库副本，可直接根据日志文件，撤销故障发生时未完成的事务，

并重做已完成的事务，使数据库恢复到正确的状态。这类故障的恢复是系统在重新启动时自动完成的，不需要用户干预。

② 数据库本身被破坏。这是由介质故障引起的，这种情况在恢复时，把最近一次转储的数据装入，然后借助于日志文件，再在此基础上对数据库进行更新，从而重建了数据库。这类故障的恢复不能自动完成，需要 DBA 的介入，方法是先由 DBA 重装最近转储的数据库副本和相应的日志文件的副本，再执行系统提供的恢复命令，具体的恢复操作由 DBMS 来完成。

数据库恢复的基本原理就是利用数据的冗余，实现的方法比较明确，但真正实现起来相当复杂，实现恢复的程序非常庞大，常常占整个系统代码的 10%以上。数据库系统所采用的恢复技术是否行之有效，不仅对系统的可靠程度起着决定性作用，而且对系统的运行效率也有很大的影响，它是衡量系统性能优劣的重要指标。

小　结

数据库的重要特征是它能为多个用户提供数据共享。在多个用户使用同一数据库系统时，要保证整个系统的正常运转，DBMS 必须具备一整套完整而有效的安全保护措施。本章从安全性控制、完整性控制、并发性控制和数据库恢复四方面讨论了数据库的安全保护功能。并以 SQL Server 2008 数据库管理系统为例，介绍了 SQL Server 2008 在四个方面的具体实现方法。

习　题

简答题

1. 简述数据库保护的主要内容。
2. 什么是数据库的安全性？简述 DBMS 提供的安全性控制功能包括哪些内容。
3. 什么是数据库的完整性？DBMS 提供哪些完整性规则，简述其内容。
4. 数据库的安全性保护和完整性保护有何主要区别？
5. 什么是事务？简述事务的 ACID 特性，事务的提交和回滚是什么意思？
6. 数据库管理系统中为什么要有并发控制机制？
7. 在数据库操作中的并发操作会带来什么样的后果？如何解决？
8. 什么是封锁？封锁的基本类型有哪几种？含义是什么？
9. 简述共享锁和排它锁的基本使用方法。
10. 什么是死锁？消除死锁的常用方法有哪些？
11. 简述常见的死锁检测方法。
12. 数据库运行过程中可能产生的故障有哪几类？各类故障如何恢复？

第6章 数据库设计

学习目标

- 了解数据库设计的阶段划分和每个阶段的主要工作;
- 掌握概念设计的意义、原则和方法;
- 熟练掌握E-R模型设计的方法和原则，以及从E-R模型转换为关系模型的方法;
- 掌握数据库设计的基本方法，并能在实际工作中运用这些思想，设计符合应用需求的数据库应用系统。

数据库是现代各种计算机应用系统的核心，数据库设计是数据库应用系统设计与开发的关键性工作。我们在第4章介绍了关系数据库理论，根据数据依赖和规范化要求来设计关系模式是数据库逻辑设计方面的一个重要内容，但这并不是数据库设计的全部内容。本章将比较系统地讨论数据库的设计问题。本章共分为七节，6.1节对数据库设计作一个整体的概述，6.2节～6.7节分别详细介绍数据库设计的六个阶段。其中6.3节的概念结构设计和6.4节的逻辑结构设计是本章的重点，也是掌握本章的难点所在。

6.1 数据库设计概述

6.1.1 数据库设计的任务、内容和特点

1. 数据库设计的任务

数据库设计是指根据用户需求研制数据库结构的过程。具体地说，数据库设计是指对于一个给定的应用环境，构造最优的数据库模式，建立数据库及其应用系统，使之能有效地存储数据，满足

用户的信息要求和处理要求，也就是把现实世界中的数据，根据各种应用处理的要求加以合理组织，使之满足硬件和操作系统的特性，利用已有的 DBMS 来建立能够实现系统目标的数据库。

数据库设计的任务如图 6–1 所示。

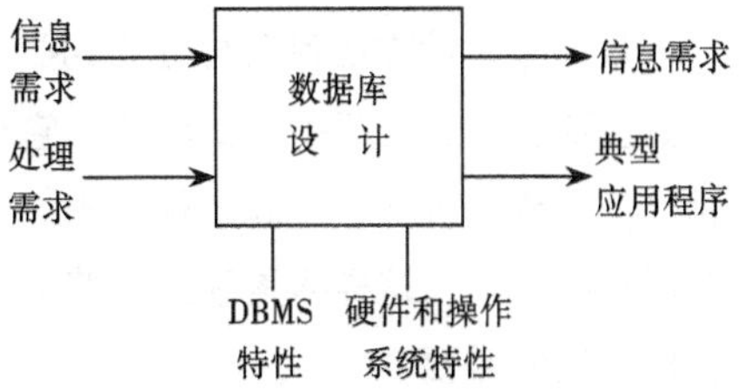

图 6–1 数据库设计的任务

2. 数据库设计的内容

数据库设计包括数据库的结构设计和数据库的行为设计两方面的内容。

（1）数据库的结构设计

数据库的结构设计是指根据给定的应用环境，进行数据库的模式或子模式的设计。它包括数据库的概念设计、逻辑设计和物理设计。数据库模式是各应用程序共享的结构，是静态的、稳定的，一经形成后通常情况下是不容易改变的，所以结构设计又称为静态模型设计。

（2）数据库的行为设计

数据库的行为设计是指确定数据库用户的行为和动作。在数据库系统中，用户的行为和动作指用户对数据库的操作，这些要通过应用程序来实现，所以数据库的行为设计就是应用程序的设计。用户的行为总是使数据库的内容发生变化，所以行为设计是动态的，行为设计又称为动态模型设计。

3. 数据库设计的特点

在 20 世纪 70 年代末 80 年代初，人们为了研究数据库设计方法学的便利，曾主张将结构设计和行为设计两者分离，随着数据库设计方法学的成熟和结构化分析、设计方法的普遍使用，人们主张将两者作一体化的考虑，这样可以缩短数据库的设计周期，提高数据库的设计效率。

现代数据库的设计特点是强调结构设计与行为设计相结合，是一种“反复探寻，逐步求精”的过程。首先从数据模型开始设计，以数据模型为核心展开，将数据库设计和应用系统设计相结合，建立一个完整、独立、共享、冗余小和安全有效的数据库系统。图 6–2 所示为数据库设计的全过程。

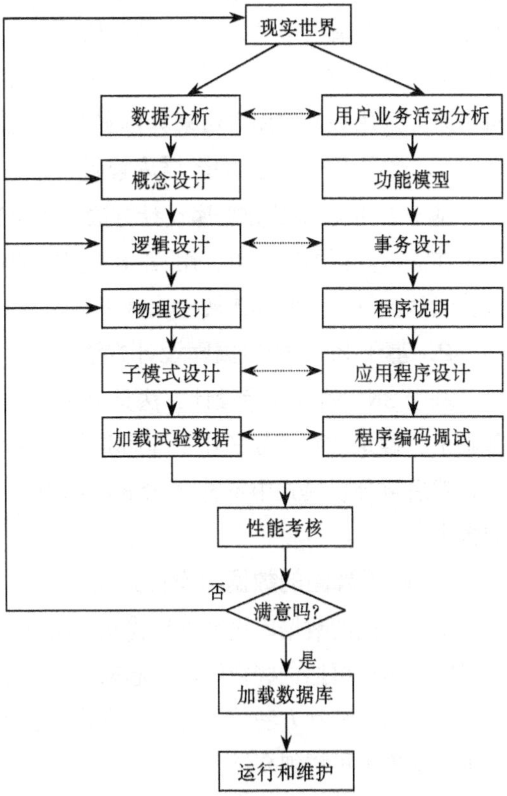

图 6–2 数据库设计的全过程

6.1.2 数据库设计方法

数据库设计方法目前可分为四类：直观设计法、规范设计法、计算机辅助设计法和自动化设计法。直观设计法也叫手工试凑法，它是最早使用的数据库设计方法。这种方法依赖于设计者的经验和技巧，缺乏科学理论和工程原则的支持，设计的质量很难保证，常常是数据库运行一段时间后又发现各种问题，这样再重新进行修改，增加了系统维护的代价。因此，这种方法越来越不适应信息管理发展的需要。

为了改变这种情况，1978 年 10 月，来自三十多个国家的数据库专家在美国新奥尔良（New Orleans）市专门讨论了数据库设计问题，他们运用软件工程的思想和方法，提出了数据库设计的规范，这就是著名的新奥尔良法，它是目前公认的比较完整和权威的一种规范设计法。新奥尔良法将数据库设计分成需求分析（分析用户需求）、概念设计（信息分析和定义）、逻辑设计（设计实现）和物理设计（物理数据库设计）。目前，常用的规范设计方法大多起源于新奥尔良法，并在设计的每一阶段采用一些辅助方法来具体实现。下面简单介绍几种常用的规范设计方法。

1. 基于 E-R 模型的数据库设计方法

基于 E-R 模型的数据库设计方法是由 P.P.S.chen 于 1976 年提出的数据库设计方法，其基本思想是在需求分析的基础上，用 E-R（实体-联系）图构造一个反映现实世界实体之间联系的企业模式，然后再将此企业模式转换成基于某一特定的 DBMS 的概念模式。

2. 基于 3NF 的数据库设计方法

基于 3NF 的数据库设计方法是由 S.Atre 提出的结构化设计方法，其基本思想是在需求分析的基础上，确定数据库模式中的全部属性和属性间的依赖关系，将它们组织在一个单一的关系模式中，然后再分析模式中不符合 3NF 的约束条件，将其进行投影分解，规范成若干个 3NF 关系模式的集合。

3. 基于视图的数据库设计方法

基于视图的数据库设计方法先从分析各个应用的数据着手，其基本思想是为每个应用建立自己的视图，然后再把这些视图汇总起来合并成整个数据库的概念模式。

除了以上三种方法外，规范化设计方法还有实体分析法、属性分析法和基于抽象语义的设计方法等，这里不再详细介绍。

规范设计法从本质上来说仍然是手工设计方法，其基本思想是过程迭代和逐步求精。

计算机辅助设计法是指在数据库设计的某些过程中模拟某一规范化设计的方法，并以人的知识或经验为主导，通过人机交互方式实现设计中的某些部分。目前许多计算机辅助软件工程（Computer

Aided Software Engineering, CASE)工具可以自动或辅助设计人员完成数据库设计过程中的很多任务，如 Sybase 公司的 PowerDesigner 和 Oracle 公司的 Design。

6.1.3　数据库设计步骤

和其他软件一样，数据库的设计过程可以使用软件工程中的生存周期的概念来说明，称为“数据库设计的生存期”，它是指从数据库研制到不再使用它的整个时期。按规范设计法可将数据库设计分为六个阶段，如图 6-3 所示。

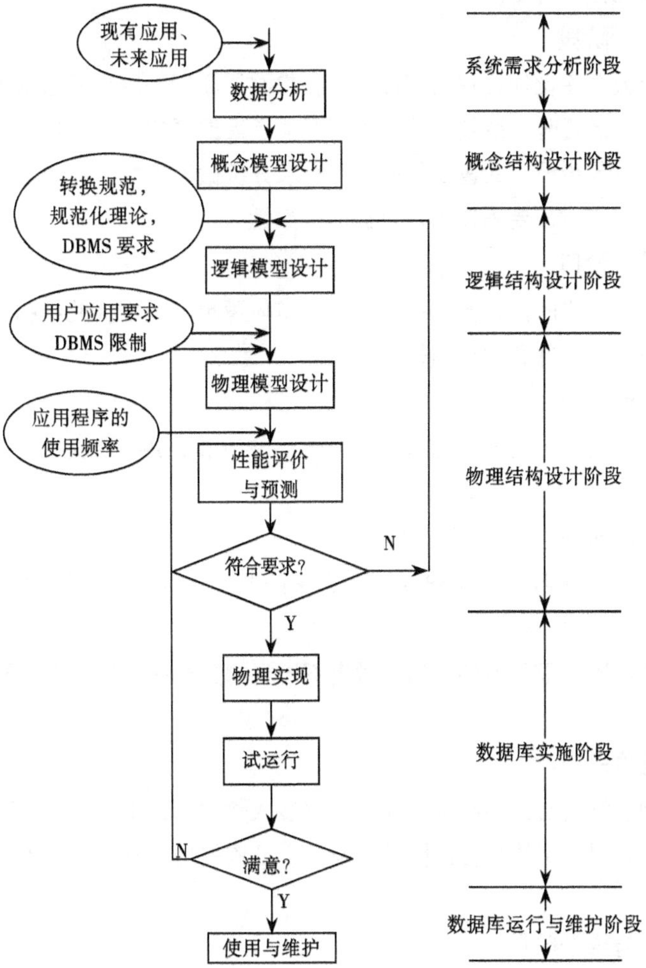

图 6-3　数据库设计的步骤

该方法是分阶段完成的，每完成一个阶段，都要进行设计分析，评价一些重要的设计指标，把设计阶段产生的文档组织评审，与用户进行交流。如果设计的数据库不符合要求则进行修改，这种分析和修改可能要重复若干次，以求最后实现的数据库能够比较精确地模拟现实世界，能较准确地反映用户的需求。设计一个完善的数据库应用系统往往是六个阶段的不断反复的过程。

数据库设计中，前两个阶段是面向用户的应用要求，面向具体的问题；中间两个阶段是面向数据库管理系统；最后两个阶段是面向具体的实现方法。前四个阶段可统称为“分析和设计阶段”，后两个阶段统称为“实现和运行阶段”。

六个阶段的主要工作各有不同。

1. 系统需求分析阶段

需求分析是整个数据库设计过程的基础，要收集数据库所有用户的信息内容和处理要求，并加以规格化和分析。这是最费时、最复杂的一步，但也是最重要的一步，相当于待构建的数据库大厦的地基，它决定了以后各步设计的速度与质量。需求分析做得不好，可能会导致整个数据库设计返工重做。在分析用户需求时，要确保用户目标的一致性。

2. 概念结构设计阶段

概念结构设计是把用户的信息要求统一到一个整体逻辑结构中，此结构能够表达用户的要求，是一个独立于任何 DBMS 软件和硬件的概念模型。

3. 逻辑结构设计阶段

逻辑结构设计是将上一步所得到的概念模型转换为某个 DBMS 所支持的数据模型，并对其进行优化。

4. 物理结构设计阶段

物理结构设计是为逻辑数据模型建立一个完整的能实现的数据库结构，包括存储结构和存取方法。

上述分析和设计阶段是很重要的，如果做出不恰当的分析或设计，则会导致一个不恰当或反应迟钝的应用系统。

5. 数据库实施阶段

此阶段可根据物理结构设计的结果把原始数据装入数据库，建立一个具体的数据库并编写和调试相应的应用程序。应用程序的开发目标是开发一个可依赖的有效的数据库存取程序，来满足用户的处理要求。

6. 数据库运行与维护阶段

这一阶段主要是收集和记录实际系统运行的数据，数据库运行的记录用来提高用户要求的有效信息，用来评价数据库系统的性能，进一步调整和修改数据库。在运行中，必须保持数据库的完整性，并能有效地处理数据库故障和进行数据库恢复。在运行和维护阶段，可能要对数据库结构进行修改或扩充。

可以看出，以上六个阶段是从数据库应用系统设计和开发的全过程来考察数据库设计的问题。因此，它既是数据库也是应用系统的设计过程。在设计过程中，努力使数据库设计和系统其他部分的设计紧密结合，把数据和处理的需求收集、分析、抽象、设计和实现在各个阶段同时进行、相互参照、相互补充，以完善两方面的设计。按照这个原则，数据库各个阶段的设计可用表 6-1 描述。

表 6-1　数据库各个设计阶段的描述

设计阶段	设计描述	
	数据	处理
系统需求分析	数据字典、全系统中数据项、 数据流、数据存储的描述	数据流图和判定表（判定树） 数据字典中处理过程的描述
概念结构设计	概念模型（E-R 图） 数据字典	系统说明书。包括： （1）新系统要求、方案和概图 （2）反映新系统信息的数据流图
逻辑结构设计	某种数据模型 关系模型	系统结构图 非关系模型（模块结构图）
物理结构设计	存储安排 存取方法选择 存取路径建立	模块设计 IPO 表
数据库实施	编写模式 装入数据 数据库试运行	程序编码 编译联结 测试
数据库运行与维护	性能测试，转储/恢复数据库 重组和重构	新旧系统转换、运行、维护（修正性、适应性、改善性维护）

在表 6-1 有关处理特性的描述中，采用的设计方法和工具属于软件工程和管理信息系统等课程中的内容，本书不再讨论。这里重点介绍数据特性的设计描述以及在结构特性中参照处理特性设计以完善数据模型设计的问题。

以下各节将分别详细介绍数据库设计的六个阶段。

6.2 系统需求分析

需求分析是数据库设计的起点，为以后的具体设计做准备。需求分析的结果是否准确地反映了用户的实际要求，将直接影响到后面各个阶段的设计，并影响到设计结果是否合理和实用。经验证明，由于设计要求的不正确或误解，直到系统测试阶段才发现许多错误，则纠正起来要付出很大代价。因此，必须高度重视系统的需求分析。

6.2.1 需求分析的任务

从数据库设计的角度来看，需求分析的任务是：对现实世界要处理的对象（组织、部门、企业）等进行详细的调查，通过对原系统的了解，收集支持新系统的基础数据并对其进行处理，在此基础上确定新系统的功能。

具体地说，需求分析阶段的任务包括下述三项：

1. 调查分析用户活动

这个过程通过对新系统运行目标的研究，对现行系统所存在的主要问题以及制约因素的分析，明确用户总的需求目标，确定这个目标的功能域和数据域。具体做法如下：

① 调查组织机构情况，包括该组织的部门组成情况、各部门的职责和任务等。

② 调查各部门的业务活动情况，包括各部门输入和输出的数据与格式、所需的表格与卡片、加工处理这些数据的步骤、输入/输出的部门等。

2. 收集和分析需求数据，确定系统边界

在熟悉业务活动的基础上，协助用户明确对新系统的各种需求，包括用户的信息需求、处理需求、安全性和完整性的需求等。

① 信息需求指目标范围内涉及的所有实体、实体的属性以及实体间的联系等数据对象，也就是用户需要从数据库中获得信息的内容与性质。由信息要求可以导出数据要求，即在数据库中需要存储哪些数据。

② 处理需求指用户为了得到需求的信息而对数据进行加工处理的要求，包括对某种处理功能的响应时间，处理的方式（批处理或联机处理）等。

③ 安全性和完整性的需求。在定义信息需求和处理需求的同时必须确定相应的安全性和完整性约束。

在收集各种需求数据后，对前面调查的结果进行初步分析，确定新系统的边界，确定哪些功能由计算机完成或将来准备让计算机完成，哪些活动由人工完成。由计算机完成的功能就是新系统应该实现的功能。

3. 编写系统分析报告

系统分析阶段的最后是编写系统分析报告，通常称为需求规范说明书。需求规范说明书是对需求分析阶段的一个总结。编写系统分析报告是一个不断反复、逐步深入和逐步完善的过程，系统分析报告应包括如下内容：

① 系统概况，系统的目标、范围、背景、历史和现状；

② 系统的原理和技术，对原系统的改善；

③ 系统总体结构与子系统结构说明；

④ 系统功能说明；

⑤ 数据处理概要、工程体制和设计阶段划分；

⑥ 系统方案及技术、经济、功能和操作上的可行性。

完成系统的分析报告后，在项目单位的领导下要组织有关技术专家评审系统分析报告，这是对需求分析结果的再审查。审查通过后由项目方和开发方领导签字认可。

随系统分析报告提供下列附件：

① 系统的硬件、软件支持环境的选择及规格要求（所选择的数据库管理系统、操作系统、汉字平台、计算机型号及其网络环境等）。

② 组织机构图、组织之间联系图和各机构功能业务一览图。

③ 数据流程图、功能模块图和数据字典等图表。

如果用户同意系统分析报告和方案设计，在与用户进行详尽商讨的基础上，最后签订技术协议书。

系统分析报告是设计者和用户一致确认的权威性文献，是今后各阶段设计和工作的依据。

6.2.2　需求分析的方法

用户参加数据库设计是数据应用系统设计的特点，是数据库设计理论不可分割的一部分。在数据需求分析阶段，任何调查研究没有用户的积极参加是寸步难行的，设计人员应和用户取得共同的语言，帮助不熟悉计算机的用户建立数据库环境下的共同概念，所以这个过程中不同背景的人员之间互相了解与沟通是至关重要的，同时方法也很重要。用于需求分析的方法有多种，主要方法有自顶向下和自底向上两种，如图 6-4 所示。

其中自顶向下的分析方法（Structured Analysis，简称 SA 方法）是最简单实用的方法。SA 方法从最上层的系统组织机构入手，采用逐层分解的方式分析系统，用数据流图（Data Flow Diagram，DFD）和数据字典（Data Dictionary，DD）描述系统。下面对数据流图和数据字典进行简单介绍。

（a）自顶向下的需求分析　　（b）自底向上的需求分析

图 6-4　需求分析的方法

1．数据流图

使用 SA 方法，任何一个系统都可抽象为图 6-5 所示的数据流图。

在数据流图中，用命名的箭头表示数据流，用圆圈表示处理，用矩形或其他形状表示存储。图 6-6 是一个简单的数据流图。一个简单的系统可用一张数据流图来表示。当系统比较复杂时，为了便于理解，控制其复杂性，可以采用分层描述的方法。一般用第一层描述系统的全貌，第二层分别描述各子系统的结构。如果系统结构还比较复杂，那么可以继续细化，直到表达清楚为止。在处理功能逐步分解的同时，它们所用的数据也逐级分解，形成若干层次的数据流图。数据流图表达了数据和处理过程的关系。

在 SA 方法中，处理过程的处理逻辑常常借助判定表或判定树来描述，而系统中的数据则是借助数据字典来描述。

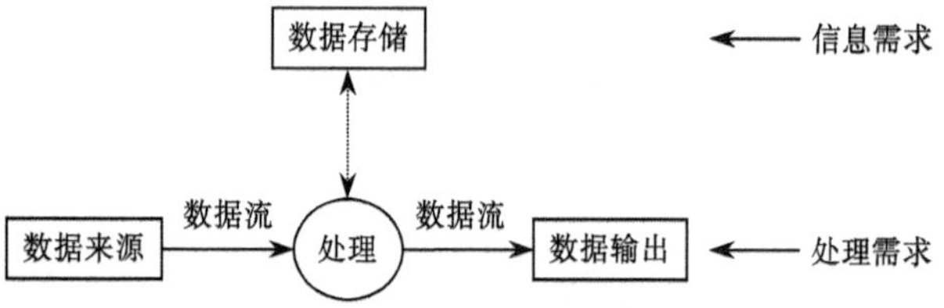

图 6-5　数据流图

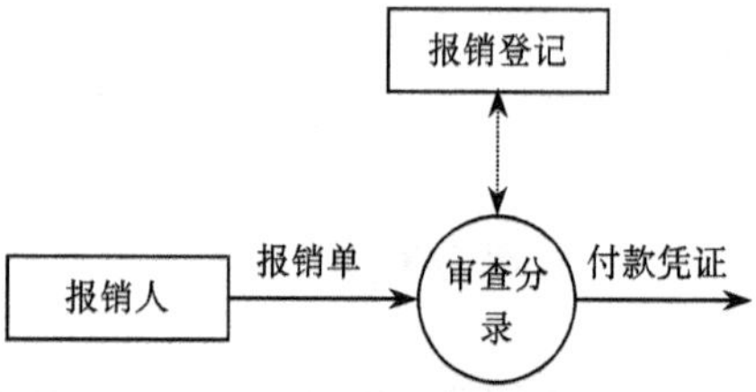

图 6-6　数据流图示例

2．数据字典

数据字典是对系统中数据的详细描述，是各类数据结构和属性的清单。它与数据流图互为注释。数据字典贯穿于数据库需求分析直到数据库运行的全过程，在不同的阶段其内容和用途各有区别。在需求分析阶段，它通常包含以下五部分内容：

（1）数据项

数据项是数据的最小单位，其具体内容包括数据项名、含义说明、别名、类型、长度、取值范围、与其他数据项的关系。

其中，取值范围、与其他数据项的关系这两项内容定义了完整性约束条件，是设计数据检验功能的依据。

（2）数据结构

数据结构是有意义的数据项集合。内容包括：数据结构名、含义说明，这些内容组成数据项名。

（3）数据流

数据流可以是数据项，也可以是数据结构，它表示某一处理过程中数据在系统内传输的路径。内容包括：数据流名、说明、流出过程、流入过程，这些内容组成数据项或数据结构。

其中，流出过程说明该数据流由什么过程而来；流入过程说明该数据流到什么过程。

（4）数据存储

处理过程中数据的存放场所也是数据流的来源和去向之一。可以是手工凭证、手工文档或计算机文件。内容包括数据存储名、说明、输入数据流、输出数据流，这些内容组成数据项或数据结构、数据量、存取频度、存取方式。

其中，存取频度是指每天（或每小时、或每周）存取几次，每次存取多少数据等信息。存取方法指的是批处理还是联机处理，是检索还是更新，是顺序检索还是随机检索等。

（5）处理过程

处理过程的处理逻辑通常用判定表或判定树来描述，数据字典只用来描述处理过程的说明性信息。处理过程包括处理过程名、说明、输入（数据流）、输出（数据流）和处理（简要说明）。

最终形成的数据流图和数据字典为系统分析报告的主要内容，这是下一步进行概念结构设计的基础。

6.3　概念结构设计

6.3.1　概念结构设计的必要性

在需求分析阶段，设计人员充分调查并描述了用户的需求，但这些需求只是现实世界的具体要求，应把这些需求抽象为信息世界的结构，才能更好地实现用户的需求。

概念结构设计就是将需求分析得到的用户需求抽象为信息结构，即概念模型。

在早期的数据库设计中，概念结构设计并不是一个独立的设计阶段。当时的设计方式是在需求分析之后，接着就进行逻辑设计。这样设计人员在进行逻辑设计时，考虑的因素太多，既要考虑用户的信息，又要考虑具体 DBMS 的限制，使得设计过程复杂化，难以控制。为了改善这种状况，P.P.S.Chen 设计了基于 E-R 模型的数据库设计方法，即在需求分析和逻辑设计之间增加了一个概念设计阶段。在这个阶段，设计人员仅从用户角度看待数据及处理要求和约束，产生一个反映用户观点的概念模型，然后再把概念模型转换成逻辑模型。这样做有三个好处：

① 从逻辑设计中分离出概念设计以后，各阶段的任务相对单一化，设计复杂程度大大降低，便于组织管理。

② 概念模型不受特定的 DBMS 的限制，也独立于存储安排和效率方面的考虑，因而比逻辑模型更为稳定。

③ 概念模型不含具体的 DBMS 所附加的技术细节，更容易为用户所理解，因而更有可能准确反映用户的信息需求。

设计概念模型的过程称为概念设计。概念模型在数据库的各级模型中的地位如图 6-7 所示。

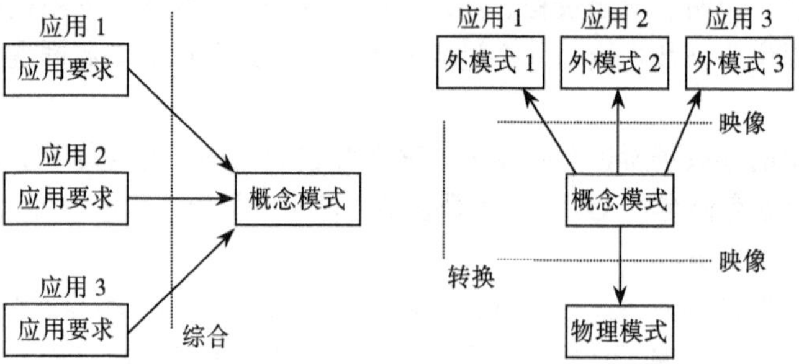

图 6-7　数据库各级模型的形成

6.3.2　概念模型的特点

概念模型作为概念结构设计的表达工具，为数据库提供一个说明性结构，是设计数据库逻辑结构即逻辑模型的基础。因此，概念模型必须具备以下特点：

① 语义表达能力丰富。概念模型能表达用户的各种需求，充分反映现实世界，包括事物和事物之间的联系、用户对数据的处理要求，它是现实世界的一个真实模型。

② 易于交流和理解。概念模型是 DBA、应用开发人员和用户之间的主要界面，因此，概念模型要表达自然、直观和容易理解，以便和不熟悉计算机的用户交换意见，用户的积极参与是保证数据库设计成功的关键。

③ 易于修改和扩充。概念模型要能灵活地加以改变，以反映用户需求和现实环境的变化。

④ 易于向各种数据模型转换。概念模型独立于特定的 DBMS，因而更加稳定，能方便地向关系模型、网状模型或层次模型等各种数据模型转换。

人们提出了许多概念模型，其中最著名、最实用的一种是 E-R 模型，它将现实世界的信息结构统一用属性、实体以及它们之间的联系来描述。

6.3.3　概念结构设计的方法与步骤

1. 概念结构设计的方法

设计概念结构的 E-R 模型可采用以下四种方法：

① 自顶向下：先定义全局概念结构 E–R 模型的框架，再逐步细化，如图 6–8（a）所示。

② 自底向上：先定义各局部应用的概念结构 E–R 模型，然后将它们集成，得到全局概念结构 E–R 模型，如图 6–8（b）所示。

③ 逐步扩张：先定义最重要的核心概念结构 E–R 模型，然后向外扩充，以滚雪球的方式逐步生成其他概念结构 E–R 模型，如图 6–8（c）所示。

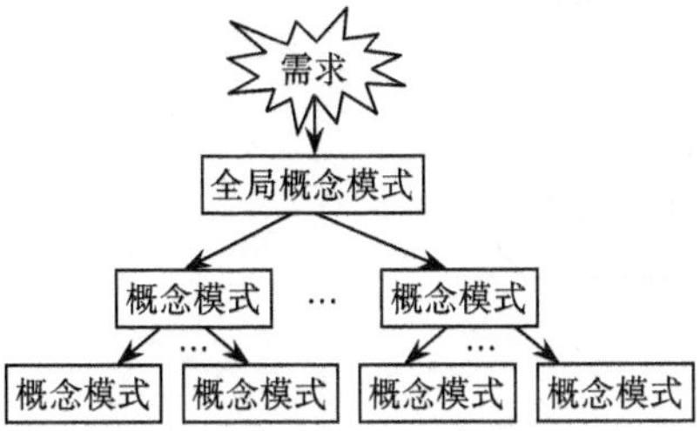

（a）自顶向下的设计方法

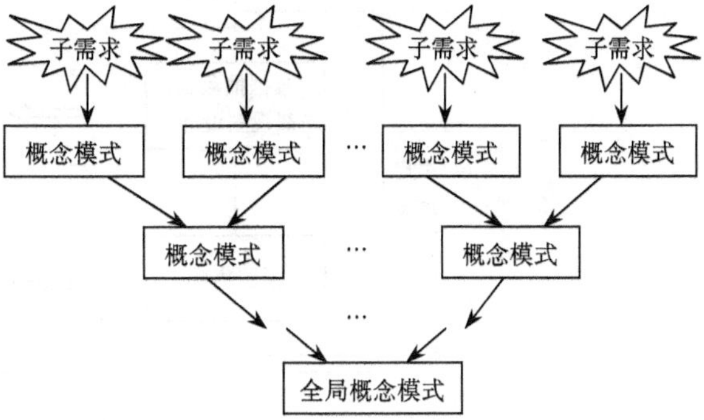

（b）自底向上的设计方法

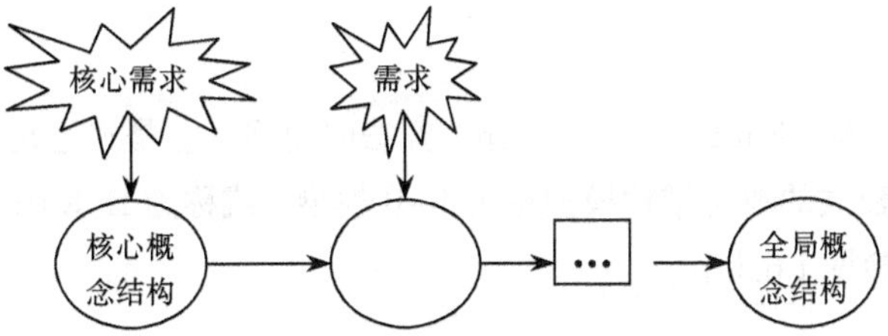

（c）逐步扩张的设计方法

图 6–8 概念结构设计的方法

④ 混合策略：该方法采用自顶向下和自底向上相结合的方法，先自顶向下定义全局框架，再以它为骨架集成自底向上方法中设计的各个局部概念结构。

其中，最常用的概念结构设计方法是自底向上。即自顶向下地进行需求分析，再自底向上地设计概念结构。

2. 概念结构设计的步骤

自底向上的设计方法可分为两步（见图 6–9）：

① 进行数据抽象，设计局部 E–R 模型，即设计用户视图。

② 集成各局部 E–R 模型，形成全局 E–R 模型，即视图集成。

下面分别进行详细介绍。

3. 数据抽象与局部 E–R 模型设计

概念结构是对现实世界的一种抽象。所谓抽象是对实际的人、物、事和概念进行人为处理，它抽取人们关心的共同特性，忽略非本质的细节，并把这些特性用各种概念精确地加以描述，这些概念组成了某种模型。概念结构设计首先要根据需求分析得到的结果（数据流图、数据字典等）对现实世界进行抽象，设计各个局部 E–R 模型。

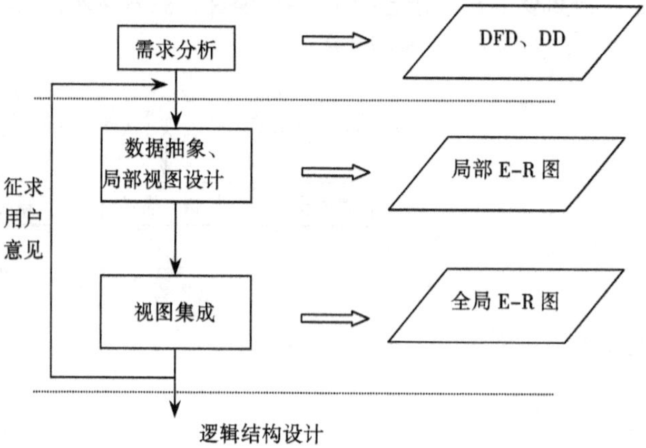

图 6–9　自底向上方法的设计步骤

（1）E–R 方法

E–R 方法是实体–联系（Entity–Relationship）方法的简称。它是描述现实世界概念结构模型的有效方法。用 E–R 方法建立的概念结构模型称为 E–R 模型，或称为 E–R 图。关于 E–R 图的基本成分及其图形的表示方法参见 1.6.4 节。

（2）数据抽象

在系统需求分析阶段，最后得到了多层数据流图、数据字典和系统分析报告。建立局部 E–R 模型，就是根据系统的具体情况，在多层的数据流图中选择一个适当层次的数据流图，作为设计 E–R 图的出发点，让这组图中每一部分对应一个局部应用。在前面选好的某一层次的数据流图中，每个局部应用都对应了一组数据流图，局部应用所涉及的数据存储在数据字典中。现在就是要将这些数据从数据字典中抽取出来，参照数据流图，确定每个局部应用包含哪些实体，这些实体又包含哪些属性，以及实体之间的联系及其类型。

设计局部 E–R 模型的关键就是正确划分实体和属性。实体和属性之间在形式上并无可以明显区分的界限，通常是按照现实世界中事物的自然划分来定义实体和属性，将现实世界中的事物进行数据抽象，得到实体和属性。一般有两种数据抽象：分类和聚集。

① 分类（Classification）：分类定义某一类概念作为现实世界中一组对象的类型，将一组具有某些共同特性和行为的对象抽象为一个实体。对象和实体之间是 is member of 的关系。例如，在教学管理中，“赵亦”是一名学生，表示“赵亦”是学生中的一员，她具有学生共同的特性和行为。

② 聚集（Aggregation）：聚集定义某一类型的组成成分，将对象类型的组成成分抽象为实体的属性。组成成分与对象类型之间是 is part of 的关系。例如，学号、姓名、性别、年龄、系别等可以抽象为学生实体的属性，其中学号是标识学生实体的主键。

（3）局部 E-R 模型设计

数据抽象后得到了实体和属性，实际上实体和属性是相对而言的，往往要根据实际情况进行必要的调整。在调整中要遵循两条原则：

① 实体具有描述信息，而属性没有。即属性必须是不可分的数据项，不能再由另一些属性组成。

② 属性不能与其他实体具有联系，联系只能发生在实体之间。

例如，学生是一个实体，学号、姓名、性别、年龄、系别等是学生实体的属性。这时，系别只表示学生属于哪个系，不涉及系的具体情况。换句话说，没有需要进一步描述的特性，即是不可分的数据项，则根据原则①可以作为学生实体的属性。但如果考虑一个系的系主任、学生人数、教师人数、办公地点等，则系别应作为一个实体，如图 6-10 所示。

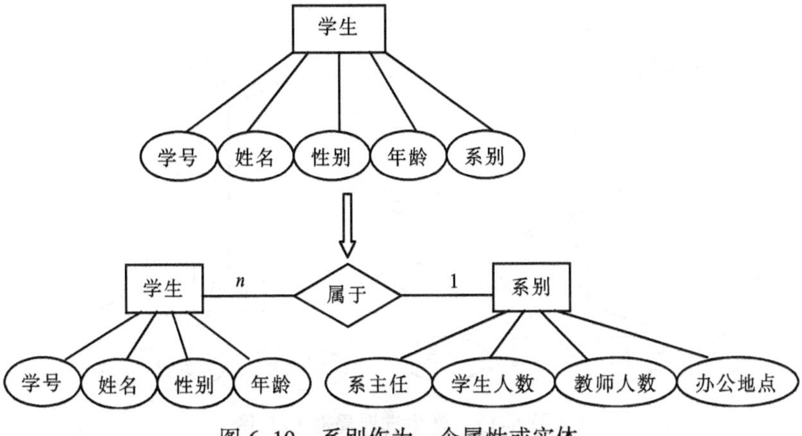

图 6-10　系别作为一个属性或实体

又如，职称为教师实体的属性，但在涉及住房分配时，由于分房与职称有关，即职称与住房实体之间有联系，则根据原则②，职称应作为一个实体，如图 6-11 所示。

此外，我们可能会遇到这样的情况，同一数据项，可能由于环境和要求的不同，有时作为属性，有时则作为实体，此时必须根据实际情况而定。一般情况下，凡能作为属性对待的，应尽量作为属性，以简化 E-R 图的处理。

下面举例说明局部 E-R 模型设计。

在简单的教务管理系统中，有如下语义约定：

① 一个学生可选修多门课程，一门课程可为多个学生选修，因此学生和课程是多对多的联系。

② 一个教师可讲授多门课程，一门课程可为多个教师讲授，因此教师和课程也是多对多的联系。

③ 一个系可有多个教师，一个教师只能属于一个系，因此系和教师是一对多的联系，同样系和学生也是一对多的联系。

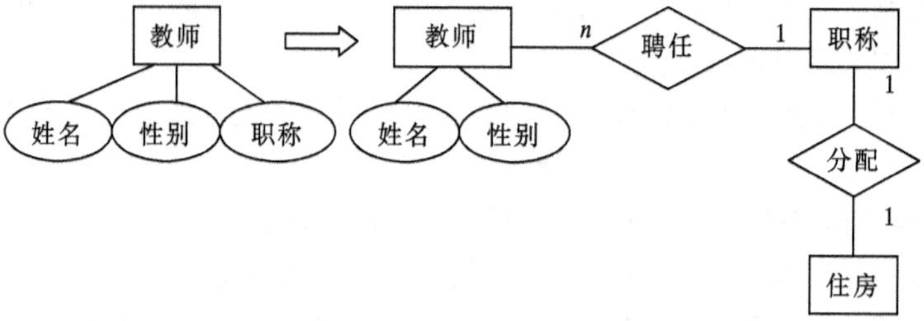

图 6-11 职称作为一个属性或实体

根据上述约定,可以得到如图 6-12 所示的学生选课局部 E-R 图和如图 6-13 所示的教师任课局部 E-R 图。

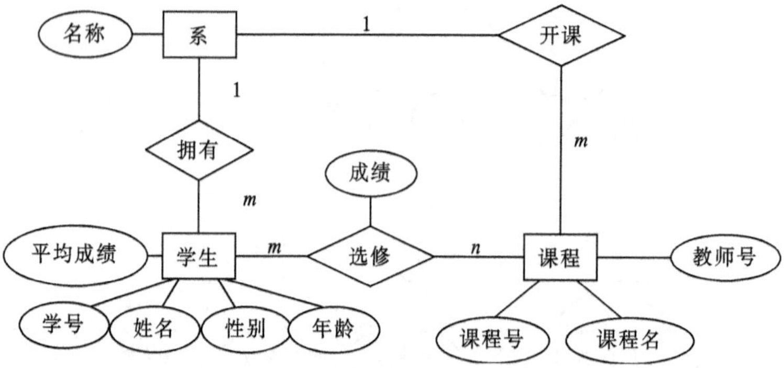

图 6-12 学生选课局部 E-R 图

形成局部 E-R 模型后,应该返回去征求用户意见,以求改进和完善,使之如实地反映现实世界。E-R 图的优点就是易于被用户理解，便于交流。

4. 全局 E-R 模型设计

局部 E-R 模型设计完成之后，下一步就是集成各局部 E-R 模型，形成全局 E-R 模型，即视图集成。视图集成的方法有两种：

① 多元集成法：一次性将多个局部 E-R 图合并为一个全局 E-R 图，如图 6-14（a）所示。

② 二元集成法：首先集成两个重要的局部 E-R 图，以后用累加的方法逐步将一个新的 E-R 图集成进来，如图 6-14（b）所示。

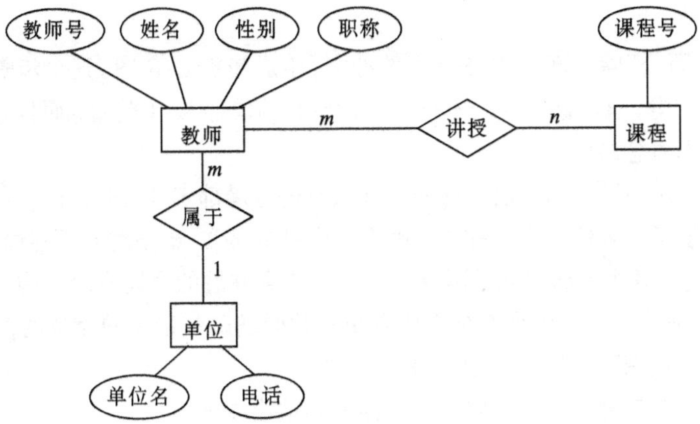

图 6-13　教师任课局部 E-R 图

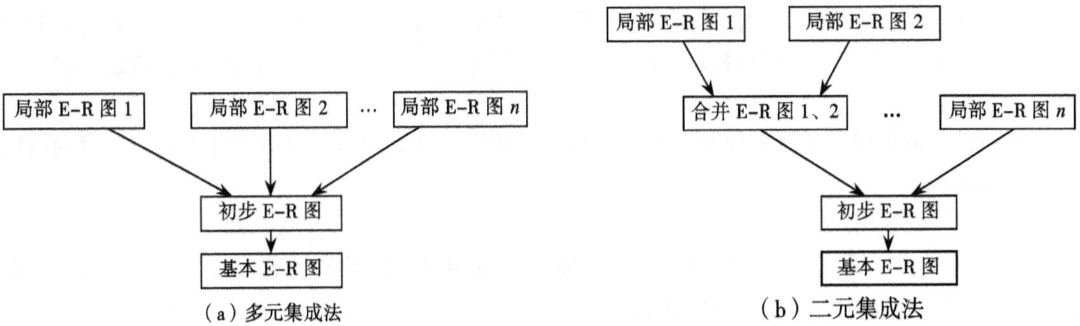

图 6-14　局部 E-R 图合并成全局 E-R 图

在实际应用中，可以根据系统复杂性选择这两种方案。一般采用二元集成法，如果局部 E-R 图比较简单，可以采用多元集成法。一般情况下，采用二元集成法，即每次只综合两个 E-R 图，这样可降低难度。无论使用哪一种方法，视图集成均分成两个步骤，如图 6-15 所示。

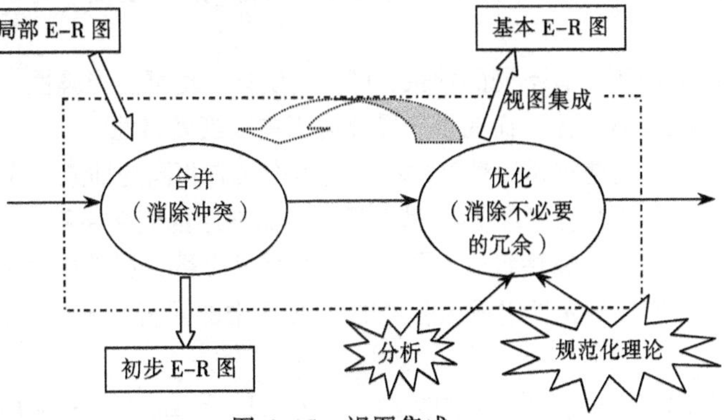

图 6-15　视图集成

（1）合并

合并局部 E–R 图，消除局部 E–R 图之间的冲突，生成初步 E–R 图。这个步骤将所有的局部 E–R 图综合成全局概念结构。全局概念结构不仅要支持所有的局部 E–R 模型，而且必须合理地表示一个完整、一致的数据库概念结构。

由于各个局部应用不同，通常由不同的设计人员进行局部 E–R 图设计，因此，各局部 E–R 图不可避免地会有许多不一致的地方，称之为冲突。合并局部 E–R 图时并不能简单地将各个 E–R 图画到一起，而必须消除各个局部 E–R 图中的不一致，使合并后的全局概念结构不仅支持所有的局部 E–R 模型，而且必须是一个能为全系统中所有用户共同理解和接受的完整的概念模型。合并局部 E–R 图的关键就是合理消除各局部 E–R 图中的冲突。

E–R 图中的冲突有三种：属性冲突、命名冲突和结构冲突。

① 属性冲突：属性冲突又分为属性值域冲突和属性的取值单位冲突。

- 属性值域冲突：即属性值的类型、取值范围或取值集合不同。比如学号，有些部门将其定义为数值型，而有些部门将其定义为字符型。又如年龄，有的可能用出生年月表示，有的则用整数表示。
- 属性的取值单位冲突：比如零件的质量，有的以千克为单位，有的以斤为单位，有的则以克为单位。

属性冲突属于用户业务上的约定，必须与用户协商后解决。

② 命名冲突：命名不一致可能发生在实体名、属性名或联系名之间，其中属性的命名冲突更为常见。一般表现为同名异义或异名同义。

- 同名异义：即同一名字的对象在不同的部门中具有不同的意义。比如，“单位”在某些部门表示为人员所在的部门，而在某些部门可能表示物品的重量、长度等属性。
- 异名同义：即同一意义的对象在不同的部门中具有不同的名称，比如对于“房间”这个名称，在教务管理部门中对应为教室，而在后勤管理部门对应为学生宿舍。

命名冲突的解决方法同属性冲突相同，也需要与各部门用户协商、讨论后加以解决。

③ 结构冲突：

- 同一对象在不同应用中有不同的抽象，可能为实体，也可能为属性。例如，教师的职称在某一局部应用中被当做实体，而在另一局部应用中被当做属性。

这类冲突在解决时，就是使同一对象在不同应用中具有相同的抽象，或把实体转换为属性，或把属性转换为实体，但都要符合局部 E–R 模型设计中所介绍的调整原则。

- 同一实体在不同应用中属性组成不同，可能是属性个数或属性次序不同。

解决方法是合并后实体的属性组成为各局部 E–R 图中的同名实体属性的并集，然后再适当调整属性的次序。

- 同一联系在不同应用中呈现不同的类型。比如，E1 与 E2 在某一应用中可能是一对一联系，而在另一应用中可能是一对多或多对多联系，也可能是在 E1、E2、E3 三者之间有联系。这种情况应该根据应用的语义对实体联系的类型进行综合或调整。

下面以教务管理系统中的两个局部 E–R 图为例，来说明如何消除各局部 E–R 图之间的冲突，进行局部 E–R 模型的合并，从而生成初步 E–R 图。

首先，这两个局部 E–R 图中存在着命名冲突，学生选课局部 E–R 图中的实体“系”与教师任课局部 E–R 图中的实体“单位”，都是指“系”，即所谓的异名同义，合并后统一改为“系”，这样属性“名称”和“单位名”即可统一为“系名”。

其次，还存在着结构冲突，实体“系”和实体“课程”在两个不同应用中的属性组成不同，合并后这两个实体的属性组成为原来局部 E–R 图中的同名实体属性的并集。解决上述冲突后，合并两个局部 E–R 图，生成如图 6–16 所示的初步的全局 E–R 图。

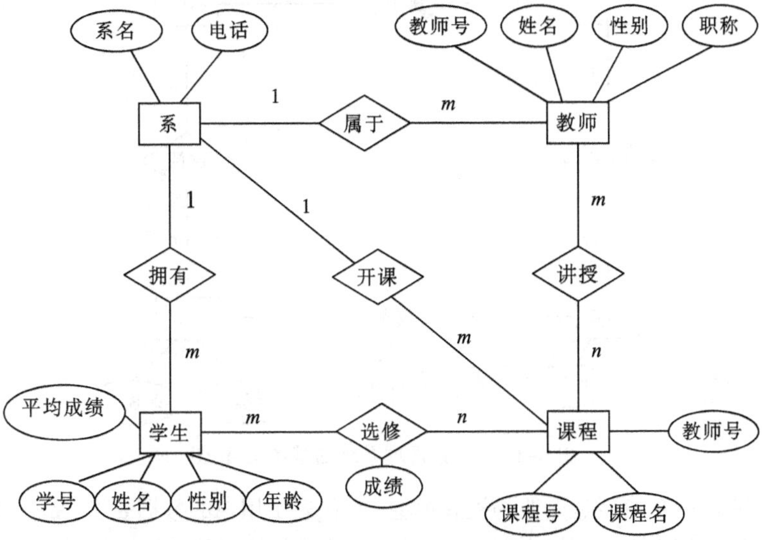

图 6–16　教务管理系统的初步 E–R 图

（2）优化

消除不必要的冗余，生成基本 E–R 图。所谓冗余，在这里指冗余的数据和实体之间冗余的联系。冗余的数据是指可由基本的数据导出的数据，冗余的联系是由其他的联系导出的联系。在上面消除冲突合并后得到的初步 E–R 图中，可能存在冗余的数据或冗余的联系。冗余的存在容易破坏数据库的完整性，给数据库的维护增加困难，应该消除。我们把消除了冗余的初步 E–R 图称为基本 E–R 图。

通常采用分析的方法消除冗余。数据字典是分析冗余数据的依据，还可以通过数据流图分析出冗余的联系。

如在图 6-16 所示的初步 E-R 图中，“课程”实体中的属性“教师号”可由“讲授”这个教师与课程之间的联系导出，而学生的平均成绩可由“选修”联系中的属性“成绩”计算出来，所以“课程”实体中的“教师号”与“学生”实体中的“平均成绩”均属于冗余数据。

另外，“系”和“课程”之间的联系“开课”，可以由“系”和“教师”之间的“属于”联系与“教师”和“课程”之间的“讲授”联系推导出来，所以“开课”属于冗余联系。

这样，图 6-16 所示的初步 E-R 图在消除冗余数据和冗余联系后，便可得到基本 E-R 图，如图 6-17 所示。

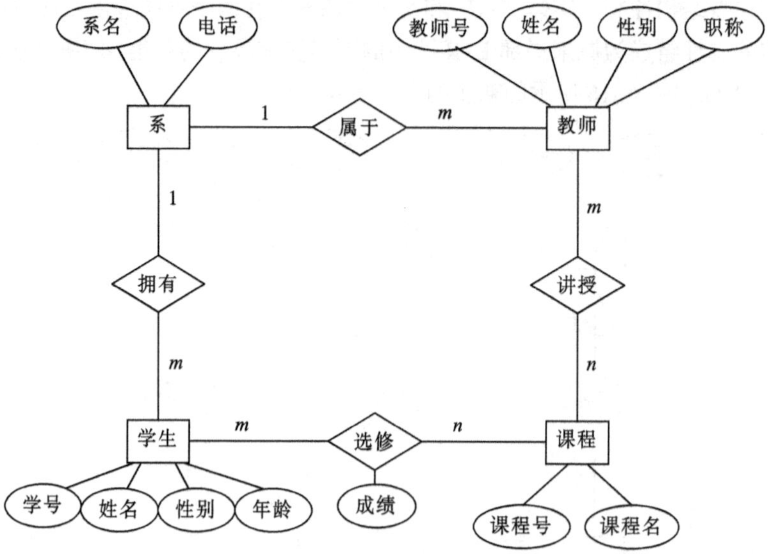

图 6-17 教务管理系统的基本 E-R 图

最终得到的基本 E-R 模型是企业的概念模型，它代表了用户的数据要求，是沟通“要求”和“设计”的桥梁。它决定数据库的总体逻辑结构，是成功建立数据库的关键。如果设计不好，就不能充分发挥数据库的功能，无法满足用户的处理要求。因此，用户和数据库人员必须对这一模型反复讨论，在用户确认这一模型已正确无误地反映了他们的要求后，才能进入下一阶段的设计工作。

6.4 逻辑结构设计

6.4.1 逻辑结构设计的任务和步骤

概念结构设计阶段得到的 E-R 模型是用户的模型，它独立于任何一种数据模型，独立于任何一个具体的 DBMS。为了建立用户所要求的数据库，需要把上述概念模型转换为某个具体的 DBMS 所支持的数据模型。数据库逻辑设计的任务是将概念模型转换成特定DBMS所支持的数据模型的过程。从此开始便进入了“实现设计”阶段，需要考虑到具体的 DBMS 的性能、具体的数据模型特点。

从E-R图所表示的概念模型可以转换成任何一种具体的DBMS所支持的数据模型，如网状模型、层次模型和关系模型。这里只讨论关系数据库的逻辑设计问题，所以只介绍 E-R 图如何向关系模型进行转换。

一般的逻辑结构设计分为以下三步（见图 6-18）：

① 初始关系模式设计；

② 关系模式规范化；

③ 模式的评价。

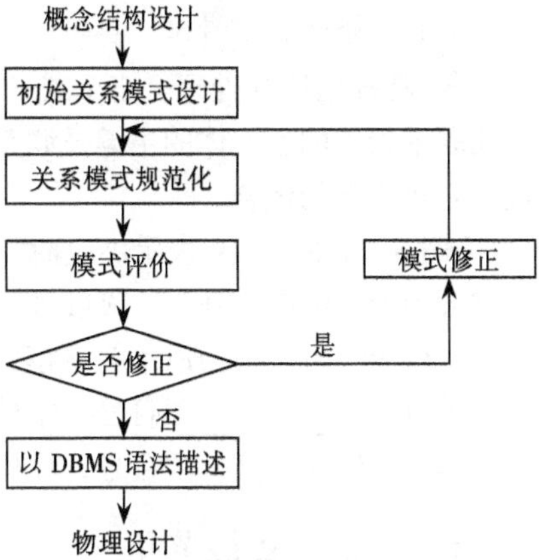

图 6-18　关系数据库的逻辑结构设计

6.4.2　初始关系模式设计

1. 转换原则

概念设计中得到的 E-R 图是由实体、属性和联系组成的，而关系数据库逻辑设计的结果是一组关系模式的集合。所以，将 E-R 图转换为关系模型实际上就是将实体、属性和联系转换成关系模式。在转换中要遵循以下原则：

① 一个实体转换为一个关系模式，实体的属性就是关系的属性，实体的键就是关系的键。

② 一个联系转换为一个关系模式，与该联系相连的各实体的键以及联系的属性均转换为该关系的属性。该关系的键有三种情况：

- 如果联系为 1:1，则每个实体的键都是关系的候选键；
- 如果联系为 1:*n*，则 *n* 端实体的键是关系的键；
- 如果联系为 *n*:*m*，则各实体键的组合是关系的键。

2. 具体做法

① 把每一个实体转换为一个关系。首先分析各实体的属性，从中确定其主键，然后分别用关系模式表示。

【例 6-1】以图 6-17 所示的 E-R 图为例，四个实体分别转换成四个关系模式：

学生（学号，姓名，性别，年龄）

课程（课程号，课程名）

教师（教师号，姓名，性别，职称）

系（系名，电话）

其中，有下画线者表示是主键。

② 把每一个联系转换为关系模式。由联系转换得到的关系模式的属性集中，包含两个发生联

系的实体中的主键以及联系本身的属性，其关系键的确定与联系的类型有关。

【例 6-2】还以图 6-17 所示的 E-R 图为例，四个联系也分别转换成四个关系模式：

属于（教师号，系名）

讲授（教师号，课程号）

选修（学号，课程号，成绩）

拥有（系名，学号）

③ 特殊情况的处理。三个或三个以上实体间的一个多元联系在转换为一个关系模式时，与该多元联系相连的各实体的主键及联系本身的属性均转换成为关系的属性，转换后所得到的关系的主键为各实体键的组合。

【例 6-3】图 6-19 表示供应商、项目和零件三个实体之间的多对多联系，如果已知三个实体的主键分别为“供应商号”，“项目号”与“零件号”，则它们之间的联系“供应”可转换为以下关系模式。

供应（供应商号，项目号，零件号，数量）

其中，供应商号，项目号，零件号为此关系的组合关系键。

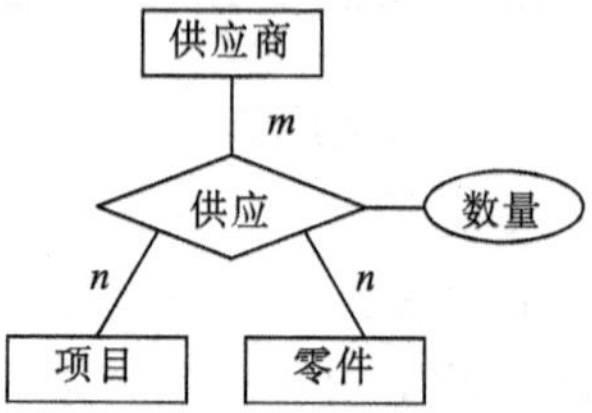

图 6-19 多个实体之间的联系

6.4.3 关系模式规范化

应用规范化理论对上述产生的关系的逻辑模式进行初步优化，以减少乃至消除关系模式中存在的各种异常，改善完整性、一致性和存储效率。规范化理论是数据库逻辑设计的指南和工具，规范化过程可分为两个步骤：确定范式级别和实施规范化处理。

1. 确定范式级别

考查关系模式的函数依赖关系，确定范式等级。逐一分析各关系模式，考查是否存在部分函数依赖、传递函数依赖等，确定它们分别属于第几范式。

2. 实施规范化处理

确定范式级别后，利用第 4 章的规范化理论，逐一考察各个关系模式，根据应用要求，判断它们是否满足规范要求。可用已经介绍过的规范化方法和理论将关系模式规范化。

综合以上数据库的设计过程，规范化理论在数据库设计中有如下几方面的应用：

① 在需求分析阶段，用数据依赖概念分析和表示各个数据项之间的联系。

② 在概念结构设计阶段，以规范化理论为指导，确定关系键，消除初步 E-R 图中冗余的联系。

③ 在逻辑结构设计阶段，从 E-R 图向数据模型转换过程中，用模式合并与分解方法达到规范化级别。

6.4.4 模式评价与改进

关系模式的规范化不是目的而是手段，数据库设计的目的是最终满足应用需求。因此，为了进一步提高数据库应用系统的性能，还应该对规范化后产生的关系模式进行评价、改进，经过反复多次的尝试和比较，最后得到优化的关系模式。

1．模式评价

模式评价的目的是检查所设计的数据库模式是否满足用户的功能要求、效率，确定加以改进的部分。模式评价包括功能评价和性能评价。

（1）功能评价

功能评价指对照需求分析的结果，检查规范化后的关系模式集合是否支持用户所有的应用要求。关系模式必须包括用户可能访问的所有属性。在涉及多个关系模式的应用中，应确保连接后不丢失信息。如果发现有的应用不被支持，或不完全被支持，则应该改进关系模式。发生这种问题的原因可能是在逻辑结构设计阶段，也可能是在系统需求分析或概念结构设计阶段。是哪个阶段的问题就返回到哪个阶段，因此有可能对前两个阶段再进行评审，解决存在的问题。

在功能评价的过程中，可能会发现冗余的关系模式或属性，这时应对它们加以区分，搞清楚它们是为未来发展预留的，还是某种错误造成的，比如名字混淆。如果属于错误处置，进行改正即可，而如果这种冗余来源于前两个设计阶段，则也要返回重新进行评审。

（2）性能评价

对于目前得到的数据库模式，由于缺乏物理结构设计所提供的数量测量标准和相应的评价手段，所以性能评价是比较困难的，只能对实际性能进行估计，包括逻辑记录的存取数、传送量以及物理结构设计算法的模型等。美国密执安大学的 T.Teorey 和 J.Fry 于 1980 年提出的逻辑记录访问（Logical Record Access，LRA）方法是一种常用的模式性能评价方法。LRA 方法对网状模型和层次模型较为实用，对于关系模型的查询也能起一定的估算作用。

有关 LRA 方法本书不做详细介绍，读者可以参考有关书籍。

2．模式改进

根据模式评价的结果，对已生成的模式进行改进。如果因为系统需求分析、概念结构设计的疏漏导致某些应用不能得到支持，则应该增加新的关系模式或属性。如果因为性能考虑而要求改进，则可采用合并或分解的方法。

（1）合并

如果有若干个关系模式具有相同的主键，并且对这些关系模式的处理主要是查询操作，而且经常是多关系的查询，那么可对这些关系模式按照组合使用频率进行合并。这样便可以减少连接操作而提高查询效率。

（2）分解

为了提高数据操作的效率和存储空间的利用率，最常用和最重要的模式优化方法就是分解，根据应用的不同要求，可以对关系模式进行垂直分解和水平分解。

水平分解是把关系的元组分为若干子集合，定义每个子集合为一个子关系。对于经常进行大量数据的分类条件查询的关系，可进行水平分解，这样可以减少应用系统每次查询需要访问的记录数，从而提高了查询性能。

垂直分解可以提高某些事务的效率，但也有可能使另一些事务不得不执行连接操作，从而降低了效率。因此，是否要进行垂直分解要看分解后的所有事务的总效率是否得到了提高。垂直分解要保证分解后的关系具有无损连接性和函数依赖保持性。

经过多次的模式评价和模式改进之后，最终的数据库模式得以确定。逻辑结构设计阶段的结果是全局逻辑数据库结构。对于关系数据库系统来说，就是一组符合一定规范的关系模式组成的关系数据库模式。

数据库系统的数据物理独立性特点消除了由于物理存储改变而引起的对应程序的修改。标准的DBMS 例行程序应适用于所有的访问，查询和更新事务的优化应当在系统软件一级上实现。这样，逻辑数据库确定之后，就可以开始进行应用程序设计了。

6.5 物理结构设计

数据库最终要存储在物理设备上。对于给定的逻辑数据模型，选取一个最适合应用环境的物理结构的过程，称为数据库物理结构设计。物理结构设计的任务是为了有效地实现逻辑模式，确定所采取的存储策略。此阶段是以逻辑设计的结果作为输入，结合具体 DBMS 的特点与存储设备特性进行设计，选定数据库在物理设备上的存储结构和存取方法。

数据库的物理结构设计可分为两步：

① 确定物理结构，在关系数据库中主要指存取方法和存储结构；

② 评价物理结构，评价的重点是时间和空间效率。

6.5.1 确定物理结构

设计人员必须深入了解给定的 DBMS 的功能，DBMS 提供的环境和工具、硬件环境，特别是存储设备的特征。另一方面也要了解应用环境的具体要求，如各种应用的数据量、处理频率和响应时间等。只有“知己知彼”才能设计出较好的物理结构。

1. 存储记录结构的设计

在物理结构中，数据的基本存取单位是存储记录。有了逻辑记录结构以后，就可以设计存储记录结构，一个存储记录可以和一个或多个逻辑记录相对应。存储记录结构包括记录的组成、数据项的类型和长度，以及逻辑记录到存储记录的映射。某一类型的所有存储记录的集合称为“文件”，文件的存储记录可以是定长的，也可以是变长的。

文件组织或文件结构是组成文件的存储记录的表示法。文件结构应该表示文件格式、逻辑次序、物理次序、访问路径、物理设备的分配。物理数据库就是指数据库中实际存储记录的格式、逻辑次序和物理次序、访问路径、物理设备的分配。

决定存储结构的主要因素包括存取时间、存储空间和维护代价三个方面。设计时应当根据实际情况对这三个方面进行综合权衡。一般 DBMS 也提供一定的灵活性可供选择，包括聚集和索引。

（1）聚集（Cluster）

聚集就是为了提高查询速度，把在一个（或一组）属性上具有相同值的元组集中地存放在一个物理块中。如果存放不下，可以存放在相邻的物理块中。其中，这个（或这组）属性称为聚集码。

为什么要使用聚集？是因为聚集有两个作用：

① 使用聚集以后，聚集码相同的元组集中在一起，因而聚集值不必在每个元组中重复存储，只要在一组中存储一次即可，因此可以节省存储空间。

② 聚集功能可以大大提高按聚集码进行查询的效率。例如，要查询学生关系中计算机系的学生名单，设计算机系有 300 名学生。在极端情况下，这些学生的记录会分布在 300 个不同的物理块中，这时如果要查询计算机系的学生，就需要做 300 次的 I/O 操作，这将影响系统查询的性能。如果按照系别建立聚集，使同一个系的学生记录集中存放，则每做一次 I/O 操作，就可以获得多个满足查询条件和记录，从而显著地减少了访问磁盘的次数。

（2）索引

存储记录是属性值的集合，主关系键可以唯一确定一个记录，而其他属性的一个具体值不能唯一确定是哪个记录。在主关系键上应该建立唯一索引，这样不但可以提高查询速度，还能避免关系键重复值的录入，确保了数据的完整性。

在数据库中，用户访问的最小单位是属性。如果对某些非主属性的检索很频繁，可以考虑建立这些属性的索引文件。索引文件对存储记录重新进行内部链接，从逻辑上改变了记录的存储位置，从而改变了访问数据的入口点。关系中数据越多，索引的优越性也就越明显。

建立多个索引文件可以缩短存取时间，但是增加了索引文件所占用的存储空间以及维护的开销。因此，应该根据实际需要综合考虑。

2. 访问方法的设计

访问方法是为存储在物理设备（通常指辅存）上的数据提供存储和检索能力的方法。一个访问方法包括存储结构和检索机构两个部分。存储结构限定了可能访问的路径和存储记录；检索机构定义了每个应用的访问路径，但不涉及存储结构的设计和设备分配。

存储记录是属性的集合，属性是数据项类型，可用作主键或辅助键。主键唯一地确定了一个记录。辅助键是用作记录索引的属性，可能并不唯一确定某一个记录。

访问路径的设计分成主访问路径与辅访问路径的设计。主访问路径与初始记录的装入有关，通常是用主键来检索的。首先利用这种方法设计各个文件，使其能最有效地处理主要的应用。一个物理数据库很可能有几套主访问路径。辅访问路径是通过辅助键的索引对存储记录重新进行内部链接，从而改变访问数据的入口点。用辅助索引可以缩短访问时间，但增加了辅存空间和索引维护的开销。设计者应根据具体情况做出权衡。

3．数据存放位置的设计

为了提高系统性能，应该根据应用情况将数据的易变部分、稳定部分、经常存取部分和存取频率较低部分分开存放。

例如，目前许多计算机都有多个磁盘，因此可以将表和索引分别存放在不同的磁盘上，在查询时，由于两个磁盘驱动器并行工作，可以提高物理读/写的速度。在多用户环境下，可能将日志文件和数据库对象（表、索引等）放在不同的磁盘上，以加快存取速度。另外，数据库的数据备份、日志文件备份等，只在数据库发生故障进行恢复时才使用，而且数据量很大，可以存放在磁带上，以改进整个系统的性能。

4．系统配置的设计

DBMS 产品一般都提供了一些系统配置变量、存储分配参数，供设计人员和 DBA 对数据库进行物理优化。系统为这些变量设定了初始值，但是这些值不一定适合每一种应用环境，在物理结构设计阶段，要根据实际情况重新对这些变量赋值，以满足新的要求。

系统配置变量和存储分配参数很多，例如，同时使用数据库的用户数、同时打开的数据库对象数、内存分配参数、缓冲区分配参数（使用的缓冲区长度、个数）、存储分配参数、数据库的大小、时间片的大小、锁的数目等，这些参数值影响存取时间和存储空间的分配，在物理结构设计时要根据应用环境确定这些参数值，以使系统的性能达到最优。

6.5.2 评价物理结构

和前面几个设计阶段一样，在确定了数据库的物理结构之后，要进行评价，重点是时间和空间的效率。如果评价结果满足设计要求，则可进行数据库实施。实际上，往往需要经过反复测试才能优化物理结构设计。

6.6 数据库实施

数据库实施是指根据逻辑设计和物理设计的结果，在计算机上建立起实际的数据库结构、装入数据、进行测试和试运行的过程。数据库实施主要包括：建立实际数据库结构、装入数据、应用程序编码与调试、数据库试运行和整理文档。

6.6.1 建立实际数据库结构

DBMS 提供的数据定义语言（DDL）可以定义数据库结构。可使用第 3 章所讲的 SQL 定义语句中的 CREATE TABLE 语句定义所需的基本表，使用 CREATE VIEW 语句定义视图。

6.6.2　装入数据

装入数据又称为数据库加载（Loading），是数据库实施阶段的主要工作。在数据库结构建立好之后，就可以向数据库中加载数据。

由于数据库的数据量一般都很大，它们分散于一个企业（或组织）中各个部门的数据文件、报表或多种形式的单据中，它们存在着大量的重复，并且其格式和结构一般都不符合数据库的要求，必须把这些数据收集起来加以整理，去掉冗余并转换成数据库所规定的格式，这样处理之后才能装入数据库。因此，装入数据需要耗费大量的人力、物力，是一种非常单调乏味而又意义重大的工作。

由于应用环境和数据来源的差异，不可能存在普遍通用的转换规则，现有的 DBMS 并不提供通用的数据转换软件来完成这一工作。

对于一般的小型系统，装入的数据量较少，可以采用人工方法来完成。首先，将需要装入的数据从各个部门的数据文件中筛选出来，转换成符合数据库要求的数据格式，然后输入到计算机中，最后进行数据校验，检查输入的数据是否有误。但是，人工方法不仅效率低，而且容易产生差错。对于数据量较大的系统，应该由计算机来完成这一工作。通常是设计一个数据输入子系统，其主要功能是从大量的原始数据文件中筛选、分类、综合和转换数据库所需的数据，把它们加工成数据库所要求的结构形式，最后装入数据库中，同时还要采用多种校验技术检查输入数据的正确性。

为了保证装入数据库中数据的正确无误，必须高度重视数据的校验工作。在输入子系统的设计中应该考虑多种数据校验技术，在数据转换过程中应使用不同的方法进行多次校验，确认正确后方可入库。

如果在设计数据库时，原来的数据库系统仍在使用，则数据的转换工作是将原来老系统中的数据转换成新系统中的数据。同时，还要转换原来的应用程序，使之能在新系统下有效地运行。

数据的转换、分类和综合常常需要多次才能完成，因而输入子系统的设计和实施是很复杂的，需要编写许多应用程序。由于这一工作需要耗费较多的时间，为了保证数据能够及时入库，应该在数据库物理设计的同时编制数据输入子系统，而不能等物理设计完成后才开始。

6.6.3　应用程序编码与调试

数据库应用程序的设计属于一般的程序设计范畴，但数据库应用程序有自己的一些特点。例如，大量使用屏幕显示控制语句、形式多样地输出报表、重视数据的有效性和完整性检查、有灵活的交互功能。

为了加快应用系统的开发速度，一般选择第四代语言开发环境，利用自动生成技术和软件复用技术，在程序设计过程中往往采用工具软件来帮助编写程序和文档，如目前普遍使用的 PowerBuilder、Delphi 以及由北京航空航天大学研制的 863/CMIS 支持的数据库开发工具 OpenTools 等。

数据库结构建立好之后，就可以开始编制与调试数据库的应用程序，这时由于数据入库尚未完成，调试程序时可以先使用模拟数据。

6.6.4 数据库试运行

应用程序编写完成，并有了一小部分数据装入后，应该按照系统支持的各种应用分别试验应用程序在数据库上的操作情况，这就是数据库的试运行阶段，或者称为联合调试阶段。在这一阶段要完成两方面的工作：

① 功能测试：实际运行应用程序，测试它们能否完成各种预定的功能。

② 性能测试：测量系统的性能指标，分析是否符合设计目标。

系统的试运行对于系统设计的性能检验和评价是很重要的，因为有些参数的最佳值只有在试运行后才能找到。如果测试的结果不符合设计目标，则应返回到设计阶段，重新修改设计和编写程序，有时甚至需要返回到逻辑设计阶段，调整逻辑结构。

重新设计物理结构甚至逻辑结构，会导致数据重新入库。由于数据装入的工作量很大，所以可分期分批地组织数据装入，先输入小批量数据做调试用，待试运行基本合格后，再大批量输入数据，逐步增加数据量，逐步完成运行评价。

数据库的实施和调试不是几天就能完成的，需要有一定的时间。在此期间由于系统还不稳定，随时可能发生硬件或软件故障，加之数据库刚刚建立，操作人员对系统还不熟悉，对其规律缺乏了解，容易发生操作错误，这些故障和错误很可能破坏数据库中的数据，这种破坏很可能在数据库中引起连锁反应，破坏整个数据库。因此，必须做好数据库的转储和恢复工作，要求设计人员熟悉 DBMS 的转储和恢复功能，并根据调试方式和特点首先加以实施，尽量减少对数据库的破坏，并简化故障恢复。

6.6.5 整理文档

在程序的编码调试和试运行中，应该将发现的问题和解决方法记录下来，将它们整理存档作为资料，供以后正式运行和改进时参考。全部的调试工作完成之后，应该编写应用系统的技术说明书和使用说明书，在正式运行时随系统一起交给用户。完整的文件资料是应用系统的重要组成部分，但这一点常被忽视。必须强调这一工作的重要性，引起用户与设计人员的充分注意。

6.7 数据库运行与维护

数据库试运行结果符合设计目标后，数据库就投入正式运行，进入运行和维护阶段。数据库系统投入正式运行，标志着数据库应用开发工作的基本结束，但并不意味着设计过程已经结束。由于应用环境不断发生变化，用户的需求和处理方法不断发展，数据库在运行过程中的存储结构也会不断变化，从而必须修改和扩充相应的应用程序。数据库运行和维护阶段的主要任务包括以下三项内容：

① 维护数据库的安全性与完整性；

② 监测并改善数据库性能；

③ 重新组织和构造数据库。

6.7.1 维护数据库的安全性与完整性

按照设计阶段提供的安全规范和故障恢复规范，DBA 要经常检查系统的安全是否受到侵犯，根据用户的实际需要授予用户不同的操作权限。数据库在运行过程中，由于应用环境发生变化，对安全性的要求可能发生变化，DBA 要根据实际情况及时调整相应的授权和密码，以保证数据库的安全性。同样，数据库的完整性约束条件也可能会随应用环境的改变而改变，这时 DBA 也要对其进行调整，以满足用户的要求。

另外，为了确保系统在发生故障时能够及时地进行恢复，DBA 要针对不同的应用要求制订不同的转储计划，定期对数据库和日志文件进行备份，以使数据库在发生故障后恢复到某种一致性状态，保证数据库的完整性。

6.7.2 监测并改善数据库性能

目前，许多 DBMS 产品都提供了监测系统性能参数的工具，DBA 可以利用系统提供的这些工具，经常对数据库的存储空间状况及响应时间进行分析评价；结合用户的反应情况确定改进措施；及时改正运行中发现的错误；按用户的要求对数据库的现有功能进行适当的扩充，但要注意在增加新功能时应保证原有功能和性能不受损害。

6.7.3 重新组织和构造数据库

数据库建立后，除了数据本身是动态变化的以外，随着应用环境的变化，数据库本身也必须变化以适应应用要求。

数据库运行一段时间后，由于记录的不断增加、删除和修改，会改变数据库的物理存储结构，使数据库的物理特性受到破坏，从而降低数据库存储空间的利用率和数据的存取效率，使数据库的性能下降。因此，需要对数据库进行重新组织，即重新安排数据的存储位置，回收垃圾，减少指针链，改进数据库的响应时间和空间利用率，提高系统性能。这与操作系统对“磁盘碎片”处理的概念相类似。数据库的重组只是使数据库的物理存储结构发生变化，而数据库的逻辑结构不变，所以根据数据库的三级模式，可以知道数据库重组对系统功能没有影响，只是为了提高系统的性能。

数据库应用环境的变化可能导致数据库的逻辑结构发生变化，比如要增加新的实体，增加某些实体的属性，实体之间的联系发生了变化，这样使原有的数据库设计不能满足新的要求，必须对原来的数据库重新构造，适当调整数据库的模式和内模式，比如要增加新的数据项，增加或删除索引，修改完整性约束条件等。

DBMS 一般都提供重新组织和构造数据库的应用程序，以帮助 DBA 完成数据库的重组和重构工作。

只要数据库系统在运行，就需要不断地进行修改、调整和维护。一旦应用变化太大，数据库重新组织也无济于事，这就表明数据库应用系统的生命周期结束，应该建立新系统，重新设计数据库。从头开始数据库设计工作，标志着一个新的数据库应用系统生命周期的开始。

小　　结

本章介绍了数据库设计的六个阶段，包括：系统需求分析、概念结构设计、逻辑结构设计、物理结构设计、数据库实施、数据库运行与维护。对于每一阶段，都分别详细讨论了其相应的任务、方法和步骤。

需求分析是整个设计过程的基础，如果做得不好，可能会导致整个数据库设计返工重做。

将需求分析所得到的用户需求抽象为信息结构即概念模型的过程就是概念结构设计，概念结构设计是整个数据库设计的关键所在，这一过程包括设计局部 E-R 图、综合成初步 E-R 图、E-R 图的优化。

将独立于 DBMS 的概念模型转化为相应的数据模型，这是逻辑结构设计所要完成的任务。一般的逻辑设计分为三步：初始关系模式设计，关系模式规范化，模式的评价与改进。

物理结构设计就是为给定的逻辑模型选取一个适合应用环境的物理结构，物理结构设计包括确定物理结构和评价物理结构两步。

根据逻辑设计和物理设计的结果，在计算机上建立起实际的数据库结构，装入数据，进行应用程序的设计，并试运行整个数据库系统，这是数据库实施阶段的任务。

数据库设计的最后阶段是数据库的运行与维护，包括维护数据库的安全性与完整性，监测并改善数据库性能，必要时需要进行数据库的重新组织和构造。

习　　题

一、填空题

1. 数据库设计包括________和________ 两方面的内容。

2. ________是目前公认的比较完整和权威的一种规范设计法。

3．数据库设计中，前四个阶段可统称为________，后两个阶段统称为________。
4．________是数据库设计的起点，为以后的具体设计做准备。
5．________就是将需求分析得到的用户需求抽象为信息结构，即概念模型。
6．________地进行需求分析，再________地设计概念结构。
7．E–R 图中的冲突有三种：________、________和________。
8．将 E–R 图如何向关系模型进行转换是________阶段的任务。
9．数据库的物理结构设计主要包括________和________。
10．________是数据库实施阶段的主要工作。
11．重新组织和构造数据库是________阶段的任务。
12．“为哪些表，在哪些字段上，建立什么样的索引”这一设计内容应该属于数据库设计中的________设计阶段。
13．在数据库设计中，把数据需求写成文档，它是各类数据描述的集合，包括数据项、数据结构、数据流、数据存储和数据加工过程的描述，通常称为________。
14．数据流图（DFD）是用于描述结构化方法中________阶段的工具。
15．在数据库实施阶段包括两项重要的工作，一项是数据的________，另一项是应用程序的编码和调试。

二、选择题

1．（　　）表达了数据和处理过程的关系。
A．数据字典　B．数据流图　C．逻辑设计　D．概念设计

2．E–R 图的基本成分不包含（　　）。
A．实体型　B．属性　C．元组　D．联系

3．规范化理论是数据库（　　）阶段的指南和工具。
A．需求分析　B．概念设计　C．逻辑设计　D．物理设计

4．下列因素中，（　　）不是决定存储结构的主要因素。
A．实施难度　B．存取时间　C．存储空间　D．维护代价

5．建立实际数据库结构是（　　）阶段的任务。
A．逻辑设计　B．物理设计　C．数据库实施　D．运行和维护

6．当局部 E–R 图合并成全局 E–R 图时可能出现冲突，不属于合并冲突的是（　　）。
A．属性冲突　B．语法冲突　C．结构冲突　D．命名冲突

7．从 E–R 模型向关系模型转换时，一个 M:N 联系转换为关系模式时，该关系模式的关键字是（　　）。
A．M 端实体的关键字　B．N 端实体的关键字
C．M 端实体关键字与 N 端实体关键字组合　D．重新选取其他属性

8．数据库设计人员和用户之间沟通信息的桥梁是（　　）。

A．程序流程图　B．实体联系图　C．模块结构图　D．数据结构图

9．概念结构设计的主要目标是产生数据库的概念结构，该结构主要反映（　　）。

A．应用程序员的编程需求　B．DBA 的管理信息需求

C．数据库系统的维护需求　D．企业组织的信息需求

10．设计子模式属于数据库设计的（　　）。

A．需求分析　B．概念设计　C．逻辑设计　D．物理设计

11．需求分析阶段设计数据流图（DFD）通常采用（　　）。

A．面向对象的方法　B．回溯的方法

C．自底向上的方法　D．自顶向下的方法

12．在数据库设计中，用 E-R 图来描述信息结构但不涉及信息在计算机中的表示，它是数据设计的（　　）阶段。

A．需求分析　B．概念设计　C．逻辑设计　D．物理设计

13．数据库物理设计完成后，进入数据库实施阶段，下列各项中不属于实施阶段的工作是（　　）。

A．建立库结构　B．扩充功能　C．加载数据　D．系统调试

14．在数据库的概念设计中，最常用的数据模型是（　　）。

A．形象模型　B．物理模型

C．逻辑模型　D．实体-联系模型

三、设计题

1．一个图书管理系统中有如下信息：

图书：书号、书名、数量、位置

借书人：借书证号、姓名、单位

出版社：出版社名、邮编、地址、电话、E-mail

其中约定：

任何人可以借多种书，任何一种书可以被多个人借，借书和还书时，要登记相应的借书日期和还书日期；一个出版社可以出版多种书籍，同一本书仅为一个出版社所出版，出版社名具有唯一性。

根据以上情况，完成如下设计：

（1）设计该系统的 E-R 图；

（2）将 E-R 图转换为关系模式；

（3）指出转换后的每个关系模式的关系键。

2．图 6-20（a）、（b）、（c）给出某企业管理系统三个不同的局部 E-R 图，将其合成一个全局 E-R 图，并设置各个实体以及联系的属性（允许增加必要的属性，也可将实体的属性改为联系的

属性）。

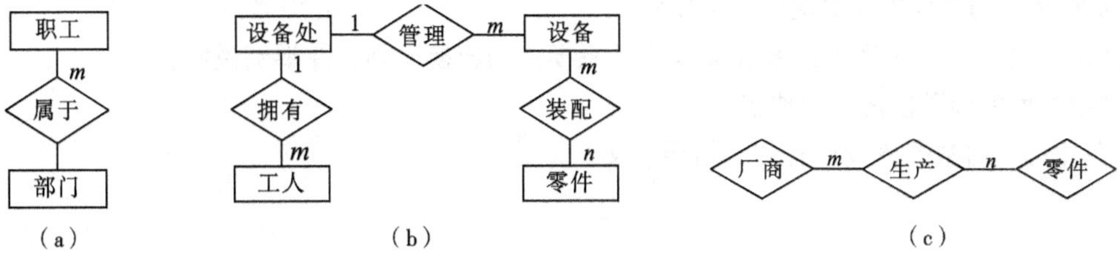

图 6-20　局部 E-R 图

各实体的属性如下：

部门：部门号，部门名，电话，地址

职员：职员号，职员名，职务，年龄，性别

设备处：单位号，电话，地址

工人：工人编号，姓名，年龄，性别

设备：设备号，名称，规格，价格

零件：零件号，名称，规格，价格

厂商：单位号，名称，电话，地址

3．经过需求分析可知，某医院病房计算机管理系统中需要管理以下信息：

科室：科室名，科室地址，科室电话，医生姓名

病房：病房号，床位号，所属科室

医生：工作证号，姓名，性别，出生日期，联系电话，职称，所属科室名

病人：病历号，姓名，性别，出生日期，诊断记录，主管医生，病房号

其中，一个科室有多个病房、多名医生，一个病房只能属于一个科室，一个医生只属于一个科室，但可负责多个病人的诊治，一个病人的主管医生只有一个。

根据以上需求分析的情况，完成以下有关的设计：

（1）画出该计算机管理系统中有关信息的 E-R 图。

（2）将该 E-R 图转换为对应的关系模式。

（3）指出转换以后的各关系模式的范式等级和对应的候选键。

四、简答题

1．数据库设计分为哪几个阶段？每个阶段的主要工作是什么？

2．在数据库设计中，需求分析阶段的任务是什么？主要包括哪些内容？

3．数据输入在实施阶段的重要性是什么？如何保证输入数据的正确性？

4．什么是数据库的概念结构？试述概念结构设计的步骤。

5．用 E-R 图表示概念模式有什么好处？

6. 试述实体、属性划分的原则，并举例说明。
7. 局部 E-R 图的集成主要解决什么问题?
8. 试述逻辑设计的步骤及把 E-R 图转换为关系模式的转换原则，并举例说明。
9. 试述数据库实施阶段的工作要点。
10. 规范化理论对数据库设计有什么指导意义?

第7章 SQL Server 2008 数据库管理系统

学习目标

- 掌握 Transact-SQL 的变量、流程控制语句、自定义函数方法；
- 熟悉 SQL Server 常用命令及常用函数；
- 掌握存储过程的概念及定义方法；
- 掌握触发器的概念及使用方法；
- 熟悉数据库的还原及备份。

SQL Server 2008 在支持标准 SQL 的同时，对其进行了扩充，引入了 Transact-SQL（简称 T-SQL）。T-SQL 是使用 SQL Server 2008 的核心，通过它可以定义变量、使用流控制语句、自定义函数、自定义存储过程等，极大地扩展了 SQL Server 2008 的功能。在 SQL Server 2008 数据库管理系统中，存储过程和触发器具有重要的作用。存储过程和触发器都是 SQL 语句和流程控制语句的集合。

本章首先介绍 Transact-SQL 基本语法、运算符和表达式，以及基本语句和函数的使用，接着介绍存储过程和触发器的概念、使用方法，最后讲述数据库备份及还原的具体方法。

7.1 Transact-SQL 程序设计

在第 3 章中，曾介绍了标准 SQL 的语法及其基本使用方法，SQL 是结构化查询语言（Structured Query Language）的缩写，是一种数据库应用语言。SQL 最早是 IBM 的圣约瑟研究实验室为其关系数据库管理系统 System R 开发的一种查询语言，由于其结构简洁，功能强大，简单易学，得到了广泛的应用。目前，大多数数据库供应商都支持 SQL 作为查询语言。Transact-SQL 是 SQL Server 对标准 SQL 的扩充，例如，引入了程序设计的思想，增强了程序的流程控制语句等。因此，在 Transact-SQL

中，标准的SQL语句可畅通无阻。Transact-SQL最主要的用途是设计服务器端的能够在后台执行的程序块，如存储过程、触发器等。

7.1.1 变量

变量是可以对其赋值并参与运算的一个实体，其值在运行过程中可以发生改变。变量可以分为全局变量和局部变量两类，其中全局变量由系统定义并维护，局部变量由用户定义并赋值。局部变量的用法非常广泛，除了可以参加运算构成表达式之外，还可以在程序中保存中间结果、控制循环执行次数、保存存储过程的输出结果和函数的返回值等。

1. 全局变量

全局变量是SQL Server 2008系统内部使用的变量，其作用范围并不局限于某一程序，而是任何程序均可随时调用。全局变量通常存储一些SQL Server 2008的配置设定值和效能统计数据。用户可在程序中用全局变量来测试系统的设定值或Transact-SQL 命令执行后的状态值。

全局变量不是由用户的程序定义的，而是由系统定义和维护的，只能使用预先说明及定义的全局变量。引用全局变量时必须以“@@”开头。局部变量的名称不能与全局变量的名称相同，否则会在应用中出错。从SQL Server 7.0开始，全局变量就以系统函数的形式使用。

2. 局部变量

局部变量是用户可自定义的变量，它的作用范围仅在程序内部。局部变量在程序中通常用来存储从表中查询到的数据，或当做程序执行过程中的暂存变量。局部变量必须以@ 开头，而且必须先用DECLARE 命令说明后才可使用。其说明形式如下：

```
DECLARE  @变量名  变量类型[,@变量名  变量类型…]
```

其中变量类型可以是SQL Server 2008 支持的所有数据类型。

在Transact-SQL 中不能像在一般的程序语言中一样使用“变量=变量值”来给变量赋值，必须使用SELECT 或SET 命令来设定变量的值。其语法如下：

```
SELECT @局部变量= 变量值
SET @局部变量量= 变量值
```

【例7-1】声明一个长度为 8 个字符的变量id，并赋值。

```
declare @id char(8)
select @id ='10010001'
```

3. 注释符

在Transact-SQL 中可使用两类注释符：

① ANSI 标准的注释符“--”用于单行注释。

② 与 C 语言相同的程序注释符号，即“/*…*/”，“/*”用于注释文字的开头，“*/”用于注释文字的结尾，可在程序中标识多行注释文字。

7.1.2　运算符

运算符是一种符号，用来指定要在一个或多个表达式中执行的操作。SQL Server 2008 提供了算术运算符、逻辑运算符、赋值运算符、字符串串联运算符、按位运算符、一元运算符和比较运算符。

1. 算术运算符

算术运算符对两个表达式执行数学运算，参与运算的表达式必须是数值数据类型或能够进行算术运算的其他数据类型。SQL Server 2008 提供的算术运算符如表 7-1 所示。加（+）和减（-）运算符也可用于对 datetime、smalldatetime、money 和 smallmoney 值执行算术运算。

表 7-1　算术运算符

运算符	含义
+（加）	加
-（减）	减
*（乘）	乘
/（除）	除
%（取模）	取余

2. 赋值运算符

等号 (=) 是唯一的 Transact-SQL 赋值运算符。在以下示例中，将创建一个 @MyCounter 变量，然后赋值运算符将 @MyCounter 的值赋为 1。

```
DECLARE @MyCounter INT;
SET @MyCounter = 1;
```

3. 字符串串联运算符

加号 (+) 是字符串串联运算符，可以用它将字符串串联起来。其他所有字符串操作都使用字符串函数进行处理。例如'good' + '   ' + 'morning'的结果是'good   morning'。

4. 比较运算符

比较运算符用来比较两个表达式值之间的大小关系，可以用于除了 text、ntext 或 image 数据类型之外的所有数据类型。运算的结果为 True 或 False，通常用来构造条件表达式。表 7-2 列出了 Transact-SQL 的比较运算符。

表 7-2　比较运算符

运 算 符	含　义	运 算 符	含　义
=	等于	<>	不等于
>	大于	!=	不等于（非 SQL-92 标准）
<	小于	!<	不小于（非 SQL-92 标准）
>=	大于等于	!>	不大于（非 SQL-92 标准）
<=	小于等于		

5. 逻辑运算符

逻辑运算符用来对多个条件进行运算，运算的结果为 True 或 False，通常用来表示复杂的条件表达式。表 7-3 列出了 Transact-SQL 的逻辑运算符。

表 7-3　Transact-SQL 的逻辑运算符

算　　符	含　　义
ALL	如果一组的比较都为 TRUE，就为 TRUE
AND 或&&	如果两个布尔表达式都为 TRUE，就为 TRUE
ANY 或 SOME	如果一组的比较中任何一个为 TRUE，就为 TRUE
BETWEEN	如果操作数在某个范围之内，就为 TRUE
EXISTS	如果子查询包含一些行，就为 TRUE
IN	如果操作数等于表达式列表中的一个，就为 TRUE
LIKE	如果操作数与一种模式相匹配，就为 TRUE
NOT 或 !	对任何其他布尔运算符的值取反
OR 或 ||	如果两个布尔表达式中的一个为 TRUE，就为 TRUE

6. 按位运算符

按位运算符对两个二进制数据或整数数据进行位操作，但是两个操作数不能同时为二进制数据，必须有一个为整数数据。SQL Server 2008 提供的按位运算符如表 7-4 所示。

7. 一元运算符

一元运算符只对一个表达式进行运算，SQL Server 2008 提供的一元运算符如表 7-5 所示。

表 7-4　按位运算符

运算符	含义
&	按位与
|（位或）	按位或
^	按位异或

表 7-5　一元运算符

运算符	含义
+（正）	数值为正
-（负）	数值为负
~（位非）	按位取反

8. 运算符优先级和结合性

表达式计算器支持的运算符集中的每个运算符在优先级层次结构中都有指定的优先级，并包含一个计算方向。运算符的计算方向就是运算符结合性。具有高优先级的运算符先于低优先级的运算符进行计算。如果复杂的表达式有多个运算符，则运算符优先级将确定执行操作的顺序。执行顺序可能对结果值有明显的影响。某些运算符具有相等的优先级。如果表达式包含多个具有相等的优先级的运算符，则按照从左到右或从右到左的方向进行运算。

SQL Server 2008 中运算符的优先级顺序如下：

- ~（按位取反）；
- *（乘）、/（除）、%（取余）；
- +（正）、-（负）、+（加）、（+字符串串联）、-（减）、&（按位与）、^（按位异或）、|（按位或）；
- =、>、<、>= 、<= 、<> 、!=, !> 、!<（比较运算符）；

- NOT；
- AND；
- ALL、ANY、BETWEEN、IN、LIKE、OR、SOME；
- =（赋值）。

7.1.3　批处理

批处理是包含一个或多个 T-SQL 语句的组，在批处理的所有语句被整合成一个执行计划。一个批处理内的所有语句要么被放在一起通过解析，要么没有一句能够执行。

批处理是使用 GO 语句将多条 SQL 语句进行分隔，其中每两个 GO 之间的 SQL 语句就是一个批处理单元。

如果在编译过程中出现语法错误，那么批处理中所有的语句均无法正常执行。如果在运行阶段出现错误，一般都会中断当前以及其后语句的执行，只有在少数情况下，如违反约束时，仅中断当前出错的语句而继续执行其他语句。

例如，假定批处理中有 10 条语句。如果第五条语句有一个语法错误，则不执行批处理中的任何语句。如果批处理经过编译，并且第二条语句在运行时失败，则第一条语句的结果不会受到影响，因为已执行了该语句。例如：

```
CREATE TABLE dbo.T3(a int);
INSERT INTO dbo.T3 VALUES (1);
INSERT INTO dbo.T3 VALUES (1,1);
INSERT INTO dbo.T3 VALUES (3);
GO
SELECT * FROM dbo.T3 ;
```

首先，对批处理进行编译。对 CREATE　TABLE 语句进行编译，但由于表 dbo.T3 尚不存在，因此未编译 INSERT 语句。

然后，批处理开始执行。表已创建，编译第一条 INSERT，然后立即执行。表 T3 现在具有一个行。然后，编译第二条 INSERT 语句。编译失败，批处理终止。SELECT 语句返回一个行。

【例 7-2】执行批处理程序，依次查询学生选课表 SC、学生总数。

```
USE XSCJ
GO
SELECT * FROM SC
SELECT COUNT(*) FROM S
GO
```

7.1.4　流程控制语句

流程控制语句采用了与程序设计语言相似的机制，使其能够产生控制程序执行及流程分支的作用。通过使用流程控制语句，用户可以完成功能较为复杂的操作，并且使得程序获得更好的逻辑性和结构性。

Transact-SQL 使用的流程控制语句与常见的程序设计语言类似，主要有以下几种控制语句。

1. BEGIN…END

BEGIN…END 的语法格式如下：

```
BEGIN
<命令行或程序块>
END
```

BEGIN…END 用来设定一个程序块，将在 BEGIN…END 内的所有程序视为一个单元执行。

【例 7-3】在 IF 语句中应用 BEGIN...END 语句。

```
DECLARE   @ErrorSaveVariable  int
IF  (@@ERROR <> 0)
  BEGIN
   SET @ErrorSaveVariable = @@ERROR
   PRINT 'Error encountered, ' + CAST(@ErrorSaveVariable AS VARCHAR(10))
  END
ELSE
 PRINT  '正确'
```

2. IF...ELSE

IF ELSE 的语法格式如下：

```
IF <条件表达式>
<命令行或程序块>
[ELSE [条件表达式]
<命令行或程序块>]
```

其中，<条件表达式>可以是各种表达式的组合，但表达式的值必须是逻辑值“真”或“假”。ELSE 子句是可选的，最简单的 IF 语句没有 ELSE 子句部分。IF...ELSE 用来判断当某一条件成立时执行某段程序，条件不成立时执行另一段程序。如果不使用程序块，IF 或 ELSE 只能执行一条命令。IF ELSE 可以进行嵌套，在 Transact-SQL 中最多可嵌套 32 级。

【例 7-4】在学生情况表 S 中，查找学号为 S2 的学生记录，如果有，则显示此记录，如果无，则显示“此学生不存在!”。

```
If   exists(select  *  from  s  where  Sno='S2')
     select  *  from  S where  Sno='S2'
Else
     print   '此学生不存在! '
```

3. CASE

CASE 命令有两种语句格式：

格式 1：

```
CASE <表达式 1>
```

```
  WHEN <条件 1> THEN <结果表达式 1>
   …
  WHEN <条件 2> THEN <结果表达式 3>
[ELSE <表达式 2>]
END
```

该语句的执行过程是：将 CASE 后面表达式的值与各 WHEN 子句中的表达式的值进行比较，如果二者相等，则返回 THEN 后的表达式的值，然后跳出 CASE 语句，否则返回 ELSE 子句中的表达式的值。ELSE 子句是可选项。当 CASE 语句中不包含 ELSE 子句时，如果所有比较失败，则 CASE 语句将返回 NULL。

【例 7-5】 根据系统时间判断当前日期所对应的星期值并且输出结果。

在查询编辑窗口中运行如下命令：

```
DECLARE @dt DATETIME
SET @dt = DATEPART(w,GETDATE())
SELECT
CASE @dt
   WHEN 1 THEN  '星期天'
   WHEN 2 THEN  '星期一'
   WHEN 3 THEN  '星期二'
   WHEN 4 THEN  '星期三'
   WHEN 5 THEN  '星期四'
   WHEN 6 THEN  '星期五'
   WHEN 7 THEN  '星期六'
END
```

该实例中，首先通过 DATEPART( ) 函数获得当前时间所对应的星期数，范围为 1 ~ 7，其中 1 代表星期天，7 代表星期六，构造一个条件分支。然后，将系统的星期数值通过 CASE 语句转换为相应的字符串信息并显示结果。

格式 2：

```
CASE
   WHEN <条件表达式> THEN <运算式>
   …
   WHEN <条件表达式> THEN <运算式>
[ELSE <运算式>]
END
```

该语句的执行过程是：首先测试 WHEN 后的表达式的值，如果其值为真，则返回 THEN 后面的表达式的值；否则测试下一个 WHEN 子句中的表达式的值。如果所有 WHEN 子句后的表达式的值都为假，则返回 ELSE 后的表达式的值。如果在 CASE 语句中没有 ELSE 子句，则 CASE 表达式返回 NULL。

注意： CASE 命令可以嵌套到 SQL 命令中。

【例 7-6】从 SC 表中查询所有同学选课成绩情况，凡成绩为空者输出“未考”、小于 60 分的输出“不及格”、60 ~ 70 分的输出“及格”、70 ~ 90 分的输出“良好”、大于或等于 90 分的输出“优秀”。

```
SELECT Sno,Cno,
      SCORE=
      CASE
      WHEN Score IS NULL THEN '未考'
      WHEN Score<60 THEN '不及格'
      WHEN Score>=60 AND Score<70 THEN '及格'
      WHEN Score>=70 AND Score<90 THEN '良好'
      WHEN Score>=90 THEN '优秀'
      END
FROM SC
```

4. WHILE…CONTINUE…BREAK

WHILE…CONTINUE…BREAK 的语法格式如下：

```
WHILE <条件表达式>
BEGIN
   <命令行或程序块>
   [BREAK]
   [CONTINUE]
   [命令行或程序块]
END
```

WHILE 命令在设定的条件成立时会重复执行命令行或程序块。CONTINUE 命令可以让程序跳过 CONTINUE 命令之后的语句，回到 WHILE 循环的第一行，继续进行下一次循环。BREAK 命令则让程序完全跳出循环，结束 WHILE 命令的执行。WHILE 语句也可以嵌套。

【例 7-7】程序计算 1 ~ 100 之间所有能被 3 整除的数的个数及总和。

```
DECLARE @S SMALLINT,@I SMALLINT,@NUMS SMALLINT
SET @S=0
SET @I=1
SET @NUMS=0
WHILE (@I<=100)
     BEGIN
        IF (@I%3=0)
           BEGIN
              SET @S=@S+@I
              SET @NUMS=@NUMS+1
           END
        SET @I=@I+1
     END
PRINT @S
PRINT @NUMS
```

5. WAITFOR

WAITFOR 的语法格式如下：

```
WAITFOR {DELAY <'时间'> | TIME <'时间'>
                        | ERROREXIT | PROCESSEXIT | MIRROREXIT}
```

WAITFOR 命令用来暂时停止程序执行，直到所设定的等待时间已过或所设定的时间已到才继续往下执行。其中'时间'必须为 DATETIME 类型的数据，但不能包括日期。

各关键字的含义如下：

- DELAY：用来设定等待的时间，最多可达 24 小时。
- TIME：用来设定等待结束的时间点。
- ERROREXIT：直到处理非正常中断。
- PROCESSEXIT：直到处理正常或非正常中断。
- MIRROREXI： 直到镜像设备失败。

【例 7-8】 等待 1 小时 2 分零 3 秒后才执行 SELECT 语句。

```
waitfor delay '01:02:03'
select * from SC
```

6. GOTO

GOTO 的语法格式如下：

```
GOTO 标识符
```

GOTO 命令用来改变程序执行的流程，使程序跳到标有标识符的指定的程序行再继续往下执行。作为跳转目标的标识符可为数字与字符的组合，但必须以“:”结尾。在 GOTO 命令行，标识符后不必跟“:”。

【例 7-9】 求 1+2+3+⋯+10 的总和。

```
DECLARE @S SMALLINT,@I SMALLINT
SET @I=1
SET @S=0
BEG:
IF (@I<=10)
  BEGIN
     SET @S=@S+@I
     SET @I=@I+1
     GOTO BEG
  END
PRINT @S
```

7. RETURN

RETURN 的语法格式如下：

```
RETURN ([整数值])
```

RETURN 命令用于结束当前程序的执行，返回到上一个调用它的程序或其他程序。在括号内可指定一个返回值。如果没有指定返回值，SQL Server 系统会根据程序执行的结果返回一个内定值。例如：

- 0：程序执行成功；
- −1：找不到对象；
- −2：数据类型错误；
- −3：死锁；
- −4：违反权限原则；
- −5：语法错误；
- −6：用户造成的一般错误；
- −7：资源错误；
- −8：非致命的内部错误；
- −9：已达到系统的极限；
- −10,−11：致命的内部不一致性错误；
- −12：表或指针破坏；
- −13：数据库破坏；
- −14：硬件错误。

如果运行过程产生了多个错误，SQL Server 系统将返回绝对值最大的数值；如果此时用户定义了返回值，则返回用户定义的值。RETURN 语句不能返回 NULL 值。

7.1.5 常用命令

1. BACKUP

BACKUP 命令用于将数据库内容或其事务处理日志备份到存储介质上（如软盘、硬盘、磁带等）。

2. CHECKPOINT

CHECRPOINT 的语法格式如下：

```
CHECKPOINT
```

CHECKPOINT 命令用于将当前工作的数据库中被更改过的数据页或日志页从数据缓冲器中强制写入硬盘。

3. DBCC

数据库一致性检查程序（Database Base Consistency Checker，DBCC）命令用于验证数据库完整性、查找错误、分析系统使用情况等。

DBCC 命令后必须加上子命令，系统才知道要做什么。例如，DBCC CHECKALLOC 命令检查目前数据库内所有数据页的分配和使用情况。

4. DECLARE

DECLARE 的语法格式如下：

```
DECLARE {{ @local_variable data_type }
| { @cursor_variable_name CURSOR }
| { table_type_definition }
} [ ...n]]
```

DECLARE 命令用于声明一个或多个局部变量、游标变量或表变量。在用 DECLARE 命令声明之后，所有的变量都被赋予初值 NULL。需要用 SELECT 或 SET 命令来给变量赋值。变量类型可为系统定义的类型或用户定义的类型，但不能为 TEXT、NTEXT 和 IMAGE 类型。CURSOR 指明变量是局部的游标变量。

如果变量为字符型，那么在 data_type 表达式中应指明其最大长度，否则系统认为其长度为 1。例如：

```
declare @x char,@y char(10)
select @x ='123',@y ='data_type'
print @x
print @y
```

则运行结果为：

```
1
data_type
```

5. EXECUTE

EXECUTE 命令用来执行存储过程。

6. KILL

KILL 命令用于终止某一过程的执行。

7. PRINT

PRINT 的语法格式如下：

```
PRINT 'any ASCII text' | @local_variable | @@FUNCTION | string_expression
```

PRINT 命令向客户端返回一个用户自定义的信息，即显示一个字符串、局部变量或全局变量。如果变量值不是字符串，必须先用数据类型转换函数 CONVERT( ) 将其转换为字符串。其中，string_expression 是可返回一个字符串的表达式。表达式的长度可以超过 8 000 个字符，但超过 8 000 的字符将不会显示。

8. RAISERROR

RAISERROR 命令用于在 SQL Server 系统返回错误信息时，同时返回用户指定的信息。

9. READTEXT

READTEXT 命令的语法格式如下：

```
READTEXT {table.column text_pointer offset size} [HOLDLOCK]
```

READTEXT 命令用于从数据类型为 TEXT、NTEXT 或 IMAGE 的列中读取数据。命令从偏移位置 offset+1 个字符起读取 size 个字符，如果 size 为 0，则会读取 4 KB 的数据。其中，text_pointer 是指向存储文本的第一个数据库页的指针，它可以用 TEXTPTR（ ）函数来获取。HOLDLOCK 选项用于锁定所读取的数据直到传输结束，这段时间内其他用户只能读取数据不能更改数据。

如果数据列为汉字，则 offset 值应取 0 或其他偶数，如果用奇数则会出现乱码。

10. RESTORE

RESTORE 命令用来将数据库或其事务处理日志备份文件由存储介质回存到 SQL Server 系统中。

11. SELECT

SELECT 命令可用于给变量赋值，其语法格式如下：

```
SELECT {@local_variable = expression } [, ...n]
```

SELECT 命令可以一次给多个变量赋值。当表达式 expression 为列名时，SELECT 命令可利用其查询功能一次返回多个值，变量中保存的是其返回的最后一个值。如果 SELECT 命令没有返回值，则变量值仍为原来的值。当表达式 expression 是一个子查询时，如果子查询没有返回值，则变量被设为 NULL。

12. SET

SET 命令有两种用法。

① 用于给局部变量赋值。其语法格式如下：

```
SET { {@local_variable = expression} | { @cursor_variable =
        { @cursor_variable1 cursor_name
                | { CURSOR
                [FORWARD_ONLY | SCROLL]
                [STATIC | KEYSET | DYNAMIC | FAST_FORWARD]
                [READ_ONLY | SCROLL_LOCKS | OPTIMISTIC]
                [TYPE_WARNING]
                FOR select_statement
                [FOR {READ ONLY
                | UPDATE [OF column_name [,...n]] } ] } } } }
```

在用 DECLARE 命令声明之后，所有的变量都被赋予初值 NULL。需要用 SET 命令来给变量赋值，但与 SELECT 命令不同的是 SET 命令一次只能给一个变量赋值，不过由于 SET 命令功能更强且更严密，因此 SQL Server 推荐使用 SET 命令来给变量赋值。

② 用于用户执行 SQL 命令时，SQL Server 处理选项的设定。有以下几种设定方式：

SET：选项 ON；

SET：选项 OFF；

SET：选项值。

13. SHUTDOWN

SHUTDOWN 的语法格式如下：

```
SHUTDOWN [WITH NOWAIT]
```

SHUTDOWN 命令用于停止 SQL Server 的执行。当使用 NOWAIT 参数时，SHUTDOWN 命令立即停止 SQL Server，在终止所有的用户过程并对每一现行的事务发生一个回滚后，退出 SQL Server。当没有用 NOWAIT 参数时，SHUTDOWN 命令将按以下步骤执行：

① 终止任何用户登录 SQL Server；

② 等待尚未完成的 Transact-SQL 命令或存储过程执行完毕；

③ 在每个数据库中执行 CHECKPOINT 命令；

④ 停止 SQL Server 的执行。

14. WRITETEXT

WRITETEXT 的语法格式如下：

```
WRITETEXT {table.column text_pointer} [WITH LOG] {data}
```

WRITETEXT 命令用于向数据类型为 TEXT、NTEXT 或 IMAGE 的列中读取数据。其中，text_pointer 是指向存储文本的第一个数据库页的指针，它可以用 TEXTPTR ( ) 函数来获取。WITH LOG 选项用于记录所写入的数据。data 可为文字或变量，其最大长度为 120 KB。

注意： WRITETEXT 命令不能作用于视图。

推荐使用 UPDATETEXT 命令来修改 TEXT、NTEXT 和 IMAGE 类型的数据，因为 WRITETEXT 命令将数据列的数据完全替换，而 UPDATETEXT 命令可以只更改数据列的一部分。

15. USE

USE 的语法格式如下：

```
USE {database}
```

USE 命令用于改变当前使用的数据库为指定的数据库。用户必须是目标数据库的用户成员，或者在目标数据库中建有 GUEST 用户账号时，使用 USE 命令才能成功切换到目标数据库。

7.1.6 常用函数

函数是能够完成特定功能并返回处理结果的一组 Transact-SQL 语句，处理结果称为“返回值”，处理过程称为“函数体”。函数可以用来构造表达式，可以出现在 SELECT 语句的选择列表中，也可以出现在 WHERE 子句的条件中。SQL Server 提供了许多系统内置函数，同时也允许用户根据需要自己定义函数。

SQL Server 提供的常用的内置函数主要有以下几类：统计函数、算术函数、字符串函数、日期函数、convert ( ) 函数、聚合函数等。

1. 统计函数

在 SQL Server 2008 中，除第 3 章中所讲述的库函数外，还提供以下函数：

(1) STDEV ( ) 函数

STDEV ( ) 函数的语法格式如下：

```
STDEV (<expression>)
```

STDEV( ) 函数返回表达式中所有数据的标准差。表达式通常为表中某一数据类型为 NUMERIC 的列，或近似 NUMERIC 类型的列，如 MONEY 类型，但 BIT 类型除外。表达式中的 NULL 值将被忽略，其返回值为 FLOAT 类型。

(2) STDEVP ( ) 函数

STDEVP ( ) 函数的语法格式如下：

```
STDEVP (<expression>)
```

STDEVP ( ) 函数返回总体标准差，表达式及返回值类型同 STDEV ( ) 函数。

(3) VAR ( ) 函数

VAR ( ) 函数的语法格式如下：

```
VAR (<expression>)
```

VAR ( ) 函数返回表达式中所有值的统计方差，表达式及返回值类型同 STDEV ( ) 函数。

(4) VARP ( ) 函数

VARP ( ) 函数的语法格式如下：

```
VARP ( )
```

VARP ( ) 函数返回给定表达式中所有值的填充的统计方差。表达式及返回值类型同 STDEV ( ) 函数。

2. 算术函数

算术函数可对数据类型为整型、浮点型、实型、货币型和 SMALLMONEY 型的列进行操作。它的返回值是 6 位小数，如果使用出错，则返回 NULL 值，并显示警告信息。可以在 SELECT 语句的 SELECT 和 WHERE 子句以及表达式中使用算术函数。Transact-SQL 中的算术函数如表 7-6 所示。

表 7-6 Transact-SQL 中的算术函数

函数	功能	函数	功能
三角函数：		幂函数：	
SIN	返回以弧度表示的角的正弦	EXP	返回表达式的指数值
COS	返回以弧度表示的角的余弦	LOG	返回表达式的自然对数值
TAN	返回以弧度表示的角的正切	LOG10	返回表达式的以 10 为底的对数值
COT	返回以弧度表示的角的余切	SQRT	返回表达式的平方根

续表

函　数	功　能	函　数	功　能
反三角函数：		取近似值函数：	
ASIN	返回正弦是 FLOAT 值的以弧度表示的角	CEILING	返回大于等于表达式的最小整数
ACOS	返回余弦是 FLOAT 值的以弧度表示的角	FLOOR	返回小于等于表达式的最大整数
ATAN	返回正切是 FLOAT 值的以弧度表示的角	ROUND	取整数，小数的第一位四舍五入
角度弧度转换：		符号函数：	
DEGREES	把弧度转换为角度	ABS	返回表达式的绝对值
RADIANS	把角度转换为弧度	SIGN	测试参数的正负号，返回 0、1 或 −1
		其他函数：	
		PI	返回值为 π，即 3.1415926535897936
		RAND	返回 0 到 1 之间的随机浮点数

3. 字符串函数

字符串函数对二进制数据、字符串和表达式执行不同的运算。此类函数作用于 CHAR、VARCHAR、BINARY 和 VARBINARY 数据类型以及可以隐式转换为 CHAR 或 VARCHAR 的数据类型。可以在 SELECT 语句的 SELECT 和 WHERE 子句以及表达式中使用字符串函数。常用的字符串函数有以下几种：

（1）字符转换函数

① ASCII ( ) 函数：返回字符表达式最左端字符的 ASCII 码值。ASCII ( ) 函数的语法如下：

```
ASCII (<character_expression>)
```

在 ASCII ( ) 函数中，纯数字的字符串可不用“''”括起来，但含其他字符的字符串必须用“''”括起来使用，否则会出错。

② CHAR ( ) 函数：用于将 ASCII 码转换为字符，其语法格式如下：

```
CHAR (<integer_expression>)
```

如果没有输入 0 ~ 255 之间的 ASCII 码值，CHAR ( ) 函数会返回一个 NULL 值。

③ LOWER ( ) 函数：把字符串全部转换为小写，其语法格式如下：

```
LOWER (<character _expression>)
```

④ UPPER ( ) 函数：把字符串全部转换为大写，其语法格式如下：

```
UPPER (<character _expression>)
```

⑤ STR ( ) 函数：把数值型数据转换为字符型数据，其语法格式如下：

```
STR (<float _expression>[, length[, <decimal>]])
```

自变量 length 和 decimal 必须是非负值，length 指定返回的字符串的长度，decimal 指定返回的小数位数。如果没有指定长度，length 默认值为 10，decimal 默认值为 0。小数位数大于 decimal 值时，STR ( ) 函数将其下一位四舍五入。指定长度应大于或等于数字的符号位数、小数点前的位数、小数点位数、小数点后的位数之和。如果<float _expression>小数点前的位数超过了指定的长度，则返回指定长度的"*"。

（2）去空格函数

① LTRIM（ ）函数：把字符串头部的空格去掉。其语法格式如下：

```
LTRIM (<character _expression>)
```

② RTRIM（ ）函数：把字符串尾部的空格去掉。其语法格式如下：

```
RTRIM (<character _expression>)
```

在许多情况下，往往需要得到头部和尾部都没有空格字符的字符串，这时可将以上两个函数嵌套使用。

（3）取子串函数

① LEFT（ ）函数：返回部分字符串。其语法格式如下：

```
LEFT(<character_expression>,<integer_expression>)
```

LEFT（ ）函数返回的子串是从字符串最左边起到第 integer_expression 个字符的部分。若 integer_expression 为负值，则返回 NULL 值。

② RIGHT（ ）函数：返回部分字符串。其语法格式如下：

```
RIGHT(<character_expression>,<integer_expression>)
```

RIGHT（ ）函数返回的子串是从字符串右边第 integer_expression 个字符起到最后一个字符的部分。若 integer_expression 为负值，则返回 NULL 值。

③ SUBSTRING（ ）函数：返回部分字符串。其语法格式如下：

```
SUBSTRING (<expression> ,<starting_ position>, length)
```

SUBSTRING（ ）函数返回的子串是从字符串左边第 starting_position 个字符起 length 个字符的部分。其中，表达式可以是字符串或二进制串或含字段名的表达式。SUBSTRING（ ）函数不能用于 TEXT 和 IMAGE 数据类型。

（4）字符串比较函数

① CHARINDEX 函数：返回字符串中某个指定的子串出现的开始位置，其语法格式如下：

```
CHARINDEX (<'substring_expression'>, <expression>)
```

其中，substring _expression 是所要查找的字符表达式，expression 可为字符串，也可为列名表达式。如果没有发现子串，则返回 0 值。此函数不能用于 TEXT 和 IMAGE 数据类型。

② PATINDEX（ ）函数：返回字符串中某个指定的子串出现的开始位置。其语法格式如下：

```
PATINDEX(<'%substring_expression%'>, <column_name>)
```

其中子串表达式前后必须有百分号"%"，否则返回值为 0。

与 CHARINDEX（ ）函数不同的是，PATINDEX（ ）函数的子串中可以使用通配符，且此函数可用于 CHAR、VARCHAR 和 TEXT 数据类型。

③ SOUNDEX（ ）函数：返回一个四位字符码。其语法格式如下：

```
SOUNDEX(<character _expression>)
```

SOUNDEX（ ）函数将 character _expression 转换为四个字符的声音码。其中，第一个码为原字符串的第一个字符，第二到第四个字符则为数字，是该字符串的声音字母所对应的数字，但是忽略了除首字母外的串中的所有元音字母。SOUNDEX ( ) 函数可用来查找与声音相似的字符串。但 SOUNDEX ( ) 函数对数字和汉字均只返回 0 值。

④ DIFFERENCE ( ) 函数：返回由 SOUNDEX ( ) 函数返回的两个字符表达式的值的差异，其语法格式如下：

```
DIFFERENCE (<character_expression1>, <character_expression2>)
```

值的差异是用 0、1、2、3、4 来表示的，含义如下：

- 0：两个 SOUNDEX ( ) 函数返回值的第一个字符不同；
- 1：两个 SOUNDEX ( ) 函数返回值的第一个字符相同；
- 2：两个 SOUNDEX ( ) 函数返回值的第一、二个字符相同；
- 3：两个 SOUNDEX ( ) 函数返回值的第一、二、三个字符相同；
- 4：两个 SOUNDEX ( ) 函数返回值完全相同。

（5）字符串操作函数

① QUOTENAME ( ) 函数：返回被特定字符括起来的字符串。其语法格式如下：

```
QUOTENAME (<'character_expression' >[, quote_ character])
```

其中，quote_ character 标明括字符串所用的字符，如 “' ”、“(”、“[” 等，默认值为 “[”。

② REPLICATE ( ) 函数：返回一个重复 character_expression 指定次数的字符串。其语法格式如下：

```
REPLICATE (character_expression, integer_expression)
```

如果 integer_expression 值为负值，则 REPLICATE ( ) 函数返回 NULL 串。

③ REVERSE ( ) 函数：将指定的字符串的字符排列顺序颠倒。其语法格式如下：

```
REVERSE (<character_expression>)
```

其中，character_expression 可以是字符串常数或一个列的值。

④ REPLACE ( ) 函数：返回被替换了指定子串的字符串。其语法格式如下：

```
REPLACE (<string_expression1>, <string_expression2>, <string_expression3>)
```

REPLACE ( ) 函数用 string_expression3 替换在 string_expression1 中的子串 string_expression2。

⑤ SPACE ( ) 函数：返回一个有指定长度的空白字符串。其语法格式如下：

```
SPACE (<integer_expression>)
```

如果 integer_expression 值为负值，则 SPACE ( ) 函数返回 NULL 串。

⑥ STUFF ( ) 函数：用另一子串替换字符串中指定位置长度的子串。其语法格式如下：

```
STUFF (<character_expression1>, <start_ position>, <length>,
<character_expression2>)
```

如果起始位置或长度值为负，或者起始位置大于 character_expression1 的长度，则 STUFF ( ) 函数返回 NULL 值。如果 length 长度大于 character_expression1 的长度，则 character_ expression1 只保留首字符。

4. 数据类型转换函数

在一般情况下，SQL Server 会自动完成数据类型的转换，例如，可以直接将字符数据类型或表达式与 DATATIME 数据类型或表达式比较；当表达式中用了 INTEGER、SMALLINT 或 TINYINT 时，SQL Server 也可将 INTEGER 数据类型或表达式转换为 SMALLINT 数据类型或表达式，这称为隐式转换。如果不能确定 SQL Server 是否能完成隐式转换或者使用了不能隐式转换的其他数据类型，就需要使用数据类型转换函数做显式转换。此类函数有两个：

（1）CAST（）函数

CAST 函数的语法格如下：

```
CAST（<expression> AS <data_ type>[ length ]）
```

（2）CONVERT（）函数

CONVERT（）函数的语法格式如下：

```
CONVERT（<data_ type>[, length ], <expression> [, style]）
```

data_ type 为 SQL Server 系统定义的数据类型，用户自定义的数据类型不能在此使用。length 用于指定数据的长度，默认值为 30。把 CHAR 或 VARCHAR 类型转换为诸如 INT 或 SAMLLINT 这样的 INTEGER 类型，结果必须是带正号（+）或负号（－）的数值。TEXT 类型到 CHAR 或 VARCHAR 类型的转换最多为 8 000 个字符，即 CHAR 或 VARCHAR 数据类型的最大长度。IMAGE 类型存储的数据转换到 BINARY 或 VARBINARY 类型，最多为 8 000 个字符。把整数值转换为 MONEY 或 SMALLMONEY 类型，按定义的国家的货币单位来处理，如人民币、美元、英镑等。BIT 类型的转换把非零值转换为 1，并仍以 BIT 类型存储。试图转换到不同长度的数据类型，会截短转换值并在转换值后显示“+”，以标识发生了这种截断。

用 CONVERT（）函数的 style 选项能以不同的格式显示日期和时间。style 是将 DATETIME 和 SMALLDATETIME 数据转换为字符串时所选用的由 SQL Server 系统提供的转换样式编号，不同的样式编号有不同的输出格式，如表 7-7 所示。

表 7-7 DATETIME 和 SMALLDATETIME 类型数据的转换格式

style1	style2	标 准	输 出 格 式
	0 或 100	默认	mon dd yyyy hh:mi AM/PM
1	101	USA	mm/dd/yy
2	102	ANSI	yy.mm.dd
3	103	UK/French	dd/mm/yy
4	104	German	dd.mm.yy
5	105	Italian	dd–mm–yy
6	106		dd mon yy
7	107		mon dd yy

续表

style1	style2	标　准	输 出 格 式
8	108		hh:mi:ss
9	109		mon dd yyyy　　hh:mi:sss AM/PM
10	110	USA	mm-dd-yy
11	111	Japan	yy/mm/dd
12	112	ISO	yymmdd
13	113	Europe	dd mon yyyy　　hh:mi:ss:mmm（24h）
14	114		hh:mi:ss:mmm（24h）
20	120	ODBC1	yyyy-mm-dd　　hh:mi:ss（24h）
21	121	ODBC2	yyyy-mm-dd　　hh:mi:ss:mmm（24h）

5. 日期函数

日期函数用来操作 DATETIME 和 SMALLDATETIME 类型的数据执行算术运算。与其他函数一样，可以在 SELECT 语句的 SELECT 和 WHERE 子句以及表达式中使用日期函数。其使用方法如下：

```
日期函数（参数）
```

其中，参数的个数随函数的不同而不同。

（1）DAY（）函数

DAY（）函数的语法格式如下：

```
DAY（<date_expression>）
```

DAY（）函数返回 date_expression 中的日期值。

（2）MONTH（）函数

MONTH（）函数的语法格式如下：

```
MONTH（<date_expression>）
```

MONTH（）函数返回 date_expression 中的月份值。

与 DAY（）函数不同的是，MONTH（）函数的参数为整数时，一律返回整数值 1，即 SQL Server 认为它是 1900 年 1 月。

（3）YEAR（）函数

YEAR（）函数的语法格式如下：

```
YEAR（<date_expression>）
```

YEAR（）函数返回 date_expression 中的年份值。

在使用日期函数时，其日期值应在 1753—1999 年之间，这是 SQL Server 系统所能识别的日期范围，否则会出现错误。

（4）DATEADD（）函数

DATEADD（）函数的语法格式如下：

```
DATEADD（<datepart>,<number>,<date>）
```

DATEADD（）函数返回指定日期 date 加上指定的额外日期间隔 number 产生的新日期。参数 datepart 在日期函数中经常被使用，它用来指定构成日期类型数据的各组件，如年、季、月、日、星期等。其取值如表 7-8 所示。

表 7-8　日期函数中 datepart 参数的取值

datepart	缩写	取值	datepart	缩写	取值
year	yy，yyyy	1 753 ~ 9 999	weekday	dw	1 ~ 7
quarter	qq，q	1 ~ 4	hour	hh	0 ~ 23
month	mm，m	1 ~ 12	minute	mi，n	0 ~ 59
day of year	dy，y	1 ~ 366	second	ss，s	0 ~ 59
day	dd，d	1 ~ 31	millisecond	ms	0 ~ 999
week	wk，ww	1 ~ 54			

（5）DATEDIFF（）函数

DATEDIFF（）函数语法如下：

```
DATEDIFF(<datepart>, <date1>, <date2>)
```

DATEDIFF（）函数返回两个指定日期在 datepart 方面的不同之处，即 date2 超过 date1 的差距值，其结果值是一个带有正负号的整数值。对于不同的 datepart，DATEDIFF（）函数所允许的最大差距值不一样，如 datepart 为 second 时 DATEDIFF（）函数所允许的最大差距值为 68 年；datepart 为 millisecond 时，DATEDIFF（）函数所允许的最大差距值为 24 天 20 小时 30 分 23 秒 647 毫秒。

（6）DATENAME（）函数

DATENAME（）函数的语法格式如下：

```
DATENAME(<datepart>, <date>)
```

DATENAME（）函数以字符串的形式返回日期的指定部分，此部分由 datepart 来指定。

（7）DATEPART（）函数

DATEPART（）函数的语法格式如下：

```
DATEPART(<datepart>, <date>)
```

DATEPART（）函数以整数值的形式返回日期的指定部分，此部分由 datepart 来指定。

- DATEPART（dd，date）等同于 DAY（date）。
- DATEPART（mm，date）等同于 MONTH（date）。
- DATEPART（yy，date）等同于 YEAR（date）。

（8）GETDATE（）函数

GETDATE（）函数的语法格式如下：

```
GETDATE()
```

GETDATE（）函数以 DATETIME 的默认格式返回系统当前的日期和时间，它常作为其他函数或命令的参数使用。

6. TEXT()函数和 IMAGE()函数

（1）TEXTPTR()函数

TEXTPTR()函数的语法格式如下：

```
TEXTPTR（<column>）
```

TEXTPTR()函数返回一个指向存储文本的第一个数据库页的指针。其返回值是一个 VARBINARY（16）类型的二进制字符串。如果数据类型为 TEXT、NTEXT 或 IMAGE 的列没有赋予初值，则 TEXTPTR 函数返回一个 NULL 指针。

（2）TEXTVALID()函数

TEXTVALID()函数的语法格式如下：

```
TEXTVALID（<'table.column'>，<text_ pointer>）
```

TEXTVALID()函数用于检查指定的文本指针是否有效。如果有效，则返回 1；无效则返回 0。如果列未赋予初值，则返回 NULL 值。

7. 用户自定义函数

从 SQL Server 2000 开始，用户可以自定义函数，在 SQL Server 2008 中用户自定义函数作为一个数据库对象来管理，可以在 Management Studio 查询窗口中利用 Transact-SQL 命令来创建(CREATE FUNCTION)，修改(ALTER FUNCTION)和删除(DROP FUNCTION)。

根据函数返回值的类型，可以把 SQL Server 用户自定义函数分为标量值函数（数值函数）和表值函数（内联表值函数和多语句表值函数）。数值函数返回结果为单个数据值；表值函数返回结果集（table 数据类型）。

（1）创建标量值函数

标量值函数的函数体由一条或多条 Transact-SQL 语句组成，这些语句以 Begin 开始，以 End 结束。创建标量值函数的语法如下：

```
Create  Function  function_name
([ { @parameter_name [ As ] parameter_data_type  [ = default ] [ Readonly ] }
[ ,...n ]
]
)
Returns return_data_type
 [ With Encryption ]
[ As ]
Begin
function_body
Return scalar_expression
End
```

说明：

- function_name：函数名。

- @parameter_name：参数名，必须以@开头，可以定义多个参数，中间以逗号分开。
- parameter_data_type：参数的数据类型。
- [= default]：参数的默认值。如果定义了 default 值，则无须指定此参数的值即可执行函数。
- readonly：指示函数定义中不能更新或修改参数。如果参数类型为用户定义的表类型，则应指定 Readonly。
- return_data_type：函数返回值的类型，不能是 text、ntext、image 和 timestamp 等类型。
- With Encryption：函数选型，当使用 Encryption 选项时，函数被加密，函数定义的文本将以不可读的形式存储在 Syscomments 表中，任何人都不能查看该函数的定义，包括函数的创建者和系统管理员在内。
- Begin…End 语句块之间的语句是函数体，其中必须有一条 Return 语句返回函数值。

【例 7-10】标量值函数示例。

```
CREATE FUNCTION dbo.Fun1()
RETURNS int
AS
BEGIN
    declare @n int
    select @n=3
    return @n
END
```

（2）创建内联表值函数

创建内联表值函数的语法如下：

```
Create  Function  function_name
( [ { @parameter_name [ As ] parameter_data_type  [ = default ] [ Readonly ] }
   [ ,...n ]
]
)
Returns Table
[ With Encryption ]
[ As ]
Return (select_statement)
```

说明：

- 内联表值函数没有函数体。
- Returns Table 子句指明该用户自定义函数的返回值是一个表。
- Return 子句中的 Select 语句决定了返回表中的数据。

【例 7-11】内嵌表值函数示例。

```
CREATE FUNCTION dbo.Fun2()
RETURNS TABLE
AS
return select Sno,Sname from S
```

（3）多语句表值函数

与内联表值函数不同的是，多语句表值函数在返回语句之前还有其他的 Transact-SQL 语句，具体的语法如下：

```
Create  Function  function_name
( [ { @parameter_name [ As ] parameter_data_type  [ = default ] [ Readonly ] }
  [ ,...n ]
]
)
Returns @return_variable Table <table_type_definition>
[ With Encryption ]
[ As ]
Begin
function_body
Return
End
```

说明：

- Returns @return_variable 子句指明该函数的返回值是一个局部变量，该变量的数据类型是 Table，而且在该子句中还需要对返回的表进行表结构的定义。
- Begin...End 语句块之间的语句是函数体，该函数体中必须包括一条不带参数的 Return 语句用于返回表，在函数体中可以通过 Insert 语句往表中添加记录。

【例 7-12】创建返回 table 的函数，通过学号作为实参调用该函数，显示该学生不及格的课程名及成绩。

```
Create function score_table
(@student_id char(6))
returns @T_score table
( Cname varchar(20),
  Grade int
)
as
begin
   insert into @T_score
   select Cname,Score
   from SC,C
   where  SC.Cno=C.Cno and SC.Sno=@student_id
          and Score<60
   return
end
/*多语句表值函数的调用*/
select * from score_table('S3')
```

7.2 存储过程

7.2.1 存储过程概述

存储过程（Stored Procedure）是一组完成特定功能的SQL语句集，经编译后存储在数据库中。用户通过指定存储过程的名字并给出参数（如果存储过程中使用了参数）来执行存储过程。

在SQL Server 2008中创建应用程序时，Transact-SQL编程语言是用户应用程序和SQL Server数据库之间的主要编程界面。当使用Transact-SQL程序时，有两种方法可以存储和执行程序。一种方法是将程序存储在本地，并创建将这些命令发送给SQL Server和处理结果的应用程序。另一种方法是将程序在SQL Server中保存为存储过程，并创建执行此存储过程和处理结果的应用程序。

在SQL Server中有多种可用的存储过程，主要有用户定义的存储过程、扩展存储过程、系统存储过程。

1. 用户定义的存储过程

存储过程是指封装了可重用代码的模块或例程。存储过程可以接受输入参数、向客户端返回表格或标量结果和消息、调用数据定义语言 (DDL) 和数据操作语言 (DML) 语句，然后返回输出参数。在 SQL Server 2008 中，用户定义的Transact-SQL存储过程中包含一组Transact-SQL 语句集合，可以接受和返回用户提供的参数。

2. 扩展存储过程

扩展存储过程是指SQL Server的实例可以动态加载和运行的 DLL，是由用户使用编程语言（例如C）创建的自己的外部例程，扩展存储过程一般使用XP_前缀。

3. 系统存储过程

SQL Server 2008中的许多管理活动都是通过一种特殊的存储过程执行的，这种存储过程被称为系统存储过程。例如，sys.sp_changedbowner就是一个系统存储过程。从物理意义上讲，系统存储过程存储在源数据库中，并且带有 sp_前缀。从逻辑意义上讲，系统存储过程出现在每个系统定义数据库和用户定义数据库的sys构架中。在SQL Server 2008中，可将GRANT、DENY和REVOKE权限应用于系统存储过程。

SQL Server支持在SQL Server和外部程序之间提供一个接口以实现各种维护活动的系统存储过程。这些扩展存储程序使用xp_前缀。

在本节中所涉及的存储过程主要是指用户自定义存储过程。

7.2.2 创建存储过程

在SQL Server 2008中，既可以通过对象资源管理器，也可以通过使用CREATE PROCEDRUE

语句的方式来创建存储过程。

1. 利用 Create Procedure 语句创建

Create Procedure 语句的语法格式为：

```
Create {Proc | Procedure} procedure_name [ ; number ]
[{@parameter data_type}
[Varying] [= default] [Out | Output] [Readonly]
] [,...n ]
[With Encryption | Recompile]
[For Replication]
As {<sql_statement> [;][ ...n ] }
[;]
```

各参数的含义如下：

- procedure_name：存储过程名。过程名称必须遵循有关标识符的规则，并且在架构中必须唯一。可在 procedure_name 前面使用一个数字符号 (#) (#procedure_name) 来创建局部临时过程，使用两个数字符号 (##procedure_name) 来创建全局临时过程。存储过程或全局临时存储过程的完整名称（包括 ##）不能超过 128 个字符。局部临时存储过程的完整名称（包括 #）不能超过 116 个字符。
- number：是可选整数，用于对同名的过程分组。使用一个 Drop Procedure 语句可将这些分组过程一起删除。
- @parameter：过程中的参数。通过将@用作第一个字符来指定参数名称。存储过程最多可以有 2 100 个参数。如果指定了 For Replication，则无法声明参数。
- data_type：参数的数据类型。所有数据类型都可以用作 Transact-SQL 存储过程的参数。
- Varying：指定作为输出参数支持的结果集。该参数由存储过程动态构造，其内容可能发生改变，仅适用于 cursor 参数。
- Default：参数的默认值。如果定义了 default 值，则无须指定此参数的值即可执行过程。默认值必须是常量或 NULL。如果过程使用带 LIKE 关键字的参数，则可包含下列通配符：%、_、[] 和 [^]。
- Output：指示参数是输出参数。此选项的值可以返回给调用 Execute 的语句。使用 Output 参数将值返回给过程的调用方。
- Readonly：指示不能在过程的主体中更新或修改参数。如果参数类型为用户定义的表类型，则必须指定 Readonly。
- Encryption：指示 SQL Server 将 Create Procedure 语句的原始文本作加密处理。
- Recompile：指示数据库引擎不缓存该过程的计划，该过程在运行时编译。如果指定了 For Replication，则不能使用此选项。
- For Replication：指定不能在订阅服务器上执行为复制创建的存储过程。使用 For Replication 选项创建的存储过程可用作存储过程筛选器，且只能在复制过程中执行。如果指定了 For Replication，则无法声明参数。

- sql_statement：要包含在过程中的一个或多个 Transact-SQL 语句。

另外，一个存储过程的最大尺寸为 128 MB，用户定义的存储过程必须创建在当前数据库中。

【例 7-13】 在 XSCJ 数据库中，创建一个名称为 myproc 的存储过程，该存储过程的功能是从数据表 S 中查询所有计算机系的男生信息。

```
USE XSCJ
GO
CREATE PROCEDURE myproc AS
SELECT * FROM S  WHERE Sdept='计算机' and  Ssex='男'
GO
```

【例 7-14】 定义具有参数的存储过程。在 XSCJ 数据库中，创建一个名称为 InsertRecord 的存储过程，该存储过程的功能是向 S 数据表中插入一条记录，新记录的值由参数提供。

```
USE XSCJ
GO
CREATE PROCEDURE InsertRecord
(
@Sno char(6),
@Sname char(20),
@Sage numeric(5),
@Ssex char(2),
@Sdept char(10)
)
AS
INSERT INTO S VALUES(@Sno,@Sname,@Sage,@Ssex,@Sdept)
GO
```

【例 7-15】 定义带返回值的存储过程。在 XSCJ 数据库中，创建一个名称为 Query_ Student 的存储过程。该存储过程的功能是从数据表 S 中根据学号查询某一同学的姓名和系别。

```
USE XSCJ
GO
CREATE PROCEDURE Query_Student
(
@sno char(6),
@sn char(20) OUTPUT,
@dept char(10) OUTPUT
)
AS
SELECT @sn=Sname,@dept=Sdept
FROM S
WHERE Sno=@sno
GO
```

2. 利用对象资源管理器创建

具体操作步骤如下：

① 在选定的数据库（如 XSCJ）下打开“可编程性”结点。

② 找到“存储过程”结点，命令右击，在弹出的快捷菜单中选择“新建存储过程”。

③ 在新建的查询窗口中可以看到关于创建存储过程的语句模板，在其中添上相应的内容，单击工具栏上的“执行”按钮即可，如图 7-1 所示。

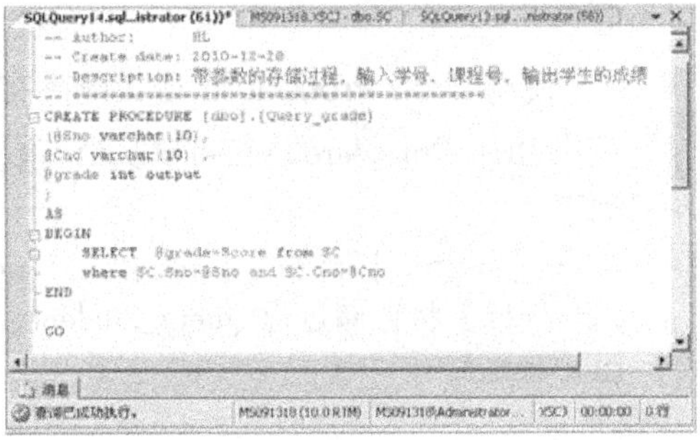

图 7-1　新建存储过程窗口

7.2.3　查看存储过程

存储过程被创建以后，其名字存储在系统表 sysobjects 中，其源代码存放在系统表 syscomments 中。可以通过 SQL Server 提供的系统存储过程 sp_helptext 来查看关于用户创建的存储过程信息。

其命令格式如下：

```
sp_helptext 存储过程名称
```

【例 7-16】查看数据库 XSCJ 中存储过程 Query_Student 的源代码。

```
USE XSCJ
go
sp_helptext Query_Student
```

如果在创建存储过程时使用了 WITH ENCRYPTION 选项，那么无论是使用对象资源管理器，还是使用系统存储过程 sp_helptext 都无法查看到存储过程的源代码。

7.2.4　重命名存储过程

通过“对象资源管理器”很容易实现重命名存储过程。具体步骤如下：

① 在“对象资源管理器”中，依次展开“数据库”、存储过程所属的数据库，如 XSCJ 以及“可编程性”。

② 展开“存储过程”，右击要重命名的存储过程（如 Query_Student），在弹出的快捷菜单中选择“重命名”命令。

③ 输入新的存储过程的名称。

7.2.5　删除存储过程

1. 利用“对象资源管理器”删除存储过程

具体步骤如下：

① 在“对象资源管理器”中，找到需要删除的存储过程结点，在其上右击。

② 在弹出的快捷菜单中，选择“删除”命令，弹出确认删除窗口，单击“确定”按钮即可将其删除。

2. 使用 Drop Procedure 语句删除存储过程

使用 Drop Procedure 语句可以从当前数据库中删除一个或多个存储过程或过程组，具体的语法格式如下：

```
Drop { Proc | Procedure } { [ schema_name. ] procedure } [ ,...n ]
```

【例 7-17】将存储过程 Query_Student 从数据库 XSCJ 中删除。

```
USE XSCJ
go
drop procedure Query_Student
```

7.2.6 执行存储过程

执行已创建的存储过程可使用 EXECUTE 命令，其语法如下：

```
[EXECUTE]
{[@return_status=]
{procedure_name[;number] | @procedure_name_var}
[[@parameter=] {value | @variable [OUTPUT] | [DEFAULT] [,…n]
[WITH RECOMPILE]
```

各参数的含义如下：

@return_status 是可选的整型变量，用来存储存储过程向调用者返回的值。

@procedure_name_var 是一变量名，用来代表存储过程的名字。

其他参数和保留字的含义与 CREATE PROCEDURE 中介绍的一样。

【例 7-18】执行数据库 XSCJ 中的存储过程 myproc。

```
EXECUTE myproc
```

【例 7-19】执行数据库 XSCJ 中的存储过程 InsertRecord。

```
EXECUTE InsertRecord @Sno = 'S8', @Sname = '王军', @Sage = 18, @Ssex = '男',
@Sdept= '计算机'
```

【例 7-20】执行数据库 XSCJ 中的存储过程 Query_Student。

```
DECLARE @sn char(20)
DECLARE @dept char(10)
EXECUTE Query_Student 'S1',@sn OUTPUT,@dept OUTPUT
SELECT '姓名' =@sn, '系别'=@dept
```

7.2.7 修改存储过程

1. 利用“对象资源管理器”修改存储过程

在 SQL Server Management Studio 中使用“对象资源管理器”可修改 Transact-SQL 存储过程，

不需要重新编写。具体步骤如下：

① 在“对象资源管理器”窗口中，找到需要修改的存储过程结点，在其上右击。

② 在弹出的快捷菜单中，选择“修改”命令，弹出修改窗口，可以在现有存储过程定义的基础上进行修改。

2. 利用 Alter Procedure 语句修改

Alter Procedure 语句的语法格式如下：

```
Alter { Proc | Procedure } [schema_name.] procedure_name [ ; number ]
 [ { @parameter [ type_schema_name. ] data_type }
 [ Varying ] [ = default ] [ [ Out [ Put ]
] [ ,...n ]
[ With Encryption | Recompile]
[ For Replication ]
As { <sql_statement> [;][ ...n ] }
[;]
```

其中，各参数的具体含义可参看 CREATE PROCEDURE 命令。

7.3 触 发 器

7.3.1 触发器概述

1. 触发器的概念及作用

触发器属于一种特殊的存储过程，可以在其中包含复杂的 SQL 语句。触发器与存储过程的区别在于触发器能够自动执行并且不含有参数。通常可以在触发器内编写一段自动执行的程序，用于保证数据操作的完整性，从而扩展了对默认值、约束和规则的完整性检查。对表进行包括添加数据、删除数据、更新数据中的一种或多种操作时，触发器就会自动执行。

使用触发器主要有以下优点：

- 触发器是自动执行的，在数据库中定义了某个对象之后，或对表中的数据做了某种修改之后立即被激活。
- 触发器可以实现比约束更为复杂的完整性要求，比如 Check 约束中不能引用其他表中的列，而触发器可以引用；Check 约束只是由逻辑符号连接的条件表达式，不能完成复杂的逻辑判断功能。
- 触发器可以根据表数据修改前后的状态，根据其差异采取相应的措施。
- 触发器可以防止恶意的或错误的 Insert、Update 和 Delete 操作。

2. 使用触发器应遵守的规则

在创建和使用触发器时，需要遵循下列规则：

① CREATE　TRIGGER 语句必须是批处理中的第一个语句，且该批处理中随后出现的其他所

有语句都将被解释为 CREATE　TRIGGER 语句定义的一部分。

② 每一个触发器都是一个数据对象，因此其名称必须遵循标识符的命名规则。

③ 在默认情况下，创建触发器的权限将分配给数据表的所有者，且不可以将该权限转给其他用户。

④ 虽然触发器可引用当前数据库以外的对象，但只能在当前数据库中创建触发器。

⑤ 虽然不能在临时数据表上创建触发器，但是触发器可以引用临时数据表。

⑥ 既不能在系统数据表创建触发器，也不可以引用系统数据表。

⑦ 在包含使用 DELETE 或 UPDATE 操作所定义的外键的表中，不能定义 INSTEAD OF 和 INSTEAD OF UPDATE 触发器。

⑧ 下面的语句不可以用于创建触发器：ALTER DATABASE、CREATE DATABASE、DISK INIT、DISK RESIZE、DROP DATABASE、LOAD DATABASE、LOAD LOG、RECONFIGURE、RESTORE DATABASE、RESTORE LOG。

3. 触发器的种类

SQL Server 2008 提供了三种类型的触发器：DML 触发器、DDL 触发器和登录触发器。

（1）DML 触发器

DML 触发器在用户对表中的数据进行插入（Insert）、修改（Update）和删除（Delete）时自动运行。根据触发器代码执行的时机，DML 触发器可以分为两种：After 触发器和 Instead of 触发器。After 触发器在在执行了 Insert、Update 或 Delete 语句操作之后执行，只能在表上定义，不能在视图上定义 After 触发器。而 Instead of 触发器则代替激活触发器的 DML 操作执行，即 Insert、Update 和 Delete 操作不再执行，取而代之的是 Instead of 触发器中的代码。Instead of 触发器可以定义在表上和视图上，通常使用 Instead of 触发器扩展视图支持的可更新类型。

（2）DDL 触发器

与 DML 触发器不同的是，DDL 触发器不会被针对表或视图的 Update、Insert 或 Delete 语句触发。相反，它们将为了响应各种数据定义语言 (DDL) 事件而激活，这些事件主要与以关键字 Create、Alter 和 Drop 开头的 Transact-SQL 语句对应。

（3）登录触发器

登录触发器是由登录（LOGON）事件而激活的触发器，与 SQL Server 实例建立用户会话时将引发此事件。登录触发器将在登录的身份验证阶段完成之后且用户会话实际建立之前激发。

7.3.2　触发器的工作原理

从以上的介绍中可以看出触发器具有强大的功能，那么 SQL Server 如何用触发器来完成这些任务？下面将对其工作原理及实现做详细介绍。

每个触发器有两个特殊的表：插入表（inserted）和删除表（deleted）。这两个表实际上是在线生成的临时表，是由系统管理的逻辑表。它动态驻留在内存中，主要保存因用户操作而被影响到的原数据值或新数据值。这两个表都不允许用户直接对其修改，触发器工作完成后系统自动删除这两个表。

如果表定义了插入类型触发器，插入表用来存储向原表插入的内容；如果表定义了删除类型触发器，删除表用来存储所有的删除行；如果表定义了更新操作，更新操作包括删除更新内容、插入新值两步操作，因此对于定义了更新类型触发器的表来讲，当执行更新操作时，不但在删除表中存放旧值，还在插入表中存放新值。

1. INSERT 触发器的工作原理

INSERT 触发器的工作过程如图 7-2 所示。

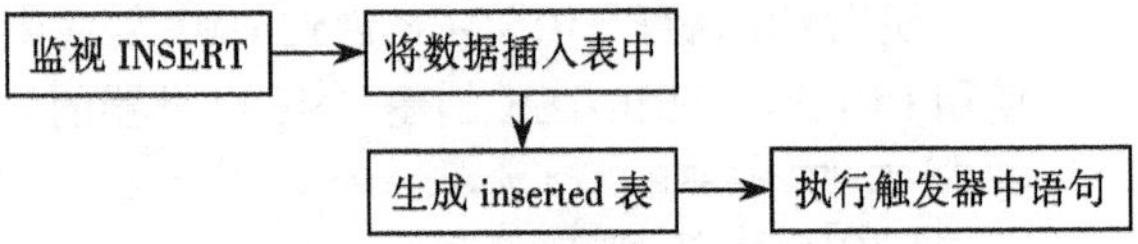

图 7-2　INSERT 触发器的工作过程

INSERT 表包含有 INSERT 语句的日志记录的动作，它还允许引用启动 INSERT 语句的记录数据。触发器可以检查 INSERT 表，确定是否执行触发器动作和如何执行。INSERT 表中的行总是触发器表中的一行或多行的重复。当 INSERT 触发器被激发时，新的数据行被添加到创建触发器的表和 INSERT 表。INSERT 表是一个临时的逻辑表，含有插入行的副本。

2. DELETE 触发器的工作原理。

DELETE 触发器的工作过程如图 7-3 所示。

当试图删除触发器保护的表中的一行或多行时，DELETE 触发器被激活。当 DELETE 触发器被激发时，系统从被影响的表中将删除的行放入到一个特殊的 deleted 表中。deleted 表是一个临时的逻辑表，含有删除行的副本，允许引用启动 deleted 语句的记录数据。

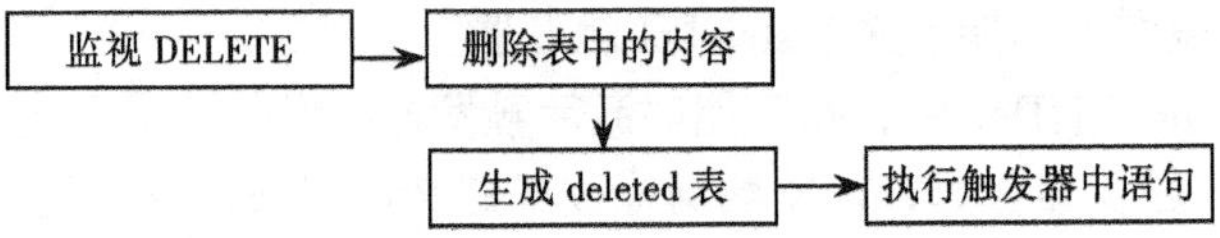

图 7-3　DELETE 触发器的工作过程

3. UPDATE 触发器的工作原理。

UPDATE 触发器的工作过程如图 7-4 所示。

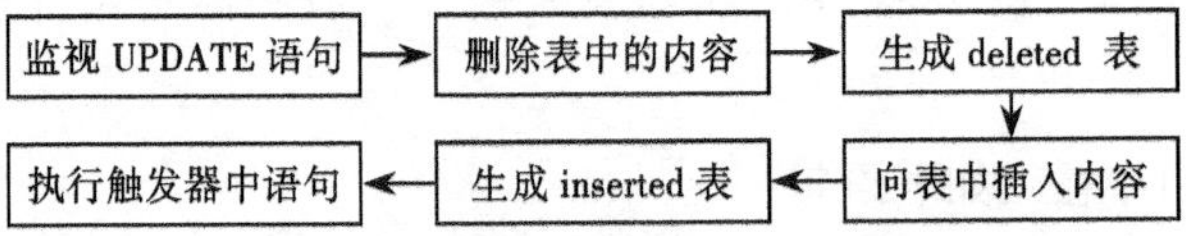

图 7-4　UPDATE 触发器的工作过程

当试图更新定义有 UPDATE 触发器的表中的数据时，触发器被激活。UPDATE 触发器将原始行移入 deleted 表中，把更新行插入到 inserted 表中。UPDATE 语句可以看成两步，即截获数据前映像的 DELETE 语句和截获数据后映像的 INSERT 语句。触发器将检查 deleted 表和 inserted 表以及被更新的表，确定是否更新多行及如何执行触发器动作。

7.3.3 创建触发器

上面介绍了有关触发器的概念、作用及其工作原理，下面将介绍在 SQL Server 2008 中如何使用 T-SQL 语句和“对象资源管理器”创建触发器。

（1）使用 CREATE TRIGGER 创建 DML 触发器

使用 CREATE TRIGGER 创建 DML 触发器的语法格式如下：

```
CREATE TRIGGER trigger_name
On {table | view}
[With Encryption]
{For | After | Instead Of}
{ [ Insert ] [ , ] [ Update ] [ , ] [ Delete] }
As sql_statement [;]
```

参数说明如下：

- trigger_name：触发器名称，必须遵守标识符命名规则，并且不能以#或##开头。
- table | view：对其执行触发器的表或视图，视图上不能定义 For 和 After 触发器，只能定义 Instead of 触发器。
- With Encryption：指定对触发器进行加密处理。
- For | After：指定触发器中在相应的 DML 操作（Insert、Update、Delete）成功执行后才触发。
- Instead Of：指定执行 DML 触发器而不是 Insert、Update 或 Delete 语句。在使用了 With Check Option 语句的视图上不能定义 Instead of 触发器。
- [Insert] [,] [Update] [,] [Delete]：指定能够激活触发器的操作，必须至少指定一个操作。
- sql_statement：触发器代码，根据数据修改或定义语句来检查或更改数据，通常包含流程控制语句，一般不应向应用程序返回结果。

【例 7-21】 在数据库 XSCJ 中设计一个触发器，该触发器的作用为：当在学生表 S 中删除某一个学生时，在学生选课表 SC 中的成绩记录也全部被删除。

提示： 在此例中，由于涉及了学生表的删除操作，因而需要设计一个 DELETE 类型的触发器。

在新建的查询窗口中输入如下语句：

```
USE XSCJ
GO
CREATE TRIGGER del_S ON S
AFTER DELETE
AS
```

```
 DELETE FROM SC
 WHERE SC.Sno
 IN (SELECT Sno FROM DELETED)
GO
```

该触发器建立完毕后，当执行如下操作时，将会连带删除 SC 表中 S1 学生的选课记录。

```
Delete from S where Sno='S1'
```

【例 7-22】在数据库 XSCJ 中设计一个触发器，该触发器能够保证在学生选课表 SC 表中添加新的记录时，新学生的学号必须已经存在于学生基本信息表 S 中。

提示：设计该触发器有助于实现选课信息的完整性。在此例中由于涉及了学生选课表中的添加操作，因而需要设计一个 INSERT 类型的触发器。

在新建的查询窗口中输入如下语句：

```
USE XSCJ
GO
CREATE TRIGGER insert_sc ON SC
AFTER INSERT
AS
  IF EXISTS
    (  SELECT * FROM INSERTED   WHERE Sno IN (SELECT Sno FROM S)
     )
    PRINT '添加成功！'
  ELSE
    BEGIN
      PRINT '学生表 S 中没有该学生的基本信息。拒绝插入！'
      ROLLBACK TRANSACTION
    END
```

该触发器建立完毕后，当在 SC 表中插入一条在 S 表中并不存在的一个学生选课记录时，将给出提示信息。运行结果如图 7-5 所示。

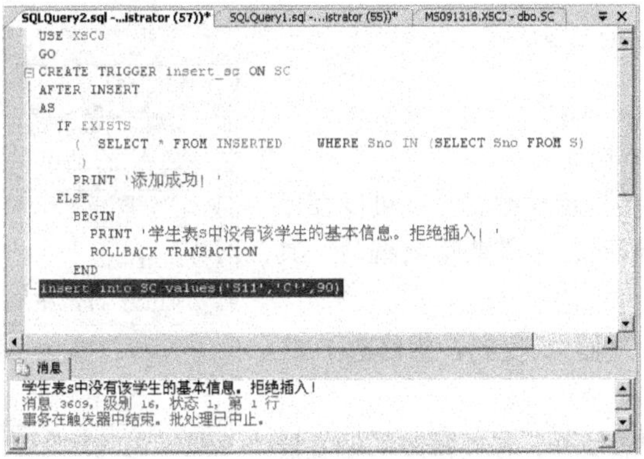

图 7-5　添加操作被取消

（2）使用“对象资源管理器”创建 DML 触发器

使用“对象资源管理器”创建 DML 触发器的具体步骤如下：

① 打开“对象资源管理器”，找到希望创建 DML 触发器的表并将其展开。

② 找到“触发器”结点，右击，在弹出的快捷菜单中选择“新建触发器”命令。

③ 在新建的查询窗口中可以看到关于创建 DML 触发器的语句模板，在其中添上相应的内容，单击工具栏上的“执行”按钮即可。

7.3.4 查看触发器

1. 查看表中触发器

执行系统存储过程查看表中触发器的语法格式如下：

```
EXEC sp_helptrigger 'table'[,'type']
```

其中 table 是触发器所在的表名，type 指定列出操作类型的触发器，若不指定则列出所有的触发器。

2. 查看触发器的定义文本

触发器的定义文本存储在系统表 syscomments 中，查看的语法格式如下：

```
EXEC sp_helptext 'trigger_name'
```

3.查看触发器的所有者和创建时间

系统存储过程 sp_help 可用于查看触发器的所有者和创建日期，语法格式如下：

```
EXEC sp_help 'trigger_name'
```

【例 7-23】查询创建的触发器 del_s 的所有信息。

在查询窗口中输入以下语句：

```
USE XSCJ
GO
EXEC sp_helptrigger 'S'
go
EXEC sp_helptext 'del_s'
go
EXEC sp_helptrigger 'S'
```

运行后的结果如图 7-6 所示。

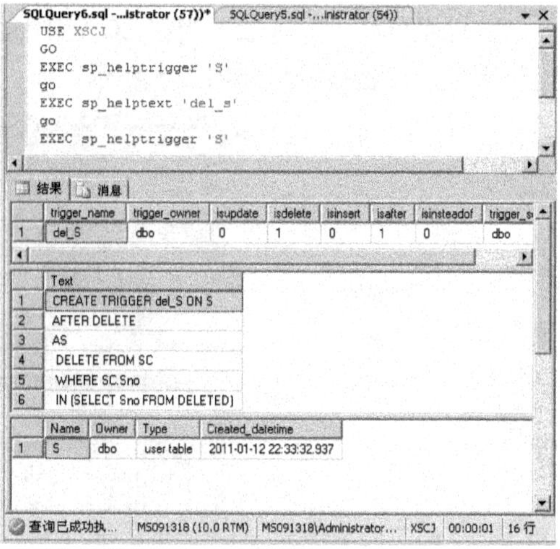

图 7-6 查看触发器的信息

利用“对象资源管理器”修改触发器，可以在已有的触发器的基础上进行修改，不需要重新编写。具体步骤如下：

① 打开“对象资源管理器”，找到希望修改 DML 触发器的表展开。

② 找到“触发器”结点展开，在要修改的触发器结点上右击，在弹出的快捷菜单中选择“修改”命令。

③ 这时将弹出修改触发器的窗口，可以在原有的基础上进行修改。修改完成后，单击工具栏上的“执行”按钮，即可完成触发器的修改。

7.3.5 删除触发器

当不再需要某个触发器时，可以将其删除。删除了触发器后，它所基于的表和数据不会受到影响。删除表将自动删除其上的所有触发器。

1．利用“对象资源管理器”删除触发器

在“对象资源管理器”中删除DML触发器的步骤如下：

① 在“对象资源管理器”中，找到需要删除的DML触发器的表结点展开。

② 找到“触发器”结点并将其展开，在要删除的触发器结点上右击，在弹出的快捷菜单中选择“删除”命令。

③ 这时将弹出确认删除窗口，单击“确定”按钮即可删除触发器。

2．使用DROP TRIGGER语句删除触发器

使用DROP TRIGGER语句可以删除触发器，根据要删除的触发器的类型不同，DROP TRIGGER语句的语法格式也有所不同。

删除DML触发器的DROP TRIGGER语句的语法格式如下：

```
DROP TRIGGER trigger_name [ ,...n ] [ ; ]
```

7.4 备份和还原

数据库的备份和还原是数据库管理员维护数据库安全性和完整性必不可少的操作，合理地进行备份和还原可以将可预见的和不可预见的问题对数据库造成的伤害降到最低。当运行SQL Server的服务器出现故障，或者数据库遭到某种程度的破坏时，可以利用以前对数据库所做的备份重建或还原数据库。因此，为了防止因软硬件故障而导致数据丢失或数据库的崩溃，数据备份和恢复工作就成了一项不容忽视的系统管理工作。

7.4.1 备份和还原概述

1．备份和还原

备份和还原组件是SQL Server的重要组成部分。备份是对SQL Server数据库或事务日志进行复制，数据库备份记录了在进行备份这一操作时数据库中所有数据的状态，如果数据库因意外而损坏，这些备份文件将在数据库还原时用来还原数据库。

由于SQL Server支持在线备份，所以通常情况下可一边进行备份，一边进行其他操作。但是，在备份过程中不允许执行以下操作：

① 创建或删除数据库文件。

② 创建索引。

③ 执行非日志操作。

④ 自动或手工缩小数据库或数据库文件大小。

还原就是把遭受破坏、丢失的数据或出现错误的数据库还原到原来的正常状态。这一状态是由备份决定的，但是为了维护数据库的一致性，在备份中未完成的事务并不进行还原。

进行备份和还原的工作主要是由数据库管理员来完成的。实际上，数据库管理员日常比较重要和频繁的工作就是对数据库进行备份和还原。

如果在备份或还原过程中发生中断，则可以重新从中断点开始执行备份或还原。

2. 数据库备份的类型

数据备份的范围可以是完整的数据库、部分数据库或者一组文件或文件组，对此，SQL Server 2008 提供四种备份方式，以满足不同数据库系统的备份需求。

（1）数据库完整备份

数据库完整备份（Database Backup）是指对数据库内的所有对象都进行备份，如果数据库不是很大而且不是 24 小时运行的应用系统，也不是一个变化频繁的系统，可以采用这种备份方式。如果数据库很大，采用这种方式将很费时间，甚至造成系统访问缓慢。虽然完整备份比较费时间，但是对于数据库还是需要定期做完整备份，如一周一次。

（2）差异备份

数据库差异备份（Differential Database Backup）只备份自从上次数据库全部备份后（注意：不是上一次差异备份后）数据库变动的部分。如果你在某一天做了数据库全部备份后，接下来又做了几次差异备份，当你恢复数据库时只要先恢复上次的完整备份，然后再恢复最近一次的差异备份就可以了，而不需要依次恢复每一次的差异备份。

（3）事务日志备份

事务日志备份（Transaction Log Backup）只备份数据库的事务处理记录，当数据库很大时，每次完整备份需要花费很多时间，并且系统可能需要 24 小时运行，不允许让过长的备份时间影响在线运行，这时可以采用事务日志备份方式。但是，事务日志备份在数据库恢复时无法单独运行，它必须和一次完整备份一起才可以恢复数据库，而且事务日志备份在恢复时有一定的时间顺序，不能搞错。

（4）文件及文件组备份

文件及文件组备份是针对单一数据库文件或者是文件夹做备份和恢复，它的好处是便利和具有弹性，而且在恢复时可以仅仅针对受损的数据库文件进行恢复。

虽然文件及文件组备份有其方便性，但是这类备份必须搭配事务日志备份，因为在恢复部分数据库文件或者文件夹后必须恢复自数据库文件或者文件夹备份后所做的所有事务日志备份，否则会造成数据库的不一致性。因此，在做完文件或者文件夹备份后最好立刻做一个事务日志备份。

3. 数据库还原的策略

在 SQL Server 中有三种数据库还原模式，分别是简单还原、完全还原和批日志还原。

简单还原（Simple Recovery）是指在进行数据库还原时仅使用了数据库备份或差异备份，而不涉及事务日志备份。简单还原模式可使数据库还原到上一次备份的状态，但由于不使用事务日志备份来进行还原，所以无法将数据库还原到失败点状态。当选择简单还原模式时，常使用的备份策略是：首先进行数据库备份，然后进行差异备份。

完全还原（Full Recovery）是指通过使用数据库备份和事务日志备份，将数据库还原到发生失败的时刻。因此，完全还原模式下，数据库几乎不造成任何数据丢失，这成为对付因存储介质损坏而使数据丢失的最佳方法。为了保证数据库的这种还原能力，所有的批数据操作，比如 SELECT INTO、创建索引都被写入日志文件。选择完全还原模式时常使用的备份策略是：首先进行完全数据库备份，然后进行差异数据库备份，最后进行事务日志的备份。

如果准备让数据库还原到失败时刻，必须对数据库失败前正处于运行状态的事务进行备份。

批日志还原（Bulk-Logged Recovery）在性能上要优于简单还原和完全还原模式，它能尽最大努力减少批操作所需要的存储空间。这些批操作主要有：SELECT INTO、批装载操作（如 bcp 操作或批插入操作）、创建索引和针对大文本或图像的操作（如 WRITETEXT、UPDATETEXT）。选择批日志还原模式所采用的备份策略与完全还原所采用的还原策略基本相同。

7.4.2 创建备份设备

在备份一个数据库之前，需要先创建一个备份设备，比如磁带、硬盘等，然后再去复制有备份的数据库、事务日志、文件/文件组。

SQL Server 2008 可以将本地主机或者远端主机上的硬盘作为备份设备，数据备份在硬盘是以文件的方式被存储。SQL Server 2008 只支持将数据备份到本地磁带机，无法将数据备份到网络上的磁带机。

对数据库进行备份时，备份设备可以采用物理设备名称和逻辑设备名称两种方式。

① 物理设备名称：即操作系统文件名，直接采用备份文件在磁盘上以文件方式存储的完整路径名，例如 D:\backup\data_full.bak。

② 逻辑设备名称：为物理备份设备指定的可选的逻辑别名。使用逻辑设备名称可以简化备份路径。逻辑设备名称永久性地存储在 SQL Server 内的系统表中。

创建逻辑备份设备的过程如下：

① 打开“对象资源管理器”，在“服务器对象”结点下找到“备份设备”结点，右击，弹出快捷菜单，如图 7–7 所示。

② 选择“新建备份设备”命令，弹出新建备份设备窗口，如图 7-8 所示。

图 7-7 “备份设备”快捷菜单

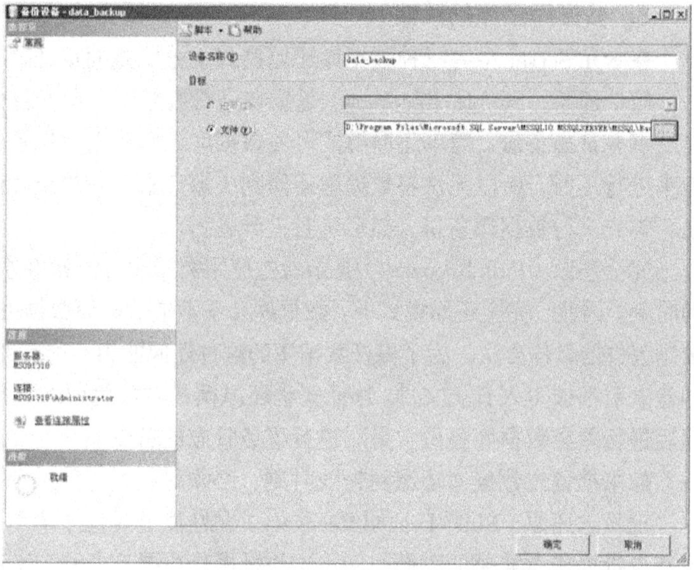

图 7-8 新建备份设备对话框

③ 输入备份设备的逻辑名称，并指定备份设备的物理路径，单击“确定”按钮即可。

7.4.3 备份数据库

1. 使用“对象资源管理器”备份数据库

在 SQL Server 2008 中无论是数据库备份，还是事务日志备份、差异备份、文件和文件组备份都执行相似的步骤。使用“对象资源管理器”进行备份的操作步骤如下：

① 连接到相应的 SQL Server 服务器实例之后，在“对象资源管理器”中，单击服务器名称以展开服务器树。找到“数据库”结点并将其展开，选择要备份的系统数据库或用户数据库（如 XSCJ），右击，在弹出的快捷菜单中选择“任务”→“备份”命令。

② 选择“备份”命令后，出现“备份数据库”窗口，如图 7-9 所示。

③ 在“数据库”下拉列表中将出现刚选择的数据库名，也可以从列表中选择其他数据库备份。

④ 在“恢复模式”下拉列表中选择恢复模式。

⑤ 在“备份类型”下拉列表中选择备份类型：完整、差异或事务日志。在“备份组件”选项中选择“数据库”或“文件和文件组”，每种组件都支持三种备份类型。如果选择备份“文件和文件组”，则出现“选择文件和文件组”对话框，从中选择要备份的文件或文件组即可。

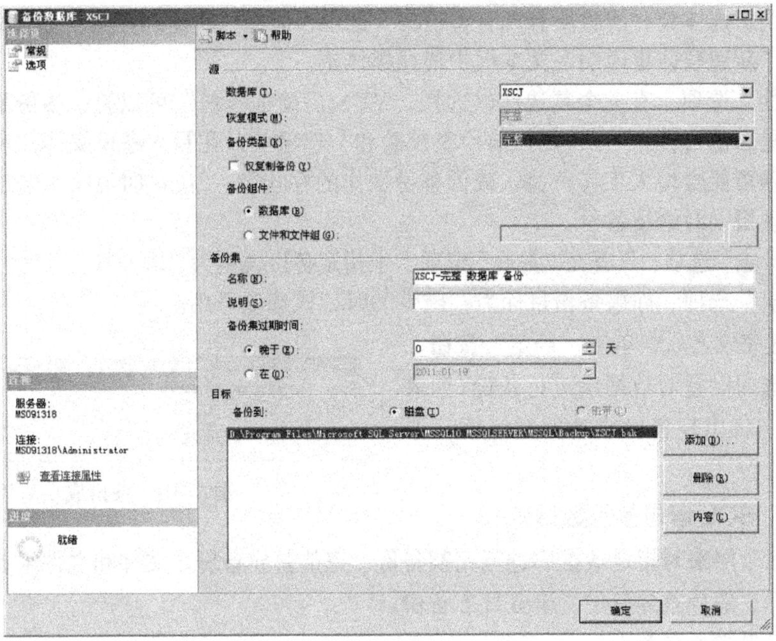

图 7-9 “备份数据库”窗口

⑥ 在“名称”文本框中输入备份集的名称，也可以接受系统默认的备份集名称。在“说明”文本框中输入备份集的说明。

⑦ 在“备份集过期时间”选项中指定备份集在特定天数后过期或特定日期过期。

⑧ 在“目标”中选择“磁盘”或“磁带”，同时添加相应的备份设备到“目标”列表框中。

⑨ 在“选择页”窗格中，单击“选项”，可以打开数据库备份的高级选项。

选项说明：

- “覆盖媒体”选项：可以选择“备份到现有媒体集”或“备份到新媒体集并清除所有现有备份集”。
- 如果选择“备份到现有媒体集”，则又有两个选项供选择：“追加到现有备份集”或“覆盖所有现有备份集”。
- 选择“追加到现有备份集”选项，则本次备份内容将追加到以前的备份内容之后，以前的备份内容还将保留，在恢复数据库时可以选择使用哪次的备份内容进行恢复。
- 如果选择“覆盖所有现有备份集”选项，则本次备份内容将覆盖掉以前的备份，在恢复数据库时只能将数据库恢复到最后一次备份时的状态。
- 如果选中“检查媒体集名称和备份集到期时间”复选框，并且在“媒体集名称”文本框中输入了名称，将检查媒体以确定实际名称是否与此处输入的名称匹配。如果选择了“覆盖所有现有备份集”选项，则检查备份集是否到期，在到期之前不允许覆盖，此次备份失败。

- “备份到新媒体集并清除所有现有备份集”选项，请在“新建媒体集名称”文本框中输入名称，在“新建媒体集说明”文本框中描述媒体集。
- “可靠性”选项：有三个复选框供选择，“完成后验证备份”可以验证备份集是否完整以及所有卷是否都可读；“写入媒体前检查校验和”选项可以在写入备份媒体前验证校验和，选择此选项可能会增大工作负荷，减低备份操作的吞吐量；“出错时继续”选项可以在备份过程中出现错误时继续备份。
- “事务日志”选项：只有在“常规”选项卡中指定备份类型为“事务日志”时，该选项才可用。
- “磁带机”选项：如果备份目标为“磁带”时，该选项可用。

以上的设置完成之后，单击“确定”按钮，系统将按照所选的设置对数据库进行备份，如果没有发生错误，将出现备份成功的对话框，如图 7-10 所示。

图 7-10　备份成功对话框

2. 使用 T-SQL 语句备份数据库

BACKUP 命令用来对指定数据库进行完整备份、完整差异备份、文件和文件组备份、文件差异备份、部分备份、部分差异备份、事务日志备份。

（1）完整备份和差异备份

实现完整备份和差异备份的语法格式如下：

```
Backup Database { database_name | @database_name_var }
To <backup_device> [ ,...n ]
[ With { Differential | <general_WITH_options> [ ,...n ] }]
[;]
```

参数说明如下：

- database_name：要备份的数据库名称。
- @database_name_var：存储要备份的数据库名称的变量。
- backup_device：指定用于备份操作的逻辑备份设备或物理备份设备。如果使用逻辑备份设备，应该使用下列格式：{ logical_device_name | @logical_device_name_var }，指定逻辑备份设备的名称。如果使用物理备份设备，使用下列格式：{ Disk | Tape } = { 'physical_device_name' | @physical_device_name_var }，指定磁盘文件或磁带。
- Differential：指定只备份上次完整备份后更改的数据库部分，即差异备份。必须执行过一次完整备份之后，才能做差异备份。
- general_WITH_options：备份操作的 With 选项，包含备份选项、媒体集选项、错误处理选项、数据传输选项等，这里只对几个常用的选项进行说明。Expiredate={date|@date_var}指定备份集到期的时间；Retaindays={days|@days_var}指定备份集经过多少天之后到期；如果同时使用这两个选项，Retaindays 的优先级别将高于 Expiredate。Password={password|@password_variable}为备份集指定密码，如果为备份集设置了密码，则必须提供该密码才能对该备份集执行任何

还原操作；{ Noinit | Init } 控制备份操作是追加还是覆盖备份媒体中的现有备份集。默认为追加到媒体中最新的备份集 (Noinit)。{ Noskip| Skip }控制备份操作是否在覆盖媒体中的备份集之前检查它们的过期日期和时间。Noskip 为默认设置，指示 Backup 语句在可以覆盖媒体上的所有备份集之前先检查它们的过期日期。

（2）事务日志备份

实现事务日志备份的 Backup 语句的语法格式如下：

```
Backup Log { database_name | @database_name_var }
To <backup_device> [ ,...n ]
[ With { <general_WITH_options>}
[;]
```

其中，参数的含义与完整备份中的含义相同。

（3）文件和文件组备份

```
Backup Database { database_name | @database_name_var }
<file_or_filegroup> [ ,...n ]
To <backup_device> [ ,...n ]
[ With { Differential | <general_WITH_options> [ ,...n ] }]
[;]
```

参数说明：

- file_or_filegroup：指定要进行备份的文件或文件组名。如果要对文件进行备份，可以使用下列格式 FILE = { logical_file_name | @logical_file_name_var }，指定要备份的文件的逻辑名称；如果要对文件组进行备份，可以使用 Filegroup = { logical_filegroup_name | @logical_filegroup_name_var }，指定要备份的文件组的名称。
- 其他参数的含义与完整备份语句中的参数含义相同。

7.4.4 还原数据库

使用“对象资源管理器”可以很方便地实现对数据库的还原操作。具体步骤如下：

① 连接到相应的服务器实例之后，在“对象资源管理器”中单击服务器名称以展开服务器结点。

② 右击要恢复的数据库，在弹出的快捷菜单中选择“任务”→“还原”→“数据库”命令。

③ 单击菜单命令之后将打开“还原数据库”窗口，如图 7-11 所示。

④ 在“常规”选项卡上，要恢复的数据库的名称将显示在“目标数据库”下拉列表框中。如果要将备份还原成新的数据库，可以在“目标数据库”中输入要创建的数据库名称。

⑤ 在“目标时间点”文本框中，可以使用默认值“最近状态”，也可以单击右边的“浏览”按钮打开“时点还原”对话框，选择具体的日期和时间。

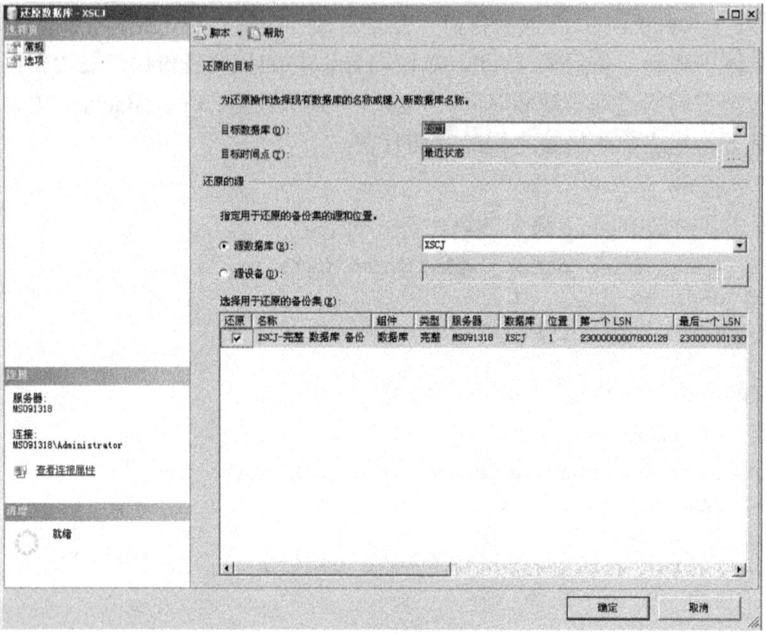

图 7-11 “还原数据库”窗口

⑥ 如果要指定还原的备份集的源和位置，可以选择以下选项：

- 源数据库：在列表框中输入源数据库的名称，该选项表示使用以前对该数据库所做的备份内容进行还原。
- 源设备：单击右边的“浏览”按钮，打开“指定备份”对话框，如图 7-12 所示。在“备份媒体”下拉列表中，从列出的设备类型中选择一种。单击“添加”按钮可以将一个或多个备份设备添加到“备份位置”列表框中，单击“确定”按钮返回到“常规”选项卡。

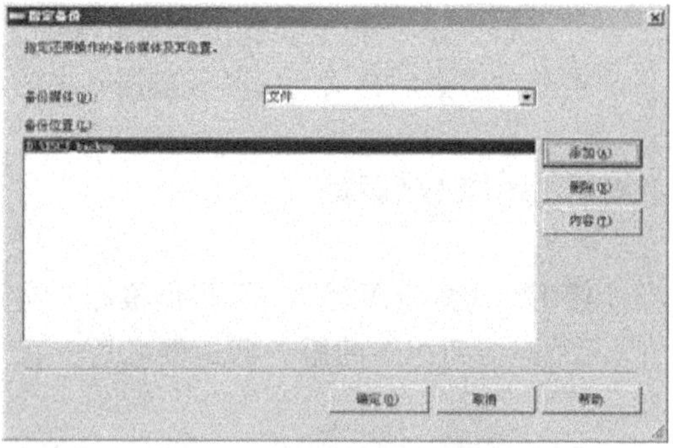

图 7-12 “指定设备”对话框

⑦ 在“选择用于还原的备份集”表格中，选择用于还原的备份。默认情况下，系统会推荐一个恢复计划，如果修改系统建议的恢复计划，可以在表格中更改选择。

⑧ 如果要查看或选择高级选项，可以切换到“选择页”中的“选项”选项卡。

⑨ 在“还原选项”区域，有以下几个选项：

- 覆盖现有数据库，指定还原操作应覆盖现有数据库及文件，即使已存在同名的其他数据库或文件。

- 保留复制设置，将已发布的数据库还原到创建该数据库的服务器之外的服务器时，保留复制设置。该选项只能与“回滚未提交的事务，使数据库处于可以使用的状态…”选项一起使用。
- 还原每个备份之前进行提示，还原初始备份之后，该选项会在还原每个附加备份集之前打开“继续还原”对话框，提示是否需要继续进行还原。
- 限制访问还原的数据库，使还原的数据库仅供 db_owner、dbcreator 或 sysadmin 的成员使用。

⑩“将数据库文件还原为”表格中列出了原始数据库文件名称，可以更改到要还原到的任意文件的路径和名称。

“恢复状态”选项用来指定恢复操作之后的数据库状态，有以下几个选项可以选择：

- 回滚未提交的事务，使数据库处于可使用的状态。使用该选项进行恢复之后，数据库即可使用。
- 不对数据库执行任何操作，不回滚未提交的事务。该选项使数据库处于未恢复的状态，接下来可以执行其他的恢复操作。
- 使数据库处于只读模式。该选项使数据库处于只读状态。

⑪ 以上的设置完成之后，单击“确定”按钮，系统将按照所选的设置对数据库进行还原，如果没有发生错误，将出现还原成功对话框。

7.4.5　备份和还原系统数据库

系统数据库保存了有关 SQL Server 的许多重要数据信息，这些数据的丢失将给系统带来极为严重的后果，所以必须对系统数据库进行备份。这样一旦系统或数据库失败，则可以通过还原来重建系统数据库。在 SQL Server 中，重要的系统数据库主要有 master、msdb、model。虽然 tempdb 也是系统数据库，但没有必要对其进行备份，因为 SQL Server 每次启动都会重新创建该数据库，而当 SQL Server 停止运行时，tempdb 数据库中所有数据都会被自动清除。在此，我们主要讨论 master 数据库的备份和还原问题。

备份 master 数据库与备份用户数据库一样，只要数据库状态发生变化，就要通过备份来保存这些变化，以防止一旦系统失败而导致数据丢失。以下情况的发生往往要求立即对 master 数据库进行备份。

① 增加或删除用户数据库。但是，如果增加或删除文件或文件组，或用户数据库自动增加来容纳新添加的数据，这些操作并不对 master 数据库产生影响，所以此时不必对它进行备份。

② 创建新的登录或执行与登录有关的操作。但是，增加数据库用户并不影响 master 数据库。

③ 创建或删除备份设备。

④ 为进行分布式查询或远程过程调用而对数据库服务器进行配置，如增加连接服务器或远程登录等。

在 SQL Server 中，可以拆开数据库的数据文件和事务日志文件，然后将它们重新连接到另外的服务器或同一个服务器。拆开数据库就是将数据库从 SQL Server 中删除，但是保持数据和事务日志文件的完整性。然后，事务日志和数据文件可在任何运行 SQL Server 的服务器上被重新连接成该数据库。因此，当准备把数据库从一台计算机移到另外的计算机上但不重新创建数据库时，或者将数据库移到另外的磁盘上，会发现数据库的拆分和连接是很有用处的。

将数据库移到另外的服务器或磁盘上需要进行以下操作：

① 拆开数据。

② 把数据库文件（数据文件和事务日志文件）移到另外的服务器或磁盘上。

③ 连接服务器并定义数据库文件的存放位置。

在 SQL Server 中，拆开数据库使用的 Transact-SQL 命令是 sp_detach_db，其语法格式为：

```
sp_detach_db [@dbname =] 'dbname'
[ [@skipchecks =] 'skipchecks']
```

其中，@dbname 表示数据库名称；@skipchecks 如果为 True 将修改关于数据库的所有统计表，反之则不修改。

【例 7-24】拆开 pubs 数据库。

```
EXEC sp_detach_db 'pubs' 'true'
```

使用 sp_attach_db 来重新连接数据库，其语法格式为：

```
sp_attach_db [@dbname =] 'dbname'
[@filename1 =] 'filename_n' [ ...16]
```

【例 7-25】重新连接 pubs 数据库。

```
EXEC sp_attach_db @dbname = 'pubs',
@filename1 = 'c:\Program Files\Microsoft SQL Server\MSSQL\Data\pubs.mdf',
@filename2 = 'c:\Program Files\Microsoft SQL Server\MSSQL\Data\pubs_log.ldf'
```

小　　结

本章首先介绍了 SQL Server 2008 的 Transact-SQL 语言，包括变量、运算符、表达式、流程控制语句。Transact-SQL 是使用 SQL Server 2008 的核心，如果想要利用 SQL Server 进行相关的编程和开发，就必须使用 Transact-SQL。接着详细介绍了存储过程的特点、定义存储过程和执行存储过程的方法，以及触发器的使用方法。编写有效的存储过程和触发器，可以给用户系统带来更好的一致性并保证数据完整性。最后，介绍了实现数据库备份及还原的步骤及方法。

通过本章的学习，读者应该掌握以下内容：

① Transact-SQL 中流程控制语句的灵活使用。

② 用户自定义存储过程的创建方法和执行存储过程的方法，注意参数的传递和输出参数的使用。

③ 触发器的含义以及使用触发器实现数据完整性的方法。

④ 数据库备份及还原的方法。

习　题

1. 如何在 SQL Server 2008 中定义变量及对变量进行赋值。
2. 使用 Transact-SQL 流程控制语句编写程序，求两个数的最小公倍数。
3. SQL Server 2008 中常用的函数有哪些?
4. 使用 CASE ( ) 函数，判断当前日期是否为闰年。
5. 什么是存储过程，它有哪些优点?
6. 什么是触发器，它与存储过程有什么区别与联系?
7. SQL Server 2008 中的触发器可以分为哪两类?
8. 在 XSCJ 数据库中创建一个存储过程，实现统计 C1 课程不及格的男生、女生的人数。
9. 建立一个存储过程级联来修改 XSCJ 数据库的 C、SC 两张表，当用户修改 C 表中的课程名称 Cno 后，修改 SC 表中对应的数据。
10. 创建一个 INSERT 触发器，该触发器能够在向成绩表中添加数据时，自动判断学号、课号、成绩是否合法，如果非法则对插入操作进行回滚。
11. 什么是数据库备份? 数据库备份有几种类型? 如何实现?
12. 练习 XSCJ 数据库备份及还原的方法。

第8章 数据库应用系统的开发与实现——大学生公寓管理系统构建实例

学习目标

- 掌握 ADO.NET 的数据对象模型及连接数据库的方法;
- 掌握 ADO.NET 对象中主要对象的使用;
- 掌握并灵活运用.net(C#)连接 SQL Server 2008 的方法;
- 掌握数据库的设计步骤;
- 掌握应用程序的编制技巧。

本章首先介绍 ADO.NET 数据库访问方式的特点及 ADO.NET 对象模型，接着介绍 ADO.NET 开发数据库应用程序的基本步骤，最后以开发一个大学生公寓管理系统为例，讲解如何使用 SQL Server 2008 作为后台数据库、C#作为开发语言开发数据库应用系统。此外，还将详细介绍系统的需求分析、功能结构、数据结构设计与具体实现等数据库应用系统开发步骤。

8.1 ADO.NET 技术

ADO.NET 是由 Microsoft ActiveX Data Object（ADO）升级发展而来的，是在.NET 中创建分布式数据共享程序的开发接口。ADO.NET 提供了一组数据访问服务的类，可用于对 Microsoft SQL Server、Oracle 等数据源及 OLE DB 和 XML 公开的数据源的一致访问。

8.1.1 ADO.NET 的新特点

ADO.NET 是一种高级的数据库访问技术，虽然始于 ADO，但却是一个改进了的 ADO 的新版本。ADO.NET 最终演变成了一个和 ADO 非常不同的技术。

1. 断开连接技术

ADO.NET 是对 ADO 一个跨时代的改进，最主要区别表现在 ADO.NET 可在“断开连接模式”下访问数据库，即用户访问数据库中的数据时，首先要建立与数据库的连接，从数据库中下载需要的数据到本地缓冲区，之后断开与数据库的连接。此时，用户对数据的操作（添加、修改、删除等）都是在本地进行的，只有需要更新数据库中的数据时，才再次与数据库连接，发送修改后的数据到数据库后关闭连接。这样大大减少了因连接过多（访问量较大时）对数据库服务器资源的大量占用。

2. 数据集缓存技术

在 ADO 中，数据在内存中表现为记录集（Recordset），就像一个虚拟数据表。而在 ADO.NET 中，从数据源检索的数据在内存中缓存为数据集（Dataset）。数据集就像一个虚拟的内存中的数据库，包括一个或多个数据表（Data Table）。这些表之间通常还包含关系和约束信息。由于数据集可以保存多个独立的表并维护表间关系，因此，它可以保存比记录集丰富得多的数据结构。数据集与数据库之间没有任何实际关系，这样，就不必保持与数据库的连接状态，使数据库可以自由执行其他任务。当在数据集上执行完更新操作后，再连接基础数据库写入结果。

3. 更好的程序间共享数据

由于 ADO.NET 传送的数据都是 XML 格式的，因此任何能够读取 XML 格式的应用程序都可以使用 ADO.NET 进行数据处理。事实上，接受数据的组件不一定是 ADO.NET 组件，它可以是一个基于 Microsoft Visual Studio 的解决方案，也可以是运行在其他平台上的任何应用程序。

8.1.2 ADO.NET 对象模型

ADO.NET 模型的一个主要目标是将数据操作与数据访问分开。要完成此任务，ADO.NET 向外界提供了两个核心组件：.NET 数据提供程序和 DataSet，.NET 数据提供程序主要负责数据访问，而 DataSet 主要负责对数据的操作。

图 8-1 说明了.NET Framework 数据提供程序与 DataSet 之间的关系。

1. .NET 数据提供程序

.NET 数据提供程序作为一个核心元素，在应用程序与数据源之间搭起了一座桥梁，是访问数据库的必备条件。它从数据源返回查询结果，在数据源上执行命令，把数据集上的改变提交到数据源。数据提供程序实现了对数据的通用访问形式。

数据提供程序与数据源类型紧密相关，不同的数据源有不同的数据提供程序。不管哪一种提供程序，都要实现数据库连接接口（IDbConnection）、数据库命令接口（IDbCommand）、数据读取器接口（IDbDataReader）、数据适配器接口（IDbDataAdapter），以实现数据操作的统一。

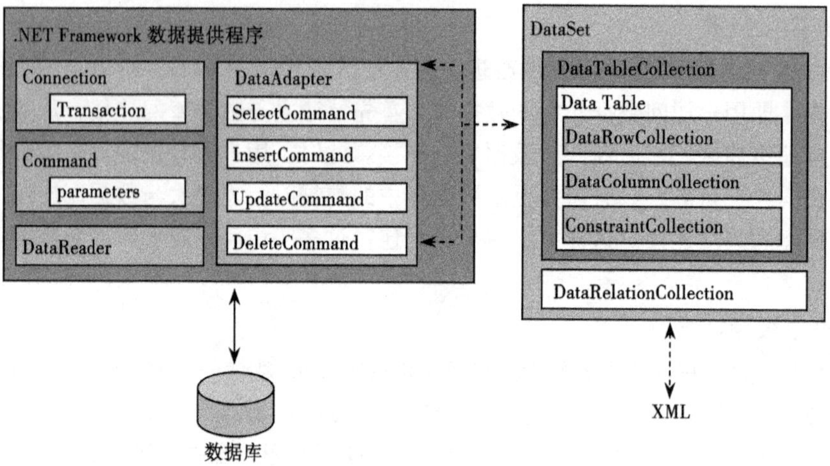

图 8-1　ADO.NET 对象模型

.NET 数据提供程序用于连接数据库、执行命令和检索结果，共有四种，分别是 SQL Server .NET 数据提供程序、OLE DB .NET 数据提供程序、ODBC .NET 数据提供程序和 Oracle .NET 数据提供程序。

.NET 数据提供程序提供了四个核心对象，分别是 Connection、Command、DataReader 和 DataAdapter 对象。这些对象及其功能如表 8-1 所示。

表 8-1　核心对象

对　　象	功　　能	对　　象	功　　能
Connection	建立与特定数据源的连接	DataReader	从数据源中读取只向前的且只读的数据流，是一个简易的数据集
Command	对数据源执行命令	DataAdapter	用数据源填充 DataSet 并解析更新

2. DataSet 数据集

DataSet 数据集对象是支持 ADO.NET 的断开式、分布式数据方案的核心对象。DataSet 是数据的内存驻留表示形式，无论数据源是什么，它都会提供一致的关系编程模型。它可以用于多个不同的数据源，如用于 XML 数据、用于管理应用程序本地的数据等。DataSet 包括相关表、约束和表间关系在内的整个数据集。DataSet 的对象模型如图 8-2 所示。

DataSet 数据集可以包含表、表间关系、主键与外键的约束等，可以把它看做内存中的数据源。DataSet 对象模型中各主要对象的关系如下：DataTable 对象表示数据表，在 DataTable 对象中又包含了字段（列）和记录（行）。在 DataSet 中可以包含一个或多个 DataTable 对象，多个 Data Table 又组成了 DataTableCollection 集合对象。多个表之间可能存在一定的关系，表间的关系用 DataRelation

对象来表示，该对象通常表示表间的主外键关系（参照完整性）。多个表之间可能存在多个关系，因此 DataSet 可以包含一个或多个 DataRelation 对象，多个 DataRelation 对象又组成了 DataRelationCollection 集合对象。

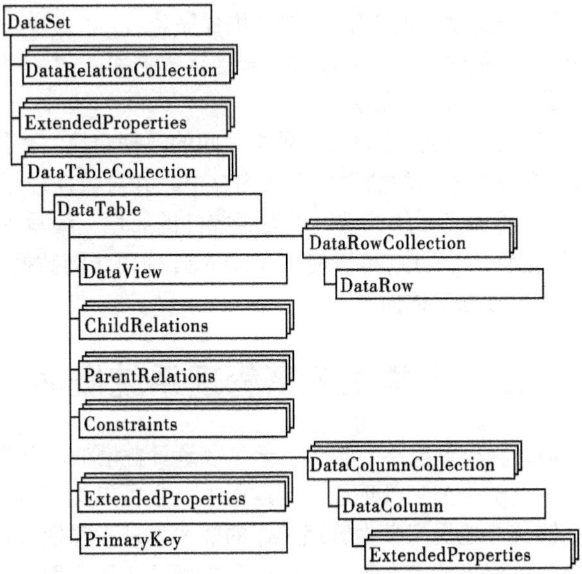

图 8-2　DataSet 的对象模型

8.1.3　访问数据库方式

ADO.NET 是由很多类组成的一个类库。这些类提供了很多对象，分别用来完成和数据库的连接，进行查询、插入、更新和删除等操作，如图 8-3 所示。它主要包括 Connection、Command、DataReader、DataAdapter、DataSet 共 5 个对象。这 5 个对象提供了两种读取数据库的方式：第一种是利用 Connection、Command 和 DataReader 对象，这种方式只能读取数据库，即不能修改记录。如果只是想查询记录，这种方式的效率更高些。第二种是利用 Connection、Command、DataAdapter 和 DataSet 对象，这种方式更灵活，可以对数据库进行各种操作。

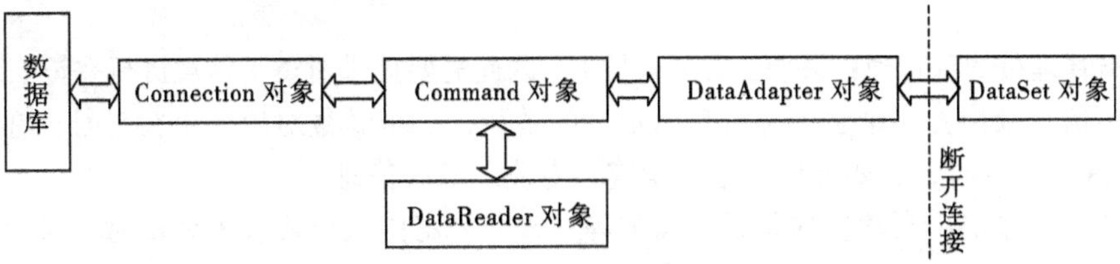

图 8-3　ADO.NET 访问数据库方式

8.1.4 使用 ADO.NET 开发数据库应用程序

使用 ADO.NET 开发数据库应用程序一般分为以下几个步骤：

① 根据使用的数据源，确定使用的.NET 数据提供程序。

② 建立与数据源的连接，创建 Connection 对象来连接数据库。

③ 创建 Command 对象，执行 SQL 命令。

④ 创建 DataAdapter 对象，提供数据源与记录集之间的数据交换、数据库与内存中数据交换。创建 DataSet 对象，将从数据源中得到的数据保存在内存中，并对数据进行各种操作。

⑤ 创建 Windows 窗体，添加必要的控件。设置各控件的属性，编写主要控件的事件代码。

使用 ADO.NET 开发数据库应用程序，可以使用 ADO.NET 代码访问数据库，也可以使用 ADO.NET 控件访问数据库，还可以使用数据窗体向导。

8.2 大学生公寓管理系统概述

随着教育事业不断发展，学校规模不断扩大，学生数量日益增加，有关学生的各种信息管理也随之展开。在这种环境下，大学生公寓管理系统应运而生，它可以实现学生住宿信息的规范管理、科学统计和快速查询，能够较好地提高学生管理工作的效率，进而降低管理工作的成本。

大学生公寓管理系统是计算机技术在管理学生公寓方面的典型应用。针对住宿制学校为学生公寓管理工作提供方便快捷的服务。采用计算机网络化管理程序来帮助前台管理员进行更有效的公寓管理工作。

本系统针对学生公寓管理的日常工作模式， 对学生公寓的各项情况（例如：学生信息、公寓宿舍管理、卫生管理、来访登记等）进行有效管理，并能通过各方法进行快速方便的查询，使学生公寓管理工作运作简明、清晰，更加科学化、规范化。

8.2.1 需求分析

通过前面第 6 章数据库设计的学习可知，在数据库设计的整个过程中需求分析是基础，需求分析直接影响到概念模型并最终影响到数据模型的准确性。经过需求调研，总结出该系统需要完成的主要功能如下：

① 公寓管理员信息管理：每个公寓都有员工，因此需要提供对员工信息进行登记、维护的功能。

② 学生信息维护：每个学生都有自己唯一的学号，一个学号对应一个宿舍号，在登记学生姓名、性别等基本信息时，还要登记学生的学院、专业、班级信息。

③ 来访人员登记：当学生的父母、朋友等一些非公寓内人员要进入公寓时，可以对其信息进行登记，保证进出公寓人员的安全。

④ 宿舍信息管理：当学校新盖一座公寓或是公寓内财产有变化时，可以及时地对公寓的信息进行更新。

⑤ 宿舍卫生：当学校对公寓宿舍内卫生进行检查后，记录下结果，为优秀宿舍评比提供依据。

⑥ 综合查询：提供对学生、宿舍、来访人员等信息的查询，可按照组合条件查询到所需信息。

⑦ 基础信息设置：可对系统内的信息如民族、政治面貌、学院、专业、籍贯等进行添加、修改、删除操作。

⑧ 打印功能：对于查询的员工、学生、卫生成绩等信息，可以通过报表的形式打印出来。

除功能需求外，系统安全性方面的要求：任何使用本系统的用户必须输入正确的用户名和密码才能进入系统，不同级别的用户赋予不同的操作权限。此外，超级管理员需要有权限分配的功能，可以对合法用户进行权限分配，不同用户享有不同的操作权限。

8.2.2　系统功能设计

根据上面的需求分析和功能描述，可以将学生公寓管理系统划分为 8 个模块，分别为：公寓管理员管理模块、公寓信息管理模块、学生信息管理模块、来访人员管理模块、综合查询模块、报表打印模块、基础信息设置模块和权限管理模块。总体功能结构图如图 8–4 所示。各个分模块的设计这里从略。

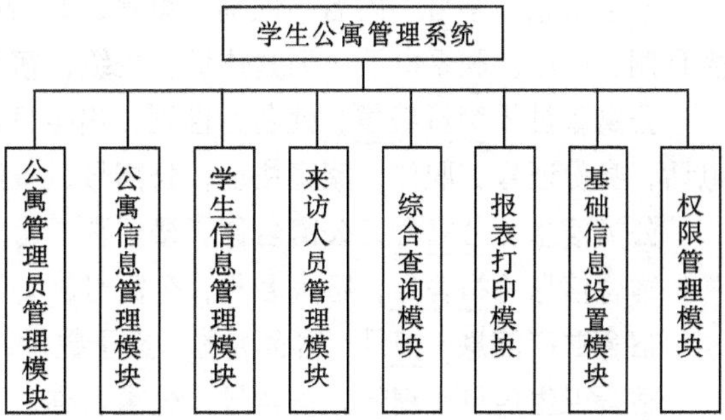

图 8–4　公寓管理系统功能模块图

8.3　数据库设计

数据库分析与设计是数据库应用系统开发周期中的一个重要阶段，可以说是数据库程序开发的基础。数据库设计得合理与否，对数据的完整性、安全性、程序运行的效率和程序设计的复杂程度等有着十分密切的关系。数据库设计可分为以下三个阶段：一是概念模型的设计，通常可以用 E–R 图表示；二是逻辑模型的设计，即关系模式的设计；三是物理模型的分析及实现，即选择合适的数据库管理系统（DBMS），对逻辑模型进行实现。下面分别讲述三个阶段的具体工作。

8.3.1　概念结构设计

概念结构设计就是 E–R 方法的分析与设计，它是整个数据库设计的关键。使用实体–联系（E–R）模型来描述系统的概念结构，同时设计出能够满足用户需求的各种实体及它们之间的关系，为后面的逻辑结构设计打下基础。这些实体包括各种实际信息，通过相互之间的作用形成数据的流动。

根据以上的需求分析及功能设计，可以得出本系统主要包括：公寓管理员、学生、公寓、宿舍财产、宿舍卫生、来访登记等实体集。主要的实体及其之间的联系的 E-R 模型如图 8-5 所示。

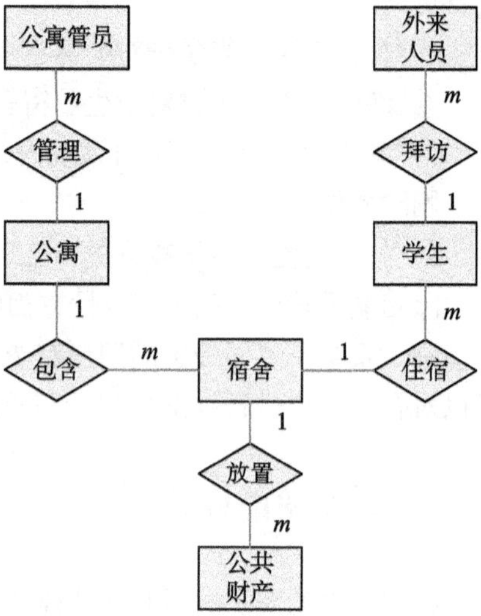

图 8-5　大学生公寓管理系统 E-R 图

8.3.2　逻辑结构设计

针对系统的总体需求，通过对学生公寓管理系统数据流程的分析与系统总体功能模块的梳理，可以归结出系统数据库的逻辑关系模型。按照 E-R 模型向关系模型的转换规则，将图 8-5 的 E-R 图转换为下列关系模型。其中，每个关系模式的主键用下画线标识。

学生信息（<u>学号</u>，姓名，性别，籍贯，政治面貌，出生日期，民族，联系电话，家庭住址，班级，宿舍）

公寓管员（<u>管员编号</u>，姓名，性别，出生日期，联系电话，身份证号，职位，家庭住址，公寓号，备注）

公寓信息（<u>公寓号</u>，公寓名称，楼层数，房间数，居住性别，房间价格，备注）

宿舍信息（<u>宿舍号</u>，宿舍名称，公寓号，备注）

宿舍财产信息（<u>编号</u>，宿舍名称，桌子数量，椅子数量，床铺数量，热水器数量，饮水机数量）

宿舍卫生信息（<u>编号</u>，宿舍号，公寓名称，卫生成绩，检查时间，备注）

来访登记（<u>序号</u>，来访人姓名，与被访人关系，性别，身份证号，被访人姓名，日期，备注）

8.3.3　物理结构设计

根据以上的数据库逻辑结构设计结果，综合考虑系统的功能要求及数据查询性能要求，在 SQL Server 2008 中具体进行数据库的物理结构设计。表 8-2 ~ 表 8-8 是所涉及的主要数据库表的结构。

1. 权限管理表

用于存储不同级别用户所具有的系统操作权限及用户名、密码，如表 8-2 所示。

表 8-2　权限管理表

字　段　名	数据类型	数据长度	描　　述
System	bit	1	系统管理
Personnel	bit	1	员工管理
Student	bit	1	学生管理

续表

字　段　名	数据类型	数据长度	描　　述
Flat	bit	1	公寓管理
Visit	bit	1	来访管理
UserName	varchar	20	用户名
UserPwd	varchar	15	密码

2. 公寓管理员信息表

用于保存所有公寓员工的基本信息，如表 8-3 所示。

表 8-3　员工信息表

字　段　名	数据类型	数据长度	描　　述
EmployeeID	varchar	10	员工编号（主键）
EmployeeName	varchar	20	姓名
EmployeeSex	varchar	4	性别
EmployeeBirth	datetime	8	出生日期
EmployeeMobileTel	varchar	20	联系电话
EmployeeIDCard	varchar	20	身份证号
EmployeeDept	varchar	20	职位
EmployeeAddress	varchar	50	家庭住址
EmployeeMemo	varchar	100	备注

3. 公寓信息表

用于存储每个公寓的基本情况，如表 8-4 所示。

表 8-4　公寓信息表

字　段　名	数据类型	数据长度	描　　述
ID	int	4	公寓号（主键）
Name	varchar	20	公寓名称
Floor	int	4	楼层数
Sex	int	4	房间数
Room	varchar	4	居住性别
Price	int	4	房间价格
Memo	varchar	50	备注

4. 宿舍财产信息表

用于保存所有宿舍的财产信息，如表 8-5 所示。

表 8-5 宿舍财产信息表

字 段 名	数据类型	数据长度	描 述
ID	bigint	8	编号（自动编号）
公寓号	int	4	公寓号
宿舍	varchar	20	宿舍名称
桌子	int	4	桌子数量
椅子	int	4	椅子数量
床铺	int	4	床铺数量
热水器	int	4	热水器数量
饮水机	int	4	饮水机数量

5. 宿舍卫生信息表

用于存储每个宿舍每次卫生的检查情况，如表 8-6 所示。

表 8-6 宿舍卫生信息表

字段名	数据类型	数据长度	字段名	数据类型	数据长度
公寓	varchar	20	检查时间	datetime	8
宿舍	varchar	20	备注	varchar	50
卫生成绩	varchar	10			

6. 学生基本信息表

用于存储每个学生的基本信息，如表 8-7 所示。

表 8-7 学生基本信息表

字段名	数据类型	数据长度	字段名	数据类型	数据长度
学号	varchar	20	联系电话	varchar	20
姓名	varchar	20	家庭住址	varchar	50
性别	varchar	4	学院	varchar	20
籍贯	varchar	20	专业	varchar	20
政治面貌	varchar	20	班级	varchar	20
出生日期	datetime	8	公寓	varchar	20
民族	varchar	20	宿舍	varchar	20

7. 来访登记信息表

用于记录每个来访人的访问情况，如表 8-8 所示。

表 8-8　来访登记信息表

字　段　名	数据类型	数据长度	描　　述
ID	bigint	8	编号
来访人姓名	varchar	20	来访人姓名
与被访人关系	varchar	10	如同学、父亲等
性别	varchar	4	来访人性别
身份证号	varchar	20	来访人身份证号
被访人姓名	varchar	20	被访人姓名
公寓	varchar	20	被访人公寓
宿舍	varchar	20	被访人宿舍
日期	datetime	8	来访日期
备注	varchar	50	无

对于是学院、班级、员工职位等基本信息，表结构相对简单，另外，还需要对表设置完整性约束，创建索引、视图等。

8.3.4　创建数据库

经过前面的需求分析和概念结构设计，得到数据库的逻辑结构，接下来就可以在 SQL Server 2008 数据库的系统中实现逻辑结构。利用 SQL Server 2008 数据库系统中的 Management Studio 实现，建立的数据库名称为 house，各个基本表的建立既可以在“对象资源管理器”中实现，也可以利用 CREATE TABLE 语句实现。

8.4　系 统 实 现

8.4.1　C#语言

C#（读做 “C sharp”）是微软公司发布的一种面向对象的、运行于.NET Framework 之上的高级程序设计语言，它是微软公司研究员 Anders Hejlsberg 的最新成果。C#看起来与 Java 非常相似：它包括了诸如单一继承、接口、与 Java 几乎同样的语法和编译成中间代码再运行的过程。但是，C# 与 Java 有着明显的不同，它借鉴了 Delphi 的一个特点，与 COM（组件对象模型）是直接集成的，而且它是微软公司.NET Windows 网络框架的主角。

C#是一种安全的、稳定的、简单的，由 C 和 C++衍生出来的面向对象的编程语言。它在继承 C 和 C++强大功能的同时去掉了一些它们的复杂特性（例如没有宏和模板，不允许多重继承）。C#综合了 VB 简单的可视化操作和 C++的高运行效率，以其强大的操作能力、优雅的语法风格、创新的语言特性和便捷的面向组件编程的支持成为.NET 开发的首选语言。以下是 C#的一些突出特点：

① 简洁的语法；

② 精心的面向对象设计；

③ 与 Web 的紧密结合；

④ 完整的安全性与错误处理；

⑤ 版本处理技术；

⑥ 灵活性与兼容性。

8.4.2 创建工程

本系统的开发平台采用 Visual Studio 2005，开发语言为 C#。创建项目的过程如下：

① 启动 Visual Studio 2005 集成开发环境，选择“新建”→“项目”命令，在打开的“新建项目”对话框中，项目类型选择 Visual C#→Windows，模板选择“Windows 应用程序”模板，项目名称命名为“大学生公寓管理系统”，存放位置可根据自己的需要浏览确定某文件夹，单击“确定”按钮，如图 8-6 所示。

② 在“解决方案资源管理器”中添加启动窗体 frmLogin。

具体方法为：在“解决方案资源管理器”中，右击项目“大学生公寓管理系统”，在弹出的快捷菜单中选择“添加”→“Windows 窗体”命令，命名为 frmLogin，按照类似方法依次添加其他的项目文件。本系统包括的所有窗体及文件如图 8-7 所示。

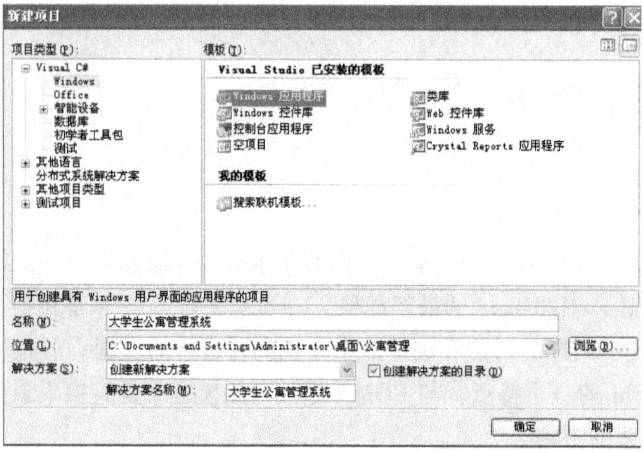

图 8-6 “新建项目”对话框

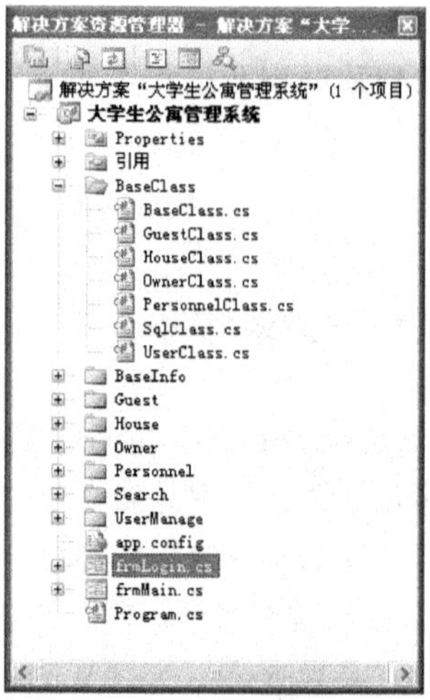

图 8-7 “大学生公寓管理系统”项目文件

8.4.3　通用连接数据库技术的实现

因系统的每个模块都要用到数据库的连接，为实现程序的可重用性，将数据库连接用一个独立的 SqlClass 类实现，只要调用这个类就可以实现与数据库的连接。其关键的实现代码如下：

```
class SqlClass
{   public SqlConnection SqlConBind()
   {  //连接数据库
      SqlConnection con = new SqlConnection("server= (local)\\sqlexpress;
        database=house;uid=sa;pwd=; ");
      return con;              //返回数据库连接
    }
     public DataSet SqlDaAd(string strsql, string strTbl)
    {
       SqlConnection con = this.SqlConBind();
       SqlDataAdapter sda = new SqlDataAdapter(strsql, con);
       //创建数据适配器对象
       DataSet ds = new DataSet();
       //创建数据集对象
       sda.Fill(ds, strTbl);
       con.Close();
       return ds;              //返回数据集对象
    }
    public SqlDataAdapter sqlsda(string strsql)
    {
       SqlConnection con = this.SqlConBind();
       SqlDataAdapter sda = new SqlDataAdapter(strsql, con);
        //声明一个数据适配器对象
       return sda;             //返回 SqlDataAdapter 数据适配器对象
    }

    public void sqlcmd(string strsql)
    {
       SqlConnection con = this.SqlConBind();
       con.Open();
       SqlCommand scd = new SqlCommand(strsql,con); //声明一个 sql 命令对象
       scd.ExecuteNonQuery();
       // 执行 SqlCommand
       con.Close();
    }    }
```

其中，数据库连接字符串 con 中的 sever 表示连接 SQL Server 实例的名称或网络地址；database 是想要连接 SQL Server 数据库的名称；uid 是 SQL Server 登录的用户名；pwd 是登录用户名的密码。

8.4.4 主窗体界面设计

本系统采用多文档窗体 MDI 程序结构，程序中的每一功能对应一个子窗体，所有的子窗体都位于一个主窗体中。这样的程序结构比较简单，功能清晰，非常适合数据库应用程序开发。

本系统设计了一个多文档界面主窗体 frmMain.cs。在主窗体上设置菜单栏、工具栏、状态栏等，在主窗体上，功能菜单体现了系统的主要功能模块。主界面如图 8-8 所示。

下面分别说明各子模块的设计及实现技术。

图 8-8　系统主界面

8.4.5 用户登录模块

为保证信息一定的安全性，所有要进入本系统的用户需要输入正确的用户名和密码。初始状态系统有一个默认用户为超级管理员，具备一切功能及权限。正确登录后可以为使用此系统的用户分配权限并设置相应密码。超级管理员初始用户名为 admin，密码为 admin。登录界面如图 8-9 所示。

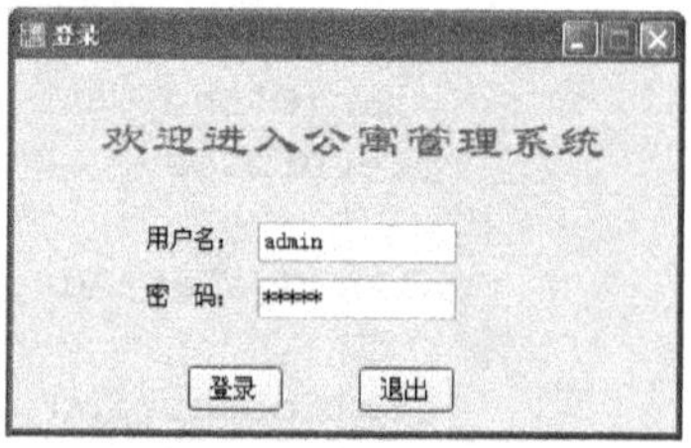

图 8-9　系统登录界面

向窗体中添加代码，“登录”按钮代码如下：

```
private void butEnter_Click(object sender, EventArgs e)
{   string username = this.txtUserName.Text;
    strEnter = userclass.LoginEnter(this.txtUserName.
     Text,this.txtUser Pwd .Text);
    // LoginEnter 为验证用户登录正确与否的方法。在 userclass 类中定义
    if (strEnter != "true")
    {
        MessageBox.Show("用户名或者密码错误，请重新输入！ ");
    }
    else
    {   frm_main.strUserName = txtUserName.Text;
        frm_main.Show();                              //显示主界面
        this.Visible = false;                         //隐藏登录界面
    }
}
```

LoginEnter 方法的具体实现如下：

```
//验证登录的 LoginEnter
public string LoginEnter(string strUserName,string strUserPwd)
{   string strEnter;
    SqlConnection con = sqlclass.SqlConBind();        //连接数据库
```

```
    con.Open();
    SqlCommand scd = new SqlCommand("select count(*) from 密码管理 where
      UserName=@UserName and UserPwd=@UserPwd", con);
    SqlParameter para = new SqlParameter("@UserName",SqlDbType.VarChar,20);
    para.Value = strUserName;
    scd.Parameters.Add(para);
    para = new SqlParameter("@UserPwd",SqlDbType.VarChar,20);
    para.Value = strUserPwd;
    scd.Parameters.Add(para);
    //验证输入的用户信息是否在数据库中
    int intCount=Convert.ToInt32(scd.ExecuteScalar());
    if (intCount > 0)
       { strEnter = "true";   }
    else
    { strEnter = "false";   }
       return strEnter;
}
```

8.4.6　权限管理模块

超级管理员用户正确登录之后，会进入系统主界面，可以为其他用户分配权限。在主界面中选择“系统管理”→“用户管理”命令，显示界面如图 8-10 所示。

具有权限分配的超级管理员可以添加新的宿舍管理员并给他分配使用系统的权限，新添加的宿舍管理员，系统仅默认分配“查询”权限。增加新用户并分配权限的操作如下：

① 单击“添加”按钮，出现增加新用户对话框，输入新的用户名并设置密码，这样新增加的用户名出现在图 8-10 所示的左侧用户信息表列中。

② 选中新增用户名（例如 ncut），并在右侧权限管理中为其分配相应的权限。单击“权限修改”按钮，此用户的权限生效。

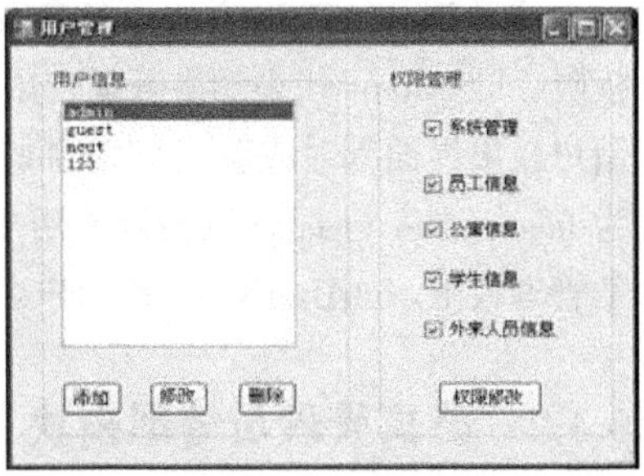

图 8-10　“用户管理”界面

这样，当用户以正确的用户名登录之后，根据权限不同所看到的菜单界面也会有差别。

主要程序代码如下：

```
//权限修改
public void PurviewEdit(bool blSystem, bool blPersonnel, bool blStudent, bool
  blFlat, bool blVisit,string strUserName)
{   SqlConnection con = sqlclass.SqlConBind();
    con.Open();
    SqlCommand scd = new SqlCommand("update 密码管理 set System=@System, Personnel=
      @Personnel,Student=@Student,Flat=@Flat,Visit=@Visit where UserName=
```

```
        @UserName",con);
    SqlParameter para = new SqlParameter("@System", SqlDbType.Bit, 1);
    para.Value = blSystem;
    scd.Parameters.Add(para);
    para = new SqlParameter("@Personnel", SqlDbType.Bit, 1);
    para.Value = blPersonnel;
    scd.Parameters.Add(para);
    para = new SqlParameter("@Student", SqlDbType.Bit, 1);
    para.Value = blStudent;
    scd.Parameters.Add(para);
    para = new SqlParameter("@Flat", SqlDbType.Bit, 1);
    para.Value = blFlat;
    scd.Parameters.Add(para);
    para = new SqlParameter("@Visit", SqlDbType.Bit, 1);
    para.Value = blVisit;
    scd.Parameters.Add(para);
    para = new SqlParameter("@UserName", SqlDbType.VarChar, 20);
    para.Value = strUserName;
    scd.Parameters.Add(para);
    scd.ExecuteNonQuery();
    scd.Dispose();
    con.Close();
}
```

这里 PurviewEdit 方法中各参数含义是：blSystem 代表用户管理权限，blPersonnel 代表员工管理权限，blStudent 代表学生管理权限，blFlat 代表公寓管理权限，blVisit 代表来访人员管理权限。在用户权限界面都对应着一个 CheckBox 控件，当控件被选中时，bool 型参数赋值为 true，未被选中时为 false；true 与 false 则控制着用户的权限。例如，若该用户的 blPersonnel 为 true 时，用户享有员工管理权限。strUserName 是用户名，代表被修改权限的用户。

8.4.7 公寓管理员管理模块

公寓管理员管理模块主要实现对公寓管理员信息表中记录的浏览、添加、修改、删除等功能。所有与此模块对应的功能均放在文件夹 Personnel 下，如图 8-11 所示。

员工管理模块对应的窗体名为 frmEmployee.cs，运行界面如图 8-12 所示。

设计思路：本功能模块设计成上下两部分，上一部分主要用于单个员工信息的增加、删除、修改等。下部分主要用于查询信息的浏览。

Form 窗体最上面添加一个 Tooltrip 工具栏控件，用于承载查询、添加、编辑等按钮，同时当鼠标在某按钮上悬停时，显示提示信息。最下面放置一个 DataGridView 控件，Name 属性设置为：dgvPersonnelManage。DataGridView 控件用于员工信息的列表显示。为减少一些误操作，当单击“添加”或“编辑”按钮后，界面上的其他按钮均变为不可选（灰色显示）状态，随后“保存”与“取消”按钮变成可用状态。所有上部分文本控件变为可编辑状态，输入正确信息后，单击“保存”按钮，则新增加的员工信息可显示在下部分网格空间的第一行上。当在网格中上下浏览记录时，上部分文本框中的内容随之更新，实现了信息联动效果。

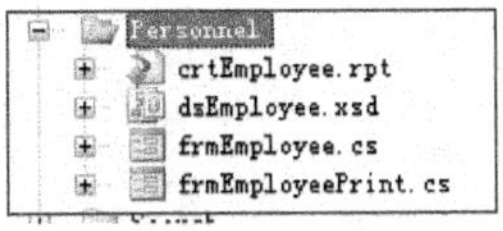

图 8-11　公寓管理员管理模块包含文件

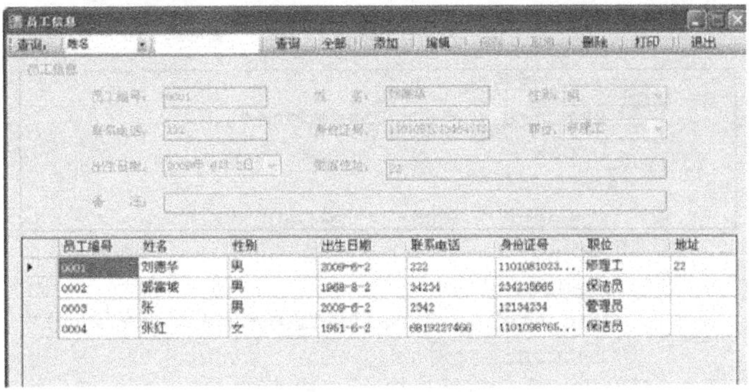

图 8-12　公寓管理员信息界面

添加员工时，系统自动生成不可修改的员工编号。如果未填写完整员工信息，系统会给予提示。

除员工的编号不可修改外，员工的其他信息都可修改。若公寓内有多名员工，还可先根据员工的编号、姓名、职位进行查询，方便、快捷地找到需要修改信息的员工。

1. 窗体初始装载时主要代码

```
private void frmEmployee_Load(object sender, EventArgs e)
{//窗体初始装载时，"保存"按钮、"取消"按钮不可用
    this.tlbtnSave.Enabled = false;
    this.tlbtnCancel.Enabled = false;
    //调用 Bind 方法
    this.Bind();
    //设置员工职位下拉列表框的数据来源为 "员工职位表"，在列表中显示职位名称
    this.cbbEmployeeDept.DataSource = sqlclass.SqlDaAd("select Name from 员工
       职位", "员工职位").Tables["员工职位"];
    this.cbbEmployeeDept.DisplayMember = "Name";
}
public void Bind()
{    ds = sqlclass.SqlDaAd("select * from 员工信息","员工信息");
    dgvPersonnelManage.AutoGenerateColumns = true;
    //设置 DataGridView 的数据源为"员工信息表"
    dgvPersonnelManage.DataSource = ds.Tables["员工信息"];
    //初始浏览状态所有文本框中的员工信息不可编辑
    gb 员工信息.Enabled = false;
}
```

2. “查询”按钮中的主要程序代码

```
private void tlbtnFind_Click(object sender, EventArgs e)
{ string strdata;
    switch (this.tlcbbData.Text)
    {  case "员工编号":
         strdata = "EmployeeID";
         break;
       case "姓名":
         strdata = "EmployeeName";
         break;
       case "职位":
         strdata = "EmployeeDept";
         break;
       default:
         MessageBox.Show("请选择一个正确的字段");
         return;    }
    if (tltxtKeyWord.Text == "")
    { MessageBox.Show("查询关键字不能为空! ", "提示");
        return;    }
    try
    { //调用 personnelSearch 方法实现查询
        ds = personclass.personnelSearch(strdata, this.tltxtKeyWord.Text);
        //设置 DataGridView 的数据源为“员工信息表”
        this.dgvPersonnelManage.DataSource = ds.Tables["员工信息"];
        this.dgvPersonnelManage.Rows[0].Selected = true;    }
    catch
    { MessageBox.Show("查不到该信息, 请重新查询! ", "提示");    }
}
   /// 员工信息查询方法: personnelSearch
   /// <param name="strData">要查询的字段</param>
   /// <param name="strKeyWord">要查询的关键字</param>
   /// <returns>返回数据集</returns>
public DataSet personnelSearch(string strData, string strKeyWord)
{
      SqlConnection con = sqlclass.SqlConBind();
      con.Open();
      SqlDataAdapter sda = new SqlDataAdapter();
      sda.SelectCommand = new SqlCommand("select * from 员工信息 where " + strData
          + " like @strKeyWord", con);
      SqlParameter para = new SqlParameter("@strKeyWord", SqlDbType.VarChar, 20);
      para.Value = strKeyWord + "%";
      sda.SelectCommand.Parameters.Add(para);
      DataSet ds = new DataSet();
      sda.Fill(ds, "员工信息");
```

```
    return ds;
}
```

3. “保存”按钮中的主要程序代码

```
//判断必填项信息是否为空
private void tlbtnSave_Click(object sender, EventArgs e)
{if (G_addOrUpdate == 0)
//全局变量G_addOrUpdate控制 当前按下了"添加"还是"编辑"按钮。为 0 时 表示添加状态
{   if(this.txtEmployeeName.Text == "")
   { MessageBox.Show("请填写员工姓名！", "提示");
     this.txtEmployeeName.Focus();
     return;  }
   if (this.cbbEmployeeSex.Text == "")
   { MessageBox.Show("请填写员工性别！", "提示");
      this.cbbEmployeeSex.Focus();
      return;   }
   if (this.txtEmployeeMobileTel.Text == "")
   { MessageBox.Show("请填写员工联系电话！", "提示");
      this.txtEmployeeMobileTel.Focus();
      return;   }
   if (this.txtEmployeeIDCard.Text == "")
   {  MessageBox.Show("请填写员工身份证号码！", "提示");
      this.txtEmployeeIDCard.Focus();
      return; }
   try
   {
      SqlDataAdapter sda = sqlclass.sqlsda("select * from 员工信息");
      DataSet ds = new DataSet();
      SqlCommandBuilder sb = new SqlCommandBuilder(sda);
      sda.Fill(ds, "员工信息");
      DataRow newrow = ds.Tables["员工信息"].NewRow();
      newrow["EmployeeID"] = this.txtEmployeeID.Text;
      newrow["EmployeeAddress"] = this.txtEmployeeAddress.Text;
      newrow["EmployeeIDcard"] = this.txtEmployeeIDCard.Text;
      newrow["EmployeeMobileTel"] = this.txtEmployeeMobileTel.Text;
      newrow["EmployeeName"] = this.txtEmployeeName.Text;
      newrow["EmployeeDept"] = this.cbbEmployeeDept.Text;
      newrow["EmployeeSex"] = this.cbbEmployeeSex.Text;
      newrow["EmployeeBirth"] = this.dtpEmployeeBirth.Text;
      newrow["EmployeeMemo"] = this.txtEmployeeMemo.Text;
      ds.Tables["员工信息"].Rows.Add(newrow);
      sda.Update(ds, "员工信息");
      ds.Dispose();          //释放数据集对象
      MessageBox.Show("员工添加成功！", "提示");
      this.empty();          //将文本框内容清空
```

```
    }
    catch
    { MessageBox.Show("员工添加失败！", "提示"); }
}...
//修改情况与添加类似，代码从略。
```

4. “删除”按钮的主要程序代码：

```
try
{  if (MessageBox.Show("确定删除？", "提示", MessageBoxButtons.YesNo) == Dialog
       Result.Yes)
  {
    string strid = Convert.ToString(dgvPersonnelManage[0,dgvPersonnelManage
       .CurrentCell.RowIndex].Value);
    if (strid != "")
     { try
         {  sqlclass.sqlcmd("delete from 员工信息 where EmployeeID=" + strid);
            this.Bind();  }
       catch
          { MessageBox.Show("删除失败！", "提示");  }
        }
      }
    else  {  return; }     }
 catch {  MessageBox.Show("没有数据可删除！","提示");}
```

5. 实现 DataGridView 控件中数据与员工信息文本框中数据联动效果

在 dgvPersonnelManage 控件的 CellMouseClick 事件中增加如下代码：

```
private void dgvPersonnelManage_CellMouseClick(object sender, DataGridView
   CellMouseEventArgs e)
{  try
      { string strid = dgvPersonnelManage[0, dgvPersonnelManage.CurrentCell.
          RowIndex].Value.ToString();
        if (strid != "")
         {  DataRowView rowview = sqlclass.SqlDaAd("select * from 员工信息 where
             EmployeeID=" + strid, "员工信息").Tables["员工信息"].DefaultView[0];
      this.txtEmployeeID.Text = rowview["EmployeeID"].ToString();
      this.txtEmployeeName.Text = rowview["EmployeeName"].ToString();
      this.cbbEmployeeSex.Text = rowview["EmployeeSex"].ToString();
      this.dtpEmployeeBirth.Text = rowview["EmployeeBirth"].ToString();
      this.txtEmployeeIDCard.Text = rowview["EmployeeIDcard"].ToString();
      this.cbbEmployeeDept.Text = rowview["EmployeeDept"].ToString();
      this.txtEmployeeMobileTel.Text = rowview["EmployeeMobileTel"].ToString();
      this.txtEmployeeAddress.Text = rowview["EmployeeAddress"].ToString();
      this.txtEmployeeMemo.Text = rowview["EmployeeMemo"].ToString();
      }}
    catch
     { MessageBox.Show("请选择一条记录");  }        }    }
```

8.4.8　公寓基本信息管理模块

公寓基本信息管理模块包括三个部分：公寓基本信息维护、宿舍公共财产管理以及宿舍卫生情况管理。所有项目文件放在文件夹 House 下，如图 8-13 所示。

公寓基本信息维护模块对应的窗体为 frmFlatManage.cs，运行界面如图 8-14 所示。

设计思路：公寓信息维护模块主要实现公寓信息的添加、删除及修改。为保证每个窗体风格的统一，本窗体设计与员工管理界面类似。界面上部分的本文框用于公寓信息的增加与修改，下部分的网格控件用于显示所有公寓信息，以列表形式显示。当网格中下移一条记录时，文本框中显示的每个公寓的具体信息随之改变。

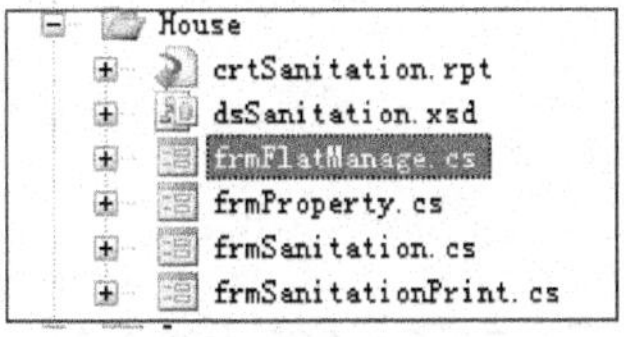

图 8-13　公寓基本信息管理模块包含文件

图 8-14　公寓基本信息管理界面

公寓号是公寓基本信息表的主键，当用户输入已有的公寓号时，系统会提示“该公寓号已经存在”。

窗体初始装载时主要代码如下：

```
private void frmFlatManane_Load(object sender, EventArgs e)
{    this.tlbtnSave.Enabled = false;
//初始时“保存”按钮不可用，单击"添加"或"编辑"按钮之后可用
     this.tlbtnCancel.Enabled = false;
//初始时“取消”按钮不可用单击"添加"或"编辑"按钮之后可用
     this.Bind();  }
public void Bind()
{
     ds = sqlclass.SqlDaAd("select * from 公寓信息", "公寓信息");
     dgvFlatManage.AutoGenerateColumns = false;       //禁止自动创建列
     dgvFlatManage.DataSource = ds.Tables["公寓信息"];
                                          //绑定网格控件的数据源为公寓信息表
     gb公寓信息.Enabled = false;                  //所有有关公寓信息的文本框处于只读状态
}
```

添加、删除、保存、取消等按钮的代码实现与公寓管理员管理模块中的类似，不再赘述。

8.4.9 来访人员管理模块

来访人员管理模块主要实现对来访登记。此模块对应的窗体名为 frmVisitor.cs，运行界面如图 8-15 所示。

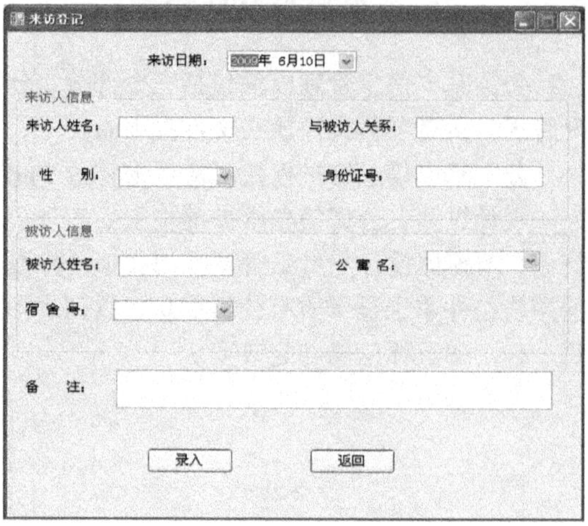

图 8-15 来访登记界面

设计思路：来访日期默认值是系统当前时期。通过 DateTimePicker 控件让用户选择来访日期。来访人需提供完整的本人的基本信息，若有信息不完整，系统会弹出提示，要求用户将来访人信息填写完整。

被访人需要提供被访人的姓名，所在公寓、宿舍，提供的信息必须真实可靠，若系统在数据中找不到该被访人的信息，则会提示该被访人不在此公寓、宿舍。

当来访人信息与被访人信息都完整、正确的输入时，单击“录入”按钮，完成来访登记。

1. frmVisitor 窗体初始装载时的主要代码

```
private void frmVisitor_Load(object sender, EventArgs e)
{
    //设置公寓名下拉列表框的数据来源
    this.cbbStudentFlat.DataSource = sqlclass.SqlDaAd("select Name from 公寓信
      息", "公寓信息").Tables["公寓信息"];
    this.cbbStudentFlat.DisplayMember = "Name";
    //初始状态下，公寓名及宿舍号下拉列表框内容为空
    this.cbbStudentDorm.Text = "";
    this.cbbStudentFlat.Text = "";}
```

2. “录入”按钮的主要实现代码

```
//"录入"按钮
private void butVisit_Click(object sender, EventArgs e)
{
if (txtVisitorName.Text == "" || txtVisitID.Text == "" || txtStudentName.Text
  == "" || cbbStudentFlat.Text == "" || cbbStudentDorm.Text == "")
{   MessageBox.Show("请把来访人信息填写完整","提示");
    return;}
if (txtStudentName.Text == "")
{    MessageBox.Show("请填写被访人姓名", "提示");
    return;}
if (guestclass.Dorm(this.txtStudentName.Text, this.cbbStudentFlat.Text, this.
  cbbStudentDorm.Text))
```

```
{   MessageBox.Show("被访人不在此公寓或宿舍错误! ", "错误");
   return;}
else
{  if (MessageBox.Show("确定登记? ", "提示", MessageBoxButtons.YesNo) ==
    DialogResult.Yes)
   { try
      {   SqlDataAdapter sda = sqlclass.sqlsda("select * from 来访登记");
          DataSet ds = new DataSet();
          SqlCommandBuilder sb = new SqlCommandBuilder(sda);
          sda.Fill(ds, "来访登记");
          DataRow newrow = ds.Tables["来访登记"].NewRow();
          newrow["来访人姓名"] = this.txtVisitorName.Text;
          newrow["与被访人关系"] = this.txtRelation.Text;
          newrow["性别"] = this.cbbVisitorSex.Text;
          newrow["身份证号"] = this.txtVisitID.Text;
          newrow["被访人姓名"] = this.txtStudentName.Text;
          newrow["公寓"] = this.cbbStudentFlat.Text;
          newrow["宿舍"] = this.cbbStudentDorm.Text;
          newrow["日期"] = Convert.ToDateTime(this.dtpData.Text);
          newrow["备注"] = this.txtMemo.Text;
          ds.Tables["来访登记"].Rows.Add(newrow);
          sda.Update(ds, "来访登记");
          ds.Dispose();
          MessageBox.Show("来访登记成功! ", "提示");
          this.Close();
      }
      catch
      {  MessageBox.Show("来访登记失败! ", "错误");
      }    }
   else
   { return; }
}}
```

这里调用了一个 Dorm 方法用于判断被访人是否存在。判断被访人是否存在的实现代码如下：

```
//判断被访人是否存在: Dorm 方法
public bool Dorm(string strStudentName, string strStudentFlat,string Student
   Dorm)
{  bool blEnter;
   SqlConnection con = sqlclass.SqlConBind();
   con.Open();
   SqlCommand scd = new SqlCommand("select count(*) from 学生信息 where 姓名=
     @姓名 and 公寓=@公寓 and 宿舍=@宿舍", con);
   SqlParameter para1 = new SqlParameter("@姓名", SqlDbType.VarChar, 50);
   para1.Value = strStudentName;
   scd.Parameters.Add(para1);
   SqlParameter para2 = new SqlParameter("@公寓", SqlDbType.VarChar, 50);
```

```
        para2.Value = strStudentFlat;
        scd.Parameters.Add(para2);
        SqlParameter para3 = new SqlParameter("@宿舍", SqlDbType.VarChar, 50);
        para3.Value = StudentDorm;
        scd.Parameters.Add(para3);
        int intCount = Convert.ToInt32(scd.ExecuteScalar());
        if (intCount > 0)
        { blEnter = false;    }
        else
        { blEnter = true;    }
        scd.Dispose();
        con.Close();
        return blEnter;
    }}
```

8.4.10 查询模块

查询模块主要包括三个部分：学生住宿情况查询、来访查询以及宿舍卫生情况查询，这里以学生住宿情况查询、来访查询为例进行说明。

1. 学生住宿情况查询

学生住宿情况查询的运行界面如图 8-16 所示。

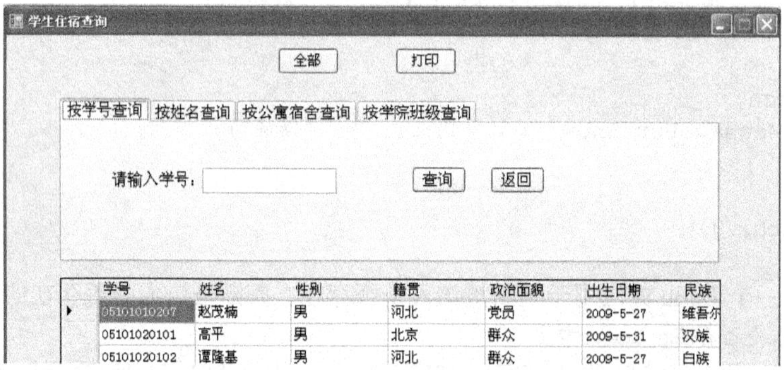

图 8-16 学生住宿查询界面

用户可按学号查询、按姓名查询、按公寓宿舍查询、按学院班级查询。因为该四种查询方法都是针对学生信息查询，在此以按照学号查询为例介绍实现过程。

按学号查询主要实现代码如下：

```
//单击学号查询中的"查询"按钮
private void butFindID_Click(object sender, EventArgs e)
{    string strdata = "学号";
     try
```

```
    {   //调用 studentSearch 方法查询学生学号
        ds = ownerclass.studentSearch(strdata, this.txtID.Text);
        this.dgvFindStuednt.DataSource = ds.Tables["学生信息"];
        this.dgvFindStuednt.Rows[0].Selected = true;
    }
    catch
    { MessageBox.Show("未查到！"); }
}
```

按学号查询 studentSearch 方法实现如下：

```
/// 学生信息查询—管理界面查询；按学号、按姓名查询
public DataSet studentSearch(string strData, string strKeyWord)
{
    SqlConnection con = sqlclass.SqlConBind();
    con.Open();
    SqlDataAdapter sda = new SqlDataAdapter();
    sda.SelectCommand = new SqlCommand("select * from 学生信息 where " + strData
      + " like @strKeyWord", con);
    SqlParameter para = new SqlParameter("@strKeyWord", SqlDbType.VarChar, 20);
    para.Value = strKeyWord + "%";
    sda.SelectCommand.Parameters.Add(para);
    DataSet ds = new DataSet();
    sda.Fill(ds, "学生信息");
    return ds;
}
```

2. 来访查询

来访查询的运行界面如图 8-17 所示。

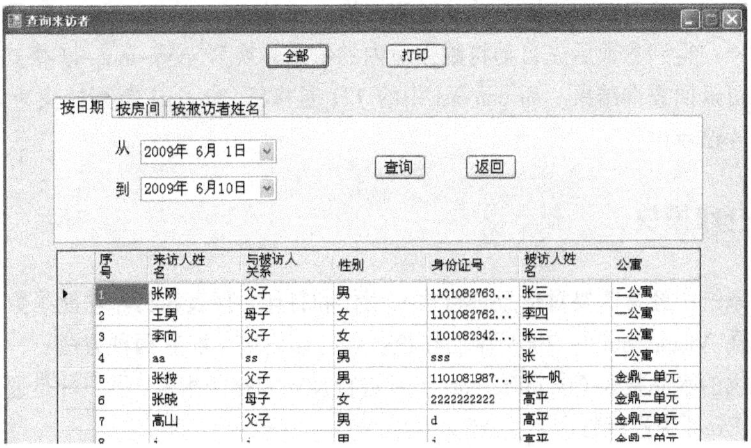

图 8-17　来访人员查询界面

来访查询设置了按日期查询、按房间查询和按被访者姓名查询：

- 按日期查询：可以查询一段日期内所有来访情况，方便用户统计一段时间来访人员的人数与信息；若是两个日期设置一样，则是查询某一日的来访人员信息。
- 按房间查询：可以查询任意宿舍的来访情况。若是只填写公寓，查询到的数据就是整座公寓的来访情况；若是公寓、宿舍都填写，则是查询到公寓内的具体宿舍的来访情况。
- 按被访者姓名查询：可以查询公寓内学生的被访情况。

具体实现思路与以上学生住宿情况查询类似。

```
//按日期查询
public DataSet visitorSearch4(string strBegin,string strEnd)
{
  SqlConnection con = sqlclass.SqlConBind();
  con.Open();
  SqlDataAdapter sda = new SqlDataAdapter();
  sda.SelectCommand = new SqlCommand("select * from 来访登记
  where convert(varchar(10),日期,121) between @日期1 and @日期2", con);
  SqlParameter para1 = new SqlParameter("@日期1", SqlDbType.DateTime, 8);
  para1.Value = strBegin;
  sda.SelectCommand.Parameters.Add(para1);
  SqlParameter para2 = new SqlParameter("@日期2", SqlDbType.DateTime, 8);
  para2.Value = strEnd;
  sda.SelectCommand.Parameters.Add(para2);
  DataSet ds = new DataSet();
  sda.Fill(ds, "来访登记");
  return ds;
}
```

需要注意的一点：按日期查询涉及数据类型转换：通过“convert(varchar(10),日期,121)”实现数据类型转换，这样在得到参数后先自动将数据库内的信息转换为 yyyy-mm-dd 格式的 10 位字符,只要与参数相同即可返回查询结果。而 convert 中的 121 是指将 datetime 类型转换为 char 类型时获得包括实际位数的 4 位年份。

8.4.11 报表打印模块

数据库应用系统中经常需要对信息进行报表制作和打印，报表和打印功能是数据库应用系统的一项重要功能。在 Visual Studio 2005 中制作报表和打印模块一般有两种方法：一种是通过 Visual Studio 2005 中提供的水晶报表 Crystal Report 工具进行设计和打印报表；另一种是通过编程将数据库中的内容导出到 Excel 中进行打印。

下面以“学生住宿查询”界面中的打印功能为例，讲述报表及打印功能的实现过程。

1. 在“大学生公寓管理系统”项目中新建一个架构文件 dsStudent.xsd

操作步骤如下：

① 在解决方案资源管理器中，右击项目名，在弹出的快捷菜单中选择“添加”→“添加新项”命令，在打开的模板中选择“数据集”，命名为 dsStudent.xsd。

② 指定数据库位置：在服务器资源管理器中，右击“数据连接”，在弹出的快捷菜单中选择“添加连接”命令，在打开的对话框中输入服务器名称及要连接到的数据库名称，单击“确定”按钮，如图 8-18 所示。

③ 在服务器资源管理器中依次展开 HL\SQLEXPRESS.house.dbo、“表”结点，将“学生信息”表拖放到数据集中。

④ 单击“保存 dsStudent.xsd”保存 dsStudent.xsd 文件。

这样就创建了一个架构文件 （dsStudent.xsd），后面将用它生成强类型数据集。该架构文件将显示在 ADO.NET 数据集设计器中，ADO.NET 数据集对象提供数据的描述，通过它可以向 Crystal Report 添加表。

2. 添加水晶报表

操作步骤如下：

① 在解决方案资源管理器中，右击项目名，在弹出的快捷菜单中选择“添加”→“添加新项”命令，在打开的模板中选择 Crystal 报表，命名为 crtStudent.rpt。

② 选择“使用报表向导”来完成创建报表，单击“确定”按钮。

③ 在“标准报表创建向导”对话框中，依次选择“项目数据”→“ADO.NET 数据集”→“学生信息”，添加到“选定的表”中，如图 8-19 所示。

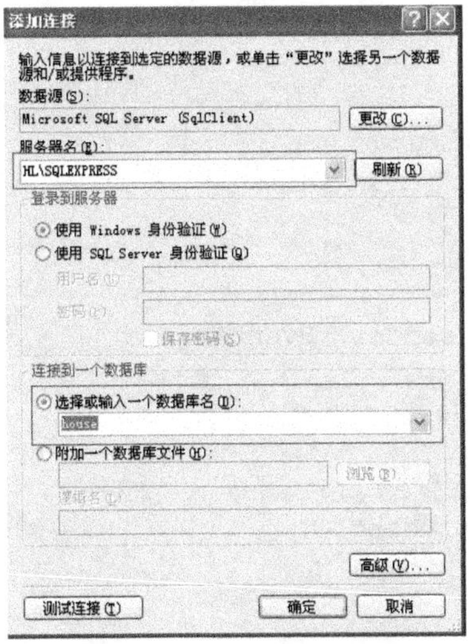

图 8-18　添加连接

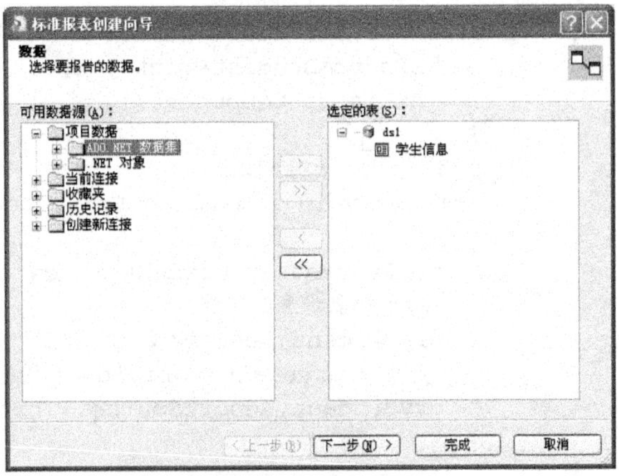

图 8-19　标准报表创建向导

④ 单击“下一步”按钮，在随后打开的对话框中，从“可用字段”中选择需要的字段到“要显示的字段”，选择报表的样式，单击“完成”按钮。

⑤ 展开 crtStudent.rpt，在右上方的“字段资源管理器”中打开“数据库字段”，拖放要显示的字段到 Section3（详细资料），调整报表的格式及显示字段间距。设计完成的报表如图 8-20 所示。

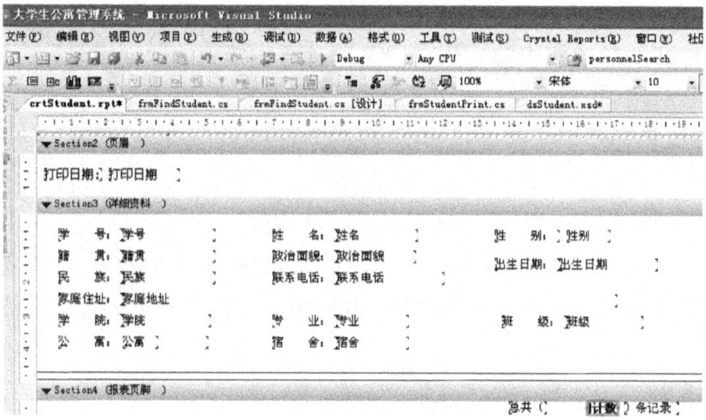

图 8-20　学生基本信息报表设计窗口

3. 添加报表浏览器 CrystalReportViewer 到要显示报表的窗体

操作步骤如下：

① 在解决方案资源管理器中新增一个窗体，名称为 frmStudentPrint.cs。

② 在工具箱中选择 Crystal Reports 栏目下的 CrystalReportViewer 组件，拖放到 frmStudentPrint 窗体上。

在窗体中代码实现如下：

```
namespace 大学生公寓管理系统.owner
{   public partial class frmStudentPrint : Form
    {   public frmStudentPrint()
        {  InitializeComponent();
        }
        public DataSet ds;
        private void frmStudentPrint_Load(object sender, EventArgs e)
        {
           crtStudent crtstudent = new crtStudent();
            //为报表设置数据源
           crtstudent.SetDataSource(ds.Tables["学生信息"]);
            //设置 CrystalReportViewer 的报表源为 crtstudent
           crvStudent.ReportSource = crtstudent;        }
        }
}
```

4. “学生住宿查询”界面中的“打印”按钮

添加的代码如下：

```
private void butPrint_Click(object sender, EventArgs e)
{ Owner.frmStudentPrint frm_studentprint = new 大学生公寓管理系统.Owner.frm
StudentPrint();
    frm_studentprint.ds = this.ds;
    frm_studentprint.ShowDialog();
}
```

这样，经过以上步骤后，用于显示查询结果的报表制作完毕。当单击“打印”按钮时，出现一个打印预览界面，如图 8-21 所示。可以单击“打印报表”按钮，完成纸质打印。

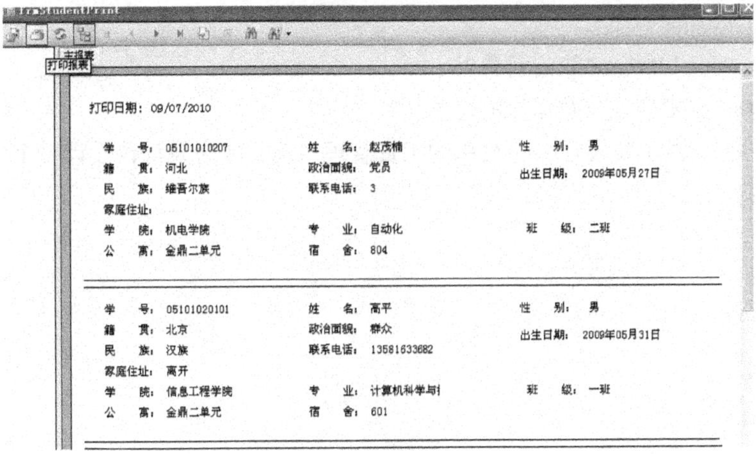

图 8-21　学生基本信息报表

至此，整个大学生公寓管理系统功能开发完毕，因篇幅所限，基础信息设置模块如民族、政治面貌、学院、专业等模块不再一一介绍，教师可以在安排学生实践时，组织学生实现其他模块功能的编程任务。

小　　结

本章通过大学生公寓管理系统的开发实例，详细介绍了系统的开发过程及开发步骤，并给出了主要实现的源代码。主要内容包括：

① 系统需求概述；

② 系统需求分析；

③ 系统总体功能设计；

④ 数据库分析及设计；

⑤ 系统实现。

读者可以参考这个实例，在此基础上根据用户需求稍加完善即可成为一个相对实际的公寓管理系统，或者参考整个设计实现过程开发其他数据库应用系统。

习　　题

1. 简述大学生公寓管理系统的开发过程。
2. 仿照书上的示例编写代码实现基础信息设置模块的功能。
3. 如何使用 Command 对象执行 SQL 查询？举例说明。
4. 如何使用 DataReader 对象？
5. 如何使用 DataSet 和 DataAdapter 对象？
6. 试着利用 ODBC 技术实现与数据库的连接。
7. 使用本章的方法为某单位设计一个简单的工资管理系统，或为某学校设计一个学籍管理系统。

参 考 文 献

[1] 王珊，萨师煊．数据库系统概论[M]．4 版．北京：高等教育出版社，2007.
[2] 施伯乐．数据库系统教程[M]．2 版．北京：高等教育出版社，2005.
[3] 陈志泊，王春玲．数据库原理及应用教程[M]．2 版．北京：人民邮电出版社，2008.
[4] 何玉洁．数据库管理与编程技术[M]．北京：清华大学出版社，2007.
[5] 王珊，李盛恩．数据库基础与应用[M]．北京：人民邮电出版社，2002.
[6] 程云志．数据库原理与 SQL Server 2005 应用教程[M]．北京：机械工业出版社，2006.
[7] 胡燕．数据库技术及应用[M]．北京：清华大学出版社，2005.
[8] 王雯，刘新亮，左敏．数据库原理及应用[M]．北京：机械工业出版社，2009.
[9] 何玉洁，梁琦，等．数据库原理与应用[M]．2 版．北京：机械工业出版社，2011.
[10] 王琬茹，等．SQL Server 2005 数据库原理及应用教程[M]．北京：清华大学出版社，2008.
[11] 王晟．Visual C#.NET 数据库开发经典案例解析[M]．北京：清华大学出版社，2005.
[12] 常玉慧．数据库原理与应用[M]．北京：科学出版社，2006.
[13] 李建中，王珊．数据库系统原理[M]．2 版．北京：电子工业出版社，2004.
[14] 邵超，等．数据库实用教程–SQL Server 2008[M]．北京：清华大学出版社，2009.
[15] 钱雪忠．数据库原理及应用[M]．2 版．北京：北京邮电大学出版社，2007.
[16] 高巍巍．数据库基础与应用–SQL Server 2008[M]．北京：清华大学出版社，2011.
[17] 李春葆，等．数据库系统开发教程：基于 SQL Server 2005+VB[M]．北京：清华大学出版社，2008.